Springer-Lehrbuch

Springer

Berlin
Heidelberg
New York
Hongkong
London
Mailand
Paris
Tokio

Walter Assenmacher

Deskriptive Statistik

Dritte, verbesserte Auflage
mit 45 Abbildungen
und 39 Tabellen

 Springer

Professor Dr. Walter Assenmacher
Universität Essen
Fachbereich 5 Wirtschaftswissenschaften
Statistik und Ökonometrie
Universitätsstraße 12
45117 Essen

ISBN 3-540-00207-3   3. Auflage
Springer-Verlag Berlin Heidelberg New York

ISBN 3-540-64777-5   2. Auflage
Springer-Verlag Berlin Heidelberg New York

Bibliografische Information Der Deutschen Bibliothek
Die Deutsche Bibliothek verzeichnet diese Publikation in der Deutschen Nationalbibliografie;
detaillierte bibliografische Daten sind im Internet über *http://dnb.ddb.de* abrufbar.

Springer-Verlag Berlin Heidelberg New York
ein Unternehmen der BertelsmannSpringer Science + Business Media GmbH

http://www.springer.de

Umschlaggestaltung: design & production GmbH, Heidelberg

SPIN 10903308   42/3130 – 5 4 3 2 1 0 – Gedruckt auf säurefreiem Papier

Für Bubu

Vorwort (zur dritten Auflage)

Für die dritte Auflage wurde der gesamte Text kritisch durchgesehen, um Anregungen und Erfahrungen, die aus seiner Verwendung in der Lehre resultierten, aufnehmen zu können. Dies führte zur Überarbeitung einiger Stellen mit dem Ziel, Zusammenhänge deutlicher hervortreten zu lassen und den Zugang zu den statistischen Methoden und ihrer Anwendung zu erleichtern.

Da sich die Vorteile statistischer Bearbeitung erst in der konkreten Anwendung zeigen, wurde der Umfang der Übungsaufgaben erneut erweitert, alle angegebenen Lösungen überprüft und Fehler beseitigt. Hierbei erhielt ich von meinen Mitarbeitern, Herrn Diplom-Volkswirt Andreas Kunert, Herrn Diplom-Kaufmann Oliver Murschall und Herrn Diplom-Volkswirt Stephan Popp wertvolle Unterstützung. Frau cand. rer. pol. Eva Plinta führte alle notwendigen Änderungen mit Geduld und größter Sorgfalt in LaTeX durch. Ihnen allen danke ich ganz herzlich.

Essen, im Oktober 2002 Walter Assenmacher

Vorwort (zur zweiten Auflage)

Wegen der kurzen Zeitspanne zwischen erster und zweiter Auflage konnte ich mich auf geringfügige Änderungen des Textes beschränken. Diese Änderungen sollen vor allem der Lesbarkeit und dem Verständnis des Stoffes dienen. Wichtige Begriffe der deskriptiven Statistik sind jetzt dort, wo sie erstmals erklärt werden, durch Fettdruck hervorgehoben. Alle Übungsaufgaben wurden erneut durchgerechnet, ihre Lösungen, falls notwendig, korrigiert und neue Aufgaben hinzugefügt. Die aus diesen Überarbeitungen resultierenden Änderungen der LaTeX- Version des Textes führte Herr stud. rer. pol. Oliver Murschall mit größter Sorgfalt durch. Ihm gilt mein besonderer Dank.

Essen, im Frühjahr 1998 Walter Assenmacher

Vorwort (zur ersten Auflage)

Statistische Methoden gehören zum festen Bestandteil empirischer Wissenschaften. Bei der Schnelligkeit heutiger Informationsgewinnung, -übertragung und -verarbeitung nimmt ihre Bedeutung für die Forschung und Praxis ständig zu. Wegen der großen Anzahl unterschiedlicher statistischer Computerprogramme und der kurzen Rechenzeiten auch bei komplexen statistischen Verfahren wächst die Gefahr der unreflektierten, mechanischen Anwendung. Dieser Gefahr lässt sich vorbeugen, wenn die Statistikausbildung die Anwendungsvoraussetzungen, die Entwicklung und den Erklärungsgehalt der Methoden vermittelt. Solche Kenntnisse setzen den Anwender in die Lage, statistisch gewonnene empirische Ergebnisse adäquat interpretieren zu können und neuere Entwicklungen der Statistik selbst nachzuvollziehen. Statistik kann dann nicht hauptsächlich aus Einsetzen von Zahlen in rezeptartig angebotenen Formeln oder aus dem Durchrechnen einer Vielzahl von Beispielen bestehen.

Das vorliegende Lehrbuch versucht, diese Konzeption zunächst bei den Methoden der Deskriptiven Statistik umzusetzen; ein Folgeband thematisiert dann die Methoden der Induktiven Statistik. Diese Zweiteilung entspricht der Statistikausbildung im Grundstudium an den meisten deutschen Hochschulen. Sachlich ist das Eigengewicht der Deskriptiven Statistik dadurch gerechtfertigt, dass ein großer Teil der Hochschulabsolventen wirtschafts- und sozialwissenschaftlicher Studiengänge in der beruflichen Praxis mit der deskriptiven Messung und Aufbereitung konfrontiert wird.

Der Darstellung statistischer Verfahren ist viel Raum gewidmet, um ihre inhaltliche und formale Struktur transparent zu machen. Mathematische Herleitungen sind so gestaltet, dass sie mit den Vorkenntnissen der hochschulüblichen mathematischen Propädeutik ohne Schwierigkeiten nachvollzogen werden können. Der am formalen Nachweis bestimmter Eigenschaften weniger interessierte, mehr den Anwendungsaspekt suchende Leser kann diese Ausführungen ohne Verlust des Zusammenhangs übergehen. Jedes Kapitel enthält Beispiele, an denen die konkreten Rechenschritte der jeweiligen statistischen Verfahren dargestellt sind; zur Selbstkontrolle des Wissensstands enden die meisten Abschnitte mit Übungsaufgaben. Diese sind numeriert: die erste Ziffer gibt das Kapitel, die zweite den Abschnitt und die folgenden Ziffern geben die laufende Nummer der Aufgabe an.

Wertvolle Hinweise zur historischen Entwicklung der Statistik verdanke ich Herrn Kollegen H. Hebbel; mit Herrn Kollegen P. M. von der Lippe erörterte ich einige Einzelfragen. Meine Mitarbeiter, die Herren Diplom Volkswirte Andreas Faust und Thomas Schnier gaben viele wichtige Hinweise und betreuten die Zusammenstellung sowie Lösung der Übungsaufgaben. Die umfassenden Kenntnisse von Herrn Faust in LaTeX ermöglichten eine zügige Erstellung des Textes. Herr cand. rer. pol. Andreas Kunert schrieb die Formeln und erstellte die Graphiken; Herr cand. rer. pol. Ulrich Quakernack half beim Korrekturlesen. Frau Ursula Schapals fertigte den Text auch in hektischen Phasen mit größter Sorgfalt an. Ihnen allen gilt mein herzlicher Dank.

Schließlich danke ich Herrn Dr. Müller vom Springer-Verlag für die angenehme Zusammenarbeit.

Essen, im Oktober 1995   Walter Assenmacher

Inhaltsverzeichnis

1 Historische Entwicklung der deskriptiven Statistik

1.1 Entstehung und Aufgabengebiet der Statistik

Seit ihren Anfängen entwickeln sich menschliche Gesellschaften zu immer komplexeren sozialen Systemen. Antriebskraft dieser Entwicklung ist ein Effekt, der sich unabhängig von der jeweiligen Gesellschaftsform einstellt. Spezialisieren sich Menschen auf bestimmte Tätigkeiten, erzielen sie durch koordiniertes und ineinander greifendes Handeln eine größere Wirkung, als würde jeder einzelne die ihn betreffenden Aktivitäten als universeller Produzent weitgehends selbst durchführen.

Heute erfasst die Spezialisierung — wenn auch mit unterschiedlicher Intensität — alle Teile eines Gemeinwesens. In modernen Volkswirtschaften manifestiert sie sich in einer in hohem Maße arbeitsteiligen Produktionsweise der Wirtschaft und der (staatlichen) Verwaltung. Mit der durch Arbeitsteilung zunehmend effektiveren Nutzung von individuellen Fähigkeiten und regionalen Ressourcen wächst aber auch die wechselseitige Abhängigkeit (Interdependenz) der partizipierenden Teile.

Um die jeweils bestmögliche Koordination der zahlreichen Teilprozesse einer arbeitsteiligen Gesellschaft zu erreichen, ist eine Vielzahl unterschiedlicher Entscheidungen zu treffen. Keine Stufe der Spezialisierung ist daher ohne Information denkbar. Selbst der Übergang von einer reinen, individuellen Selbstversorgungswirtschaft zur primitiven Form einer realen Tauschwirtschaft setzt eine bestimmte Informationsmenge über z.B. potentielle Tauschpartner voraus. Während Informationen den Spezialisierungsprozess verstärken, löst die mit der Spezialisierung einhergehende Interdependenz ihrerseits einen wachsenden Bedarf an Informationen aus. Dieser Informationsbedarf resultiert auch daraus, dass mit zunehmender Interdependenz der

Organisationsstruktur eines Gemeinwesens dessen Störanfälligkeit zunimmt. Wegen dieser Rückkopplung zwischen Spezialisierung und Information hat jede Gesellschaft parallel zu ihrer zivilisatorischen Entwicklung ein ständig steigendes Interesse an Information. Aus diesem Interesse heraus entstand die Statistik. Weit gefasst versteht man unter **Statistik** eine Wissenschaft, deren Aufgabe in der Konzeption und Anwendung formaler Methoden und Modelle zur Gewinnung, Aufbereitung und Analyse von Daten liegt, die Informationen über bestimmte Bereiche der Empirie bzw. Realität liefern. Dies schließt auch die Analyse derjenigen Prozesse, die Daten erzeugen, ein. Statistik als Wissenschaft hat daher ein erheblich breiteres Bedeutungsfeld als im umgangssprachlichen Gebrauch. Dort steht Statistik für Sammeln und tabellarische Repräsentation von Daten. Obwohl dies ein wesentlicher Bestandteil der modernen Statistik ist, gewinnt die Entwicklung und Anwendung mathematisch–statistischer Methoden immer mehr an Bedeutung.

Erkenntnisobjekt der Statistik sind nicht die einzelnen Erscheinungsformen der betrachteten Phänomene oder Individuen, sondern stets ihre Gesamtheit bzw. die das Gesamtbild charakterisierenden Eigenschaften. Statistische Information unterscheidet sich daher von Information über einmalige Ereignisse. Dies ist völlig unabhängig davon, ob die betrachteten Phänomene selbst sehr viele Ausprägungen annehmen können und/oder bei einer sehr großen Anzahl von Individuen bzw. Trägern beobachtbar sind. Die Definition von Statistik als eine Wissenschaft zur Analyse von Massenerscheinungen greift daher zu kurz, obwohl viele statistische Methoden gerade hierfür entwickelt wurden. Die Statistik liefert auch Verfahren, mit denen man auf die Struktur einer statistischen Masse anhand einer nur kleinen Anzahl aus ihr zufällig ausgewählter Daten schließen kann.

Das weitgespannte Aufgabengebiet der Statistik lässt sich zu den drei Teilbereichen: (1) **Statistische Erhebung**, (2) **Statistische Aufbereitung** sowie (3) **Statistische Analyse** und **Inferenz** zusammenfassen. Der statistischen Erhebung obliegt die Gewinnung der hinsichtlich einer Problemstellung relevanten Daten. Dies ist eine wichtige Aufgabe, da jede Entscheidung letztlich von der Güte der bereitgestellten Daten abhängt. Die hierfür entwickelten allgemeinen Bedingungen (vgl. Kapitel 2) erfahren durch Vorgabe des Untersuchungsziels zahlreiche Erweiterungen und Präzisierungen; sie gehen dadurch in eine spezielle Statistik über. **Spezielle Statistiken** sind z.B. die Medizin-, Bevölkerungs- und Wirtschaftsstatistik.

Liegen die statistischen Daten vor, beginnt ihre Aufbereitung. Mit der Aufbereitung will man das meist umfangreiche und daher schwer fassbare Datenmaterial übersichtlich gestalten. Möglichkeiten hierfür sind die tabellarische und grafische Repräsentation sowie die Angabe geeigneter Kenngrößen, die alle Daten zusammenfassend beschreiben. Die Aufbereitung der Daten ist Gegenstand der **deskriptiven Statistik**. Obwohl die deskriptive Aufbereitung in vielen Situationen eine angemessene Entscheidungsgrundlage bietet, bleiben sowohl bestimmte Strukturen der Datensätze unerkannt als auch die gewonnene Information auf den vorliegenden Datensatz beschränkt. Die statistische Analyse hebt beide Einschränkungen auf. Die von Tukey eingeführte, grafisch orientierte **explorative Datenanalyse** beseitigt den ersten Mangel; sie stellt daher eine wichtige Ergänzung der Methoden der deskriptiven Statistik dar. Mit der **statistischen Inferenz** (statistischer Schluss) wird die zweite Einschränkung überwunden. **Statistisches Schließen** lässt sich anschaulich wie folgt charakterisieren: Aufgrund der Information aus einer Teilerhebung schließt man auf die Gegebenheiten in der Gesamtheit, aus der diese Teilmenge stammt. Da dieser (Rück-)Schluss in der Regel eben wegen der Teilerhebung unsicher sein muss, benötigt man auf der Wahrscheinlichkeitstheorie basierende stochastische Modelle, um das Ausmaß der Unsicherheit zu quantifizieren. Die Verfahren für das statistische Schließen sind Gegenstand der **induktiven Statistik**. Kommt es auf eine Unterteilung nicht an, spricht man anstelle von deskriptiver bzw. induktiver Statistik einfach

4

von statistischen Methoden. Die verschiedenen Aufgabenbereiche und ihre Verbindungen sind in Abbildung 1.1 dargestellt.

Abb. 1.1: Aufgabenbereiche und Unterteilung der Statistik

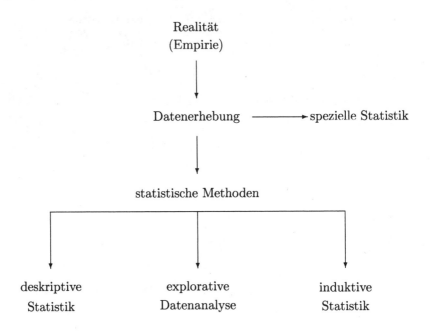

In welchen Bereichen die Statistik zum Einsatz kommt, hängt von dem jeweiligen Untersuchungsgegenstand ab. Da im Unterschied zu den Formalwissenschaften wie z.B. Logik und Mathematik Substanzwissenschaften nicht nur rein theoretische, sondern auch empirische Bestandteile aufweisen, kommen hier statistische Methoden zur Anwendung. Dabei hat die Statistik dann meist den Status einer Information bereitstellenden Hilfswissenschaft. Ihr Einsatzbereich erstreckt sich von den Naturwissenschaften (z.B. Medizin, Biologie, Chemie, Meteorologie) bis zu den Geistes- und Gesellschaftswissenschaften (z.B. Geschichte, Psychologie, Pädagogik, Soziologie, Verwaltungs- und Wirtschaftswissenschaften). Obwohl die Statistik eine universell verwendbare Wissenschaft ist, begünstigt der jeweilige Anwendungsbereich die

weitere Entwicklung der eingesetzten Methoden. In den Wirtschaftswissenschaften kommen z.b. Indexzahlen und Zeitreihenanalyse häufiger zur Anwendung als in der Psychologie oder Soziologie, während hier die Faktoren-
analyse eine größere Bedeutung erlangt.

Wird eine quantitative Erklärung der Realität angestrebt, müssen die
theoretischen und empirischen Elemente einer Substanzwissenschaft zu einem
einheitlichen Ansatz integriert werden. Bei diesem Integrationsprozess ist insbesondere die schließende Statistik nicht Hilfswissenschaft, sondern konstitu-
tiver Bestandteil. Innerhalb der Wirtschaftswissenschaften entstand auf diese
Weise die Ökonometrie; in anderen Wissenschaftsbereichen z.B. die Biome-
trie, Psychometrie und Soziometrie.

1.2 Die Vorläufer der deskriptiven Statistik

Als Vorläufer der Statistik können alle Aufzeichnungen angesehen werden,
die der quantifizierenden Beschreibung des Staates bzw. eines Gemeinwesens
und seiner Untergliederungen dienen. Frühe Aufzeichnungen dieser Art sind
von den Sumerern, Ägyptern und Chinesen etwa aus der Zeit 3000 bis 2000 v.
Chr. überliefert. Alle drei Völker gehören zu den ersten, die zu einer sesshaf-
ten Daseinsform mit Ackerbau und Viehzucht übergingen. Dieser Wechsel der
Lebensgewohnheiten, als Geburt der Zivilisation bezeichnet, wurde durch die
geographische Lage begünstigt. Sowohl die Sumerer, deren Reich zwischen
den Strömen Euphrat und Tigris lag, als auch die Ägypter konnten die wei-
ten Flusstäler ihrer Länder für den Ackerbau urbar machen. Eine ähnliche
Entwicklung setzte in Nordchina am Mittellauf des Gelben Flusses (Huang
He) bis zur Region Yangshao ein, die später der gesamten Kultur dieser Zeit
ihren Namen gab. Aufgrund einer intensiven landwirtschaftlichen Bodennut-
zung und einsetzender Arbeitsteilung wurden Erträge erwirtschaftet, die den
täglichen Bedarf deutlich überstiegen und zu weit verzweigten Handelsbezie-

hungen führten. Die Handelsbeziehungen der Sumerer erreichten ein Ausmaß, das wert- und mengenmäßige Aufzeichnungen der Ex- und Importe notwendig machte. Um 2600 v. Chr. wurden in Ägypten auf einem Gedenkstein Bevölkerungszahlen festgehalten, die vermutlich im Zusammenhang mit dem Pyramidenbau zu sehen sind. Aus Nordchina liegen bis jetzt noch keine direkten historischen Zeugnisse für statistische Aufzeichnungen vor. Jedoch sollen nach Konfuzius (552 – 479 v. Chr.) solche zur Zeit der Yangshao-Kultur (um 2300 v. Chr.) angefertigt worden sein.

Den ersten frühgeschichtlichen statistischen Erhebungen folgten im Altertum vor allem bei Griechen und Römern Vermessungen von Land und Ackerflächen, Erfassungen des Handels und des Gewerbes, Zählungen des Heeres und der Bevölkerung, über deren bekannteste die Weihnachtsgeschichte in der Bibel berichtet. Diese Erhebungen wurden vornehmlich zur Festsetzung der Steuern und zur Erfassung der wehrfähigen Männer vorgenommen.

Im Mittelalter (etwa 400 – 1500) stagnierte die Entwicklung der Statistik. Die vielfältigen Zersplitterungen und Neugestaltungen der Staaten in Europa mögen hierfür ein Grund sein. Erst zu Beginn des 16. Jahrhunderts findet man in England systematische Aufzeichnungen von Geburten und Sterbefällen. In Italien, das ebenso wie Holland weit reichende Handelsbeziehungen unterhielt, erschien im Jahre 1562 ein Buch von Francesco Sansovino (1521 – 1586), das abgeschlossene Beschreibungen über Regierung, Verfassung und Verwaltung von 22 Staaten enthält. Ungefähr 100 Jahre später publizierte der Holländer Jan de Laet (1583 – 1649) ab dem Jahr 1624 eine 36 Bände umfassende Schriftenreihe, die der Beschreibung der natürlichen, rechtlichen und wirtschaftlichen Verhältnisse von Staaten gewidmet war. Wenngleich in diesen frühen Schriften die Statistik noch deutlich von geographischen, historischen und juristischen Fragestellungen dominiert wurde, können sie doch als Vorläufer der deutschen Universitäts- und Kathederstatistik des 17. und 18. Jahrhunderts aufgefasst werden.

Die deutsche Universitäts- und Kathederstatistik sah ihre Aufgabe in einer umfassenden Beschreibung des Staates. Sie stellte somit Informationen über Territorium, geographische Besonderheiten, Verfassung, Verwaltung, Militär, Wirtschaft und Bevölkerung zusammen. Ausgehend von dem im Jahre 1656 erschienenen Buch „Der teutsche Fürstenstaat" von Veit Ludwig von Seckendorff (1626 – 1692) entwickelte sich die „Lehre von den Staatsmerkwürdigkeiten", deren erster Vertreter der in Helmstedt lehrende Professor Hermann Conring (1606 – 1681) war. Diese Lehre konnte sich schon bald an den deutschen Universitäten durchsetzen. Vermutlich lag in dem Verlangen nach Information über den Staat auch der Ursprung des Wortes Statistik, dessen Stamm das neulateinische Wort „status" bildet, das „Staat" oder „Zustand" bedeutet. Bereits Martin Schmeitzel (1679 – 1747) nannte seine Vorlesung „Colleqium politico–statisticum", bevor sein Schüler Gottfried Achenwall (1719 – 1772) im Jahr 1748 seine erste Vorlesung über Staatenkunde als Statistik ankündigte. Wachsende Informationsmengen machten eine übersichtliche Darstellung unumgänglich. Die überwiegend verbale Beschreibung des Staates wurde mehr und mehr durch Tabellen mit Zahlen als Informationsträger ergänzt.

Eine andere Richtung nahm die Entwicklung der Statistik in England. Nicht nur die Beschreibung der Erscheinungen, sondern ihre gesetzmäßigen Zusammenhänge aufzudecken war Ziel einer neuen Disziplin, die Politische Arithmetik genannt wurde. Ihre Datenbasis fand sie vor allem in den Geburten- und Sterbetafeln; ihren Ausgangspunkt in dem 1662 erschienenen Werk: „Natural and political observations upon the bills of mortality, chiefly with reference to the government, religion, trade, growth, air deseases etc. of the City of London" von John Graunt (1620 – 1674), dessen Titel nahezu das ganze Forschungsprogramm der Politischen Arithmethik umfasst. War die Politische Arithmetik anfänglich noch weitgehend Bevölkerungsstatistik, erfuhr sie in den ihr den Namen gebenden „Essays in Political Arithmetic" des

Nationalökonoms William Petty (1623 – 1687) eine Erweiterung auf ökonomische Sachverhalte. Höhepunkt dieser Entwicklung stellten die Arbeiten der beiden Nationalökonomen Thomas Robert Malthus (1766 – 1834) und David Ricardo (1772 – 1823) dar, die Lohnsatzbildung und Wirtschaftswachstum mit der Bevölkerungsentwicklung erklärten.

In Deutschland konnte sich die Politische Arithmetik wegen der starken Stellung der Universitäts- und Kathederstatistik nur zögerlich ausbreiten. Als ihr erster deutscher Vertreter gilt Kaspar Neumann (1648 – 1715); aber erst die im Jahr 1741 erschienene Arbeit: „Die göttliche Ordnung in den Veränderungen des menschlichen Geschlechts, aus der Geburt, dem Tode und der Fortpflanzung desselben erwiesen" von Johann Peter Süßmilch (1707 – 1767) verhalf der Bevölkerungsstatistik in Deutschland zum Durchbruch.

1.3 Statistische Institutionen

Obwohl in der Bundesrepublik Deutschland jeder das Recht hat, Statistiken zu erstellen, bildeten sich — wie auch in anderen Ländern — aufgrund des umfangreichen Bedarfs bestimmte Institutionen heraus, denen die Bereitstellung statistischer Information obliegt. Diese Institutionen können zu „Amtliche Statistik" und „Nichtamtliche Statistik" zusammengefasst werden.

Die **amtliche Statistik** ist in Deutschland nach drei Prinzipien organisiert: (1) fachliche Konzentration, (2) regionale Dezentralisation und (3) Legalisierung. Während nach dem ersten Prinzip alle statistischen Arbeiten in speziell eingerichteten statistischen Ämtern durchgeführt werden sollen, trägt das zweite Prinzip dem förderalistischen Staatsaufbau der Bundesrepublik Deutschland Rechnung. Das Prinzip der Legalisierung besagt, dass statistische Erhebungen aufgrund von Gesetzen oder Rechtsverordnungen durchgeführt werden. Dadurch genießt die amtliche Statistik insofern eine Sonderstellung, da sie einerseits im Interesse einer zuverlässigen Erhebung unverfälschte Aussagen von den Befragten notfalls mit staatlichem Zwang durchsetzen kann, andererseits aber zur Geheimhaltung solcher Angaben, die sich auf den Einzelnen beziehen, verpflichtet ist.

Die amtliche Statistik wird in die **ausgelöste** und **nichtausgelöste (Ressort-) Statistik** unterteilt. Träger der ausgelösten Statistik sind bestimmte Behörden, die für spezielle statistische Aufgaben aus der allgemeinen Staatsverwaltung „ausgelöst" wurden. Die ausgelösten Behörden in Deutschland sind das Statistische Bundesamt in Wiesbaden, die Statistischen Landesämter, kommunalstatistische Ämter sowie statistische Dienststellen der Gemeinden und Gemeindeverbände. Die ausschließliche Aufgabe dieser Ämter liegt in der Bereitstellung statistischer Informationen, die als Entscheidungsgrundlage und der Erfolgskontrolle staatlicher und privater Institutionen dienen. Da die zweckgerichtete Nutzung dieser Informationen im öffentlichen Interesse liegt, werden die Ergebnisse der statistischen Ämter in zahlreichen Periodika der Öffentlichkeit nahezu kostenlos zur Verfügung gestellt. Das Statistische Bundesamt publiziert z.b. das „Statistische Jahrbuch" , monatlich die Zeitschrift „Wirtschaft und Statistik" , den „Statistischen Wochendienst" sowie 19 Fachserien.

Ähnlich strukturiert, jedoch mit regionalen bzw. lokalen Schwerpunkten, sind die Publikationslisten der übrigen statistischen Ämter, die alle über ihre Veröffentlichungen und Arbeitsbereiche Auskunft erteilen.

Die **nichtausgelöste Statistik** ist in Institutionen angesiedelt, deren Hauptaufgabe nicht die Erstellung statistischer Information ist. Bei der Wahrnehmung ihrer Aufgaben fallen bei diesen Institutionen jedoch Daten an, die in eigens hierfür eingerichteten Ressorts zu statistischer Information verarbeitet werden. Hieraus resultiert die alternative Bezeichnung Ressortstatistik für nichtausgelöste Statistik. Gewinnt das Ressort die Daten durch eigene Erhebung, bezeichnet man die Auswertung der Daten als externe **Behördenstatistik**; fallen sie mit dem Geschäftsgang der Institution an, spricht man von **Geschäftsstatistik**. Die wichtigsten Institutionen der nichtausgelösten Statistik sind alle Ministerien auf Bundes- und Länderebene, die Deutsche Bundesbank, die Bundesanstalt für Arbeit, das Bundesumweltamt, das Bundesaufsichtsamt für das Versicherungs- und Bausparwesen und das Kraftfahrt–Bundesamt.

Die Träger der **nichtamtlichen Statistik** lassen sich in die Gruppen (1) Verbände, (2) Wirtschaftsforschungsinstitute sowie (3) Markt- und Meinungsforschungsinstitute einteilen. Stellvertretend für die große Anzahl der ersten Gruppe seien die Industrie- und Handelskammern, der Bundesverband der Deutschen Industrie und die Gewerkschaften genannt. Die führenden, unabhängigen Forschungsinstitute der zweiten Gruppe haben sich mit der Deutschen Bundesbank und dem Statistischen Bundesamt zur „Arbeitsgemeinschaft deutscher wirtschaftswissenschaftlicher Forschungsinstitute" zusammengeschlossen. Es sind dies die Institute:

(1) Deutsches Institut für Wirtschaftsforschung e.V. (DIW), Berlin,

(2) IFO–Institut für Wirtschaftsforschung e.V., München,

(3) Rheinisch–Westfälisches Institut für Wirtschaftsforschung e.V. (RWI), Essen,

(4) Institut für Weltwirtschaft (IfW), Kiel,

(5) Hamburgisches Weltwirtschaftsarchiv (HWWA), Hamburg,

(6) Institut für Wirtschaftsforschung (IWH), Halle.

Zu nennen sind aus der Gruppe (2) noch das Wirtschafts- und Sozialwissenschaftliche Institut des Deutschen Gewerkschaftsbundes GmbH (WSI), Düsseldorf und das Institut der Deutschen Wirtschaft (IW), Köln.

Repräsentativ für die dritte Gruppe sind: Wickert–Institute, Tübingen; Infas, Bad Godesberg; Zentrum für Umfragen, Methoden und Analysen (ZUMA), Mannheim und das Institut für Demoskopie, Allensbach.

Eine schematische Darstellung der Klassifikation statistischer Institutionen in der Bundesrepublik Deutschland gibt Abbildung 1.2 wieder:

Abb. 1.2: Klassifikation statistischer Institutionen

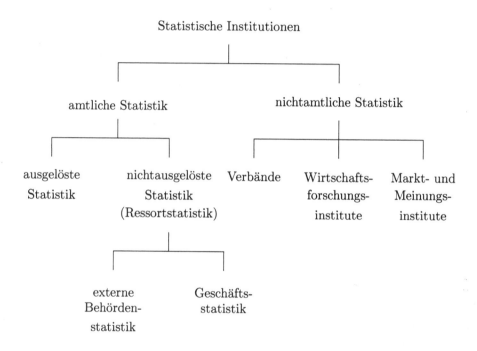

Die Verflechtung der Volkswirtschaften untereinander und die Bildung einheitlicher Wirtschaftsräume wie z.b. der gemeinsame Markt der Europäischen Union machen eine systematische Zusammenarbeit der nationalen statistischen Ämter sowie die Einrichtungen supranationaler statistischer Organisationen notwendig. Ziele dieser Institutionen sind, die internationale Vergleichbarkeit statistischer Daten durch Harmonisierung der methodischen Grundlagen zu erhöhen und eigene internationale statistische Erhebungen durchzuführen. Von den zahlreichen supranationalen Organisationen verdient das Statistische Amt der Vereinten Nationen (UNSO) mit Sitz in New York wegen seines weltweiten Betätigungsfeldes besondere Erwähnung. Auf europäischer Ebene wurde das Statistische Amt der Europäischen Gemeinschaft (Eurostat) mit Sitz in Luxemburg eingerichtet. Das Eurostat kann Anordnungen erlassen, die von der jeweiligen nationalen amtlichen Statistik umzusetzen sind. So gehen in Deutschland manche Erhebungen auf Anordnung von Eurostat zurück.

2 Grundzüge der Datenerhebung

2.1 Merkmale, statistische Einheit, statistische Masse

Vor jeder statistischen Analyse muss das Untersuchungsziel genau angegeben sein. Obwohl die Vorgabe dieses Zieles nicht zum unmittelbaren Problemkreis der Statistik, sondern zum Anwendungsbereich der jeweiligen Substanzwissenschaft gehört, hat die Formulierung des Ziels so zu erfolgen, dass seine statistische Bearbeitung möglich wird. Das bedeutet zunächst die genaue Festlegung des zu quantifizierenden Phänomens. Dies kann bereits in einer Form geschehen sein, die seine unmittelbare Beobachtung erlaubt. Ist das nicht der Fall, müssen die im Untersuchungsziel möglicherweise nur implizit enthaltenen theoretischen Konstrukte identifiziert werden. **Theoretische Konstrukte** sind fachwissenschaftliche Bezeichnungen, die nicht beobachtbare Sachverhalte festlegen. Wissenschaftstheoretisch findet mit ihnen ein Übergang von der Sprache der Empirie zur Sprache der Theorie statt. Beispiele für theoretische Konstrukte sind aus der Physik: Atom, Gravitation, (Magnet-) Feld; aus der Psychologie: Intelligenz, Liebe, Bewusstsein, Deprivation; aus den Wirtschaftswissenschaften: Kosten, Kapazität, Wohlstand, Konjunktur, Inflation; aus der Soziologie: Bildung, (berufliche) Stellung, Akzeptanz. Da theoretische Konstrukte nicht beobachtbar sind, müssen operationale Definitionen entwickelt werden, die den Übergang von der theoretischen Sprache zur Beobachtungssprache leisten. **Operationale Definitionen** ordnen theoretischen Konstrukten Zählbegriffe der Statistik zu. Die mit **Adäquation** bezeichnete Zuordnung gelingt nicht immer ohne Verlust: Das Bedeutungsfeld des theoretischen Konstrukts ist oft allgemeiner als das des Zählbegriffs. Eine solche Diskrepanz bezeichnet man als **Adäquationsproblem**, das zwar nicht gänzlich beseitigt werden kann, jedoch auf jeden Fall zu minimieren ist. Denn Fehler in dieser frühen Phase einer statistischen Untersuchung lassen sich auch mit ausgereiften statistischen Verfahren nicht mehr kompensieren. Sind die Zählbegriffe festgelegt, muss das Untersuchungsziel noch in zeitlicher und räumlicher Hinsicht präzisiert werden.

Der **statistische Zählbegriff** definiert eine beobachtbare Eigenschaft, die **statistisches Merkmal** genannt wird. Die möglichen Erscheinungsformen eines Merkmals heißen **Merkmalsabstufungen**, **Merkmalswerte**, **Merkmalsausprägungen** oder kurz nur **Ausprägungen**, die in endlicher oder unendlicher Anzahl vorliegen können. Die Objekte, an denen das Merkmal in Erscheinung tritt und die der räumlichen und zeitlichen Abgrenzung des Untersuchungsziels genügen, heißen **statistische Einheit, Untersuchungseinheit, Merkmalsträger** oder kurz **Element**.

Die praktisch unbegrenzte Menge statistischer Merkmale lässt sich nach verschiedenen Kriterien gruppieren. Die für statistische Untersuchungen grundlegende Klassifikation trennt zwischen qualitativen (**klassifikatorischen** bzw. **kategorialen**), ordinalen (**komparativen**) und quantitativen (**metrischen** bzw. **kardinalen**) Merkmalen.

Ein **qualitatives Merkmal** liegt vor, wenn sich seine Ausprägungen nur durch ihre Art unterscheiden. Es gibt daher höchstens abzählbar viele, d.h. endlich viele oder abzählbar unendlich viele Merkmalsausprägungen. Beispiele für qualitative Merkmale sind (natürliche) Haarfarbe (Ausprägungen: blond, schwarz, rot, grau) oder Beschäftigungsverhältnis (Ausprägungen: Arbeiter, Angestellte, Beamter,...). Bei einem **ordinalen Merkmal** lassen sich die Merkmalsausprägungen intensitätsmäßig abstufen, also in eine Rangordnung bringen. Beispiele sind die Merkmale: Zensuren, Motivation, Windstärke oder Nutzen eines Warenkorbs. Ein **quantitatives Merkmal** besitzt Merkmalsausprägungen, die gezählt oder durch Vergleich mit einem vorgegebenen Maßstab gemessen werden können. Beispiele hierfür sind die Merkmale: Güterproduktion, Einkommen, Beschäftigte oder Körpergröße.

Quantitative Merkmale lassen sich noch gemäß der Anzahl möglicher Ausprägungen weiter in diskrete oder stetige (**kontinuierliche**) Merkmale unterteilen. Ein **diskretes Merkmal** liegt vor, wenn die Anzahl seiner Ausprägungen endlich oder abzählbar unendlich ist. Ein **stetiges Merkmal** besitzt überabzählbar viele Merkmalsausprägungen. Ist die Anzahl der Ausprägungen bei einem diskreten Merkmal sehr groß, bezeichnet man es als **quasistetig**. Die „Belegschaft einer Unternehmung" ist ein diskretes, das Gewicht eines Menschen ein stetiges Merkmal. Das Merkmal „verkaufte Brötchen in deutschen Städten an einem bestimmten Tag" ist zwar diskret, lässt sich aber durchaus als quasistetiges Merkmal auffassen.

Die Möglichkeit einer sinnvollen Interpretation der Summe von Merkmalsausprägungen verschiedener Merkmalsträger erlaubt eine Klassifikation in intensive und extensive Merkmale. Kann die Summe der Merkmalsausprägungen bei verschiedenen Merkmalsträgern nicht sinnvoll interpretiert werden, wohl aber ihr Durchschnitt, liegt ein **intensives Merkmal** vor. Intensive Merkmale sind z.B. der Intelligenzquotient oder der Preis eines Gutes zu verschiedenen Zeitpunkten bzw. an unterschiedlichen Orten. Lassen sich die Summe der Merkmalsausprägungen über verschiedene Merkmalsträger und damit auch ihr Durchschnitt sinnvoll interpretieren, spricht man von einem **extensiven Merkmal**. Ein extensives Merkmal ist z.B. das Jahreseinkommen eines Haushalts; summiert man über alle Haushalte einer Volkswirtschaft, erhält man das Volkseinkommen eines Jahres.

Können die Merkmalsausprägungen direkt am Merkmalsträger beobachtet werden, spricht man von einem **manifesten Merkmal**; ist dies nicht möglich, liegt ein **latentes Merkmal** vor. Manifeste Merkmale sind z.B. die Regenmenge an einem Ort zu einer bestimmten Zeit oder die verkaufte Warenmenge in einer Periode. Ein latentes Merkmal ist im statistischen Sinne noch nicht hinreichend operationalisiert. Seine häufig vorgenommene Ersetzung durch ein geeignetes manifestes Merkmal behebt zwar diesen Mangel, hat aber auch das Adäquationsproblem zur Folge. Die Ersetzung des latenten Merkmals „Bildung" durch das manifeste Merkmal „Schulabschluss" verdeutlicht dies.

Kann eine statistische Einheit gleichzeitig Träger mehrerer Merkmalsausprägungen desselben Merkmals sein, handelt es sich um ein **häufbares Merkmal**. Beispiele hierfür sind: Staatsangehörigkeit, Beruf oder Studienfach. Nimmt ein Merkmal nur zwei verschiedene Ausprägungen an, heißt es **binär** oder **dichotom**. Da seine Werte meist mit den Ziffern 0 oder 1 kodiert werden, spricht man auch von einer (0,1)-Variablen. Analog hierzu bezeichnet man ein Merkmal mit nur drei Ausprägungen als **trichonom** bzw. **trinär**.

Die Gesamtheit aller hinsichtlich eines Untersuchungszieles relevanten statistischen Einheiten (Merkmalsträger) bildet die **statistische Masse**, die auch **Grundgesamtheit, Untersuchungsgesamtheit, Auswahlgesamtheit** oder **Population** genannt und mit dem Symbol Ω gekennzeichnet wird. Eine statistische Masse ist demnach als eine sachlich, zeitlich und räumlich wohl abgegrenzte Menge von Merkmalsträgern ω_j definiert: $\Omega = \{\omega_1, \omega_2, \omega_3, \ldots\}$. Gehört ein Merkmalsträger ω_j zu einer Grundgesamtheit Ω, schreibt man dafür: $\omega_j \in \Omega$. Ist die Anzahl der Merkmalsträger endlich, liegt eine endliche Gesamtheit vor. Dies ist bei der deskriptiven Statistik der Regelfall; man bezeichnet endliche Gesamtheiten auch als **Realgesamtheiten**. Eine unendliche Gesamtheit besitzt unendlich viele Elemente. Hierzu zählen die hypothetischen Grundgesamtheiten der induktiven Statistik. Teilgesamtheiten entstehen, wenn ausgewählte Elemente einer Grundgesamtheit zu Teilmengen zusammengefasst werden.

Statistische Massen können hinsichtlich der zeitlichen Abgrenzung als Bestands- oder Bewegungsmasse vorliegen. Eine **Bestandsmasse (stock)**, auch **Streckenmasse** genannt, enthält Elemente mit bestimmter zeitlicher Verweildauer. Die Elemente treten zu einem Zeitpunkt in die Masse ein und verlassen diese wieder nach einer bestimmten Dauer. Deshalb sind Bestandsmassen stets zeitpunktbezogen definiert. Der Kapitalstock einer Volkswirtschaft zum 31.12. eines Jahres ist eine Bestandsmasse und umfasst alle Investitionsgüter, die zu früheren Zeitpunkten installiert wurden, aber am 31.12. noch in Betrieb sind. Weitere Beispiele für Bestandsmassen sind: Wohnbevölkerung eines Landes oder Vermögen eines Haushalts, jeweils zu bestimmten Stichtagen.

Eine **Bewegungsmasse (flow)** bzw. **Ereignis-** oder **Punktmasse** liegt vor, wenn erst die Festlegung eines Zeitintervalls die Zusammenfassung zeitpunktbezogener statistischer Einheiten zu einer Masse ermöglicht. Da solche Massen für vorgegebene Zeitspannen definiert sind, variieren sie auch mit diesen. Das Bruttoinlandsprodukt einer Volkswirtschaft in einem Jahr ist eine Bewegungsmasse. Ausschlaggebend hierfür ist, dass jede Einheit der für einen Endzweck geschaffenen Güter und Dienstleistungen zu einem Zeitpunkt (Ereigniszeitpunkt) des vorgegebenen Jahres den Produktionsprozess verlässt. Aus den gleichen Gründen bilden die Käufe eines privaten Haushalts in einer Woche eine Bewegungsmasse: Obwohl jeder Kauf eine gewisse Zeit bindet, kann er doch als punktuelles Ereignis innerhalb der Woche aufgefasst werden.

Enthält eine Bewegungsmasse die Zugänge, Abgänge oder die saldierten Zu- und Abgänge (Nettozugänge) einer Bestandsmasse, bezeichnet man beide Massen wegen ihres sachlogischen Zusammenhangs als **korrespondierende Massen**. Addiert man zu einer Bestandsmasse für den Stichtag t_1 die korrespondierende Bewegungsmasse des Zeitintervalls $\Delta t = t_2 - t_1 > 0$, resultiert die neue Bestandsmasse zum Stichtag t_2. Diese Verknüpfung heißt **Fortschreibung** und bietet eine einfache Möglichkeit, umfangreiche Bestandsmassen zu aktualisieren. Fügt man beispielsweise zum Kapitalstock einer Volkswirtschaft zu Jahresbeginn die korrespondierende Bewegungsmasse „Nettoinvestitionen dieses Jahres" hinzu, erhält man den Kapitalstock der Volkswirtschaft, der am Anfang des nächsten Jahres vorhanden ist.

Übungsaufgaben zu 2.1

2.1.1 Was versteht man unter Adäquation?

2.1.2 Geben Sie für folgende Merkmale an, ob sie qualitativ, ordinal, oder quantitativ und diskret oder stetig sind!

Gewicht, Körpergröße, Haarfarbe, Preis, Qualität, Volumen, Tagesumsatz, Steuerklasse, Staatsangehörigkeit, Erwerbsstatus, Lagerbestand.

Nennen Sie zu jedem Merkmal mögliche Ausprägungen!

2.1.3. Welche der folgenden Merkmale sind intensiv, extensiv, manifest, latent oder häufbar?

Einkommen, Zensuren, Kosten, Körpergröße, Haarfarbe, Studienfach.

2.2 Messen und Skalieren

Die Festlegung der beobachtbaren Merkmalsausprägungen geschieht in der Statistik unabhängig von der Art des Merkmals durch Zählen oder Messen. Unter **Messen** versteht man die nach einer angegebenen Regel vorgenommene eindeutige Zuordnung von Zahlen zu den Merkmalsausprägungen. Damit nach dem Messen dieselbe Ordnung der Merkmalsträger gemäß ihrer Merkmalsausprägungen vorliegt, muss eine Skala verwendet werden. Durch eine **Skala** gelingt die relationstreue Abbildung der Merkmalsausprägungen in ein Zahlensystem, das meist durch die Menge der reellen Zahlen gegeben ist. Messvorschrift und geeigneter Skalentyp sind bereits durch die mit der operationalen Definition vorgenommenen Zuordnung von Zählbegriffen zu theoretischen Konstrukten festgelegt. Die dort angestrebte Minimierung des Adäquationsproblems führt zu empirisch sinnvollen Messvorschriften. Beispielsweise könnten die Monatseinkommen von Haushalten durch die Höhe des ihnen entsprechenden Centstapels in Meter gemessen werden; informationsreicher und damit sinnvoller ist aber eine Messung in Geldeinheiten. Die grundlegende Klassifikation in qualitative, ordinale oder quantitative Merkmale legt die geeignete Skala fest. Damit sind auch diejenigen mathematischen Transformationen bestimmt, denen die Messungen unterzogen werden können, ohne dass sich dadurch die vorgegebene, natürliche Ordnung der Merkmalsausprägungen ändert. Die Kenntnis ordnungserhaltender Transformationen ist für Maßeinheitsänderungen bedeutsam.

Bei qualitativen Merkmalen bedeutet die Zuordnung von Zahlen zu den einzelnen Merkmalsausprägungen lediglich eine neue Kennzeichnung. Die verwendete Skala bezeichnet man deshalb als **Nominalskala**. Die Zahlenzuordnung heißt **Kodierung**, die Zahlen selbst heißen **Kennzahlen**. Da die einzige Funktion in der Unterscheidung der Merkmalsausprägungen besteht, kann jede getroffene Zahlenzuordnung durch eine eineindeutige Transformation in eine andere Zahlenzuordnung überführt werden. Die Ausprägungen des qualitativen Merkmals Haarfarbe könnte mit der Kodierung: 1 = rot, 2 = braun, 3 = blond, 4 = schwarz und 5 = grau, genauso gut aber mit fünf anderen Zahlen unterschieden werden.

Ist bei der Messung von Merkmalsausprägungen nur ihre Rangordnung, nicht aber der Abstand zwischen benachbarten Rängen relevant, kommt eine **Ordinalskala** zur Anwendung. Alle komparativen Merkmale sind ordinal skaliert. Da die zugeordneten Zahlen nur die Rangordnung wiedergeben, können sie mit **streng monoton steigenden (isotonen) Transformationen** in andere Zahlen abgebildet werden. Eine Transformation T heißt isoton, wenn aus $x_1 < x_2$ immer folgt: $T(x_1) < T(x_2)$. Die in der Wirtschaftstheorie verwendete Nutzenfunktion ist ein weiteres Beispiel für ordinal skalierte Messung.

Lassen sich Merkmalsausprägungen in eine Rangfolge bringen und ist der Abstand zwischen je zwei Ausprägungen definiert, bilden die zugeordneten Zahlen eine **Intervallskala**. Alle Intervallskalen können durch die Funktion $y = ax + b, a > 0$ transformiert werden, ohne dass sich der Skalentyp ändert.

Zum Beispiel ist die Temperaturmessung in Grad Celsius oder in Grad Fahrenheit intervallskaliert. Bei einer Temperatur von 4°C ist es nicht doppelt so warm wie bei 2°C, jedoch liegt derselbe Temperaturunterschied wie bei 18°C und 20°C vor.

Können Merkmalsausprägungen in eine Rangordnung gebracht werden und sind Abstand sowie Verhältnis zweier Merkmalsausprägungen definiert, erfolgen die Messungen der Ausprägungen mit einer **Verhältnisskala (Ratioskala)**. So skalierte Merkmale besitzen zwar einen natürlichen Nullpunkt, aber die Maßeinheit ist noch willkürlich. Da der natürliche Nullpunkt durch eine Transformation nicht verschoben werden darf, müssen die für Verhältnisskalen zulässigen Transformationen homogen sein. Damit eine gegebene Ordnung der Merkmalsausprägungen auch nach der Transformation vorliegt, ist die Funktion $y = ax, a > 0$ zu verwenden. Verhältnisskalierte Merkmale sind z.B. (Güter-) Preise, Länge, Gewicht oder Temperatur in Grad Kelvin. Mit der Transformation $y = ax$ lassen sich Änderungen der Maßeinheit erreichen. Ist x der in Cent gemessene Preis eines Gutes, stellt $y = \frac{1}{100}x$ den in der Maßeinheit EUR gemessene Güterpreis dar.

Besitzen Merkmale zusätzlich zu den Eigenschaften, die zu einer Verhältnisskala führen, noch eine natürliche Skaleneinheit, verwendet man bei ihrer Messung eine **Absolutskala**. Beispiele für absolut skalierte Merkmale sind die Bevölkerung einer Region und Stückzahlen. Die einzig zulässige Skalentransformation ist jetzt die identische Transformation $y = x$.

Nominal- und Ordinalskala heißen **topologische Skalen**; Intervall-, Verhältnis- und Absolutskala bezeichnet man als **Kardinal-** bzw. **metrische Skalen**. Alle quantitativen Merkmale sind metrisch skaliert. Daher liegen bei einem diskreten Merkmal in jedem Intervall $(a, b) \subset \mathbb{R}, a < b$, $\mathbb{R}$: Menge der reellen Zahlen, nur endlich viele Messungen. Ist das Merkmal hingegen stetig, bilden seine Ausprägungen ein Kontinuum, das entweder durch die Menge der reellen Zahlen selbst oder durch eine geeignete Teilmenge gegeben wird. Endliche Messgenauigkeiten führen aber dazu, dass in der Realität jedes stetige Merkmal „nur" diskret gemessen wird.

Die Skalen und damit auch die Merkmale sind gemäß der zu erfüllenden Bedingungen hierarchisch aufsteigend geordnet als: Nominal-, Ordinal- und Kardinalskala. Mit aufsteigender Ordnung nimmt der Informationsgehalt der Merkmale zu. Während der Übergang von einer höheren zu einer niedrigeren Stufe der Skalenhierarchie mit Informationsverlust möglich ist, gelingt der umgekehrte Übergang — wenn überhaupt — erst nach Änderung der operationalen Definition.

Ein Merkmal bildet durch Messen seiner Ausprägungen jeden Merkmalsträger $\omega_j \in \Omega$ in eine Skala S ab, die Teilmenge der reellen Zahlen $\mathbb{R}$ ist: $S \subset \mathbb{R}$. Kommt es auf eine sachliche Spezifikation des Merkmals nicht an, sondern steht nur der Abbildungsaspekt im Vordergrund, bezeichnet man das Merkmal als „**statistische Variable** X". Der Abbildungsvorgang stellt sich formal dann dar als:

$$X : \Omega \longrightarrow S \subset \mathbb{R}. \tag{2.1}$$

Mit der Definition (2.1) ist ausgeschlossen, dass X ein häufbares Merkmal sein kann. Bei häufbaren Merkmalen könnte es vorkommen, dass ein Merkmalsträger ω_j mindestens zwei Merkmalsausprägungen aufweist. Die statistische Variable X würde ω_j mindestens zwei Zahlen zuordnen; X wäre dann aber keine Abbildung mehr.

Das Bild von $\omega_j \in \Omega$ unter X heißt Beobachtung von X und wird mit x_j bezeichnet: $x_j = X(\omega_j)$. Die Gesamtheit aller Beobachtungen x_j sind die statistischen Daten (Datensatz). Sie müssen nicht alle verschieden sein, da mehrere Merkmalsträger dieselbe Merkmalsausprägung und damit denselben Messwert aufweisen können. Hingegen sind alle Elemente der Menge $\{X(\omega_j), \omega_j \in \Omega\}$ wegen der Mengendefinition verschieden. Diese Menge stellt die unterschiedlichen Ausprägungen von X dar, die im Datensatz vorkommen. Zur Unterscheidung von den Beobachtungen werden die Elemente dieser Menge mit x_i bezeichnet: $x_i \in \{X(\omega_j), \omega_j \in \Omega\}$. In den wenigen Fällen, in denen die Verwendung eines Wertes, z.B. x_5, als Ausprägung oder als Beobachtung nicht klar aus dem Zusammenhang hervorgeht, wird zur Verdeutlichung $x_{i=5}$ oder $x_{j=5}$ geschrieben.

Wird die Skala S einer statistischen Variablen X in abzählbar viele halboffene Intervalle zerlegt, spricht man von **Klassierung** bzw. **Klasseneinteilung**. Die Klassenbildung kann entweder durch rechtsgeschlossene $(x'_{k-1}, x'_k]$ oder linksgeschlossene $[x'_{k-1}, x'_k)$ Intervalle mit $k \in \mathbb{N}$, $\mathbb{N}$: Menge der natürlichen Zahlen, erfolgen. Die Klassengrenzen x'_{k-1} und x'_k müssen nicht notwendigerweise zu der Menge der Ausprägungen gehören. Die statistische Variable X bildet bei Klassierung die Merkmalsträger in Klassen ab.

Übungsaufgaben zu 2.2

2.2.1 Mit welchen Skalen sind folgende Merkmale zu messen?

Gewicht, Körpergröße, Haarfarbe, Preis, Qualität, Volumen, Tagesumsatz, Steuerklasse, Staatsangehörigkeit, Erwerbsstatus, Lagerbestand.

2.2.2 Die Temperaturmessung in Grad Fahrenheit (y) erhält man aus der Temperaturmessung in Grad Celsius (x) durch die Lineartransformation $y = 32 + \frac{9}{5}x$. Zeigen sie, dass y intervallskaliert ist!

2.3 Datengewinnung

Datenerhebungen sind meistens mit umfangreichen praktischen Problemen verbunden. Es soll daher hier nur die allgemeine Vorgehensweise skizziert werden. Die Gewinnung von Daten erfolgt durch die Datenerhebung, kurz Erhebung genannt. Bevor sie durchgeführt wird, müssen die in den Abschnitten

2.1 und 2.2 aufgezeigten Problemfelder geklärt sein. Die hierzu notwendigen Entscheidungen bilden zusammen mit der Festlegung der Erhebungstechnik den **Erhebungsplan**. Bei Erhebungen ist zwischen **Erhebungs-** und **Untersuchungseinheit** (Merkmalsträger) zu unterscheiden. Als Erhebungseinheit bezeichnet man diejenige Einheit, bei der die Erhebung im technischen Sinne durchgeführt wird. Geschieht dies bei den Merkmalsträgern direkt, fallen Erhebungs- und Untersuchungseinheit zusammen und eine Unterscheidung ist überflüssig. Die Erhebungseinheiten gehören dann zur statistischen Masse Ω. Bei einer Volkszählung z.b. wählt man gewöhnlich Haushalte als Erhebungseinheit, während die Untersuchungseinheit die Haushaltsmitglieder sind. Bei dieser Vorgehensweise gehören die Erhebungseinheiten nicht zu Ω. Will man dagegen die Personenzahl von Haushalten ermitteln, stellen Haushalte Erhebungs- und Untersuchungseinheit dar; die Erhebungseinheit ist jetzt Element von Ω.

Eine Erhebung kann als Voll- bzw. Totalerhebung oder als Teilerhebung angelegt sein. Bei einer **Vollerhebung** werden alle Merkmalsträger einer statistischen Masse erfasst. Dies gilt auch dann, wenn, wie bei der Volkszählung, die Erhebungseinheiten nicht zu Ω gehören. Bei einer **Teilerhebung** werden nur bestimmte Elemente aus Ω untersucht. Teilerhebungen können durch begriffliches Ausgliedern nach bestimmten Merkmalsausprägungen (z.B. Bevölkerung unter 40 Jahren) oder durch Zufallsauswahl entstehen. Eine Teilerhebung ist leichter, schneller und vor allem billiger als eine Totalerhebung durchzuführen; dafür sind die Ergebnisse bei Zufallsauswahlen aber auch unsicherer als bei Vollerhebungen.

Die Datengewinnung kann nach drei Erhebungstechniken erfolgen: (1) Befragung, (2) Beobachtung und (3) Experiment. Bei Experimenten können Größen, die den Ausgang beeinflussen, kontrolliert werden. Während eine Datengewinnung auf experimenteller Basis für weite Teile der Physik, Chemie, Biologie und Medizin typisch ist, stellt sie bei den Wirtschafts- und Sozialwissenschaften (noch) die Ausnahme dar. Erste Entwicklungen in dieser Richtung finden in den Teilgebieten Marketing, Personalwesen und Spieltheorie statt. Ähnliches gilt für die Einsatzmöglichkeiten der Beobachtungstechnik. Diese in den Naturwissenschaften sehr häufig eingesetzte Methode ist bei wirtschafts- und sozialwissenschaftlicher Datengewinnung nur eingeschränkt verwendbar. Dies liegt daran, dass hier Beobachtungen, die nicht mechanisch zu erheben sind, oft ausgeprägte subjektive Komponenten enthalten. Können solche Einflussfaktoren nicht ausgeschaltet bzw. bis zur Unerheblichkeit reduziert werden, ist die Vergleichbarkeit von Beobachtungsdaten zum selben Phänomen, aber von verschiedenen Beobachtern erstellt, kaum gewährleistet. Deshalb beschränkt man sich in den Wirtschafts- und Sozialwissenschaften mit der Erhebungstechnik „Beobachtung" auf Merkmale, die von subjektiven Elementen weitgehendst unabhängig sind. Ein Beispiel ist die Verkehrszählung, obwohl auch hier die Genauigkeit von der Aufmerksamkeit des Beobachters abhängt. Beobachtung als Technik der Datenerhebung ist von dem einzelnen Ergebnis dieses Vorgangs, das ebenfalls Beobachtung genannt wird, zu unterscheiden. Im Zusammenhang mit statistischen Daten bezeichnet Beobachtung stets das Bild $x_j = X(\omega_j)$, gleichgültig, wie die Beobachtungen erhoben wurden.

In den Wirtschafts- und Sozialwissenschaften dominiert als Erhebungstechnik die Befragung. Befragungen können in mündlicher oder schriftlicher Form oder als Kombination beider Formen durchgeführt werden. Sie haben den Vorteil, dass subjektive Beurteilungen und schwer oder gar nicht beobachtbare Sachverhalte erfasst werden können. Jedoch besteht die Gefahr einer bewussten oder unbewussten Verfälschung durch den Befragten. Diese Gefahr lässt sich durch Kontrollfragen und/oder indirekte Fragestellung verringern. **Kontrollfragen** beinhalten meistens das Gegenteil zu derjenigen Fragestellung, deren wahrheitsgemäße Beantwortung von besonderer Bedeutung ist. Bei indirekter Fragestellung gewinnt man die eigentlich interessierende Information erst durch Kombination der Antworten zu unverfänglich erscheinenden Fragen. Allgemein sollte jede Frage einfach und präzise formuliert sein. Bei mündlicher Befragung (Interview) können wegen der Erläuterungsmöglichkeiten durch den Interviewer kompliziertere Fragen als bei der schriftlichen Befragung (Fragebogen) gestellt werden. Jedoch dürfen die Erläuterungen nicht suggestiv erfolgen. Wegen der Kosten, die Interviews verursachen, steht für die Beantwortung der Fragen weniger Zeit als bei einem Fragebogen ohne Interviewer zur Verfügung. Deshalb werden bei Interviews spontane Antworten häufiger als beim Fragebogen sein. Spontaneität kann bei der Meinungs- und Motivforschung aufschlussreicher als wohlüberlegtes Antworten sein; bei der Erfassung von Tatsachen dürfte sich diese Bewertung wohl umkehren. Werden Daten für ein bestimmtes Untersuchungsziel erstmalig erhoben, liegt eine **primärstatistische Erhebung** vor. Zieht man für das Untersuchungsziel bereits vorliegende, aber für andere Zwecke erhobene Daten heran, spricht man von **sekundärstatistischer Erhebung**. Sind diese Daten nicht mehr in reiner Form verfügbar, sondern bereits für den anderen Zweck aufbereitet, handelt es sich um eine **tertiärstatistische Erhebung**.

Der zeitliche Bezug der Datenerhebung führt zur Unterscheidung zwischen Längsschnitt- und Querschnitterhebung. Eine **Längsschnitterhebung** liegt vor, wenn die Beobachtungen für aufeinander folgende Zeitpunkte bzw. Perioden erhoben werden. Die gewonnenen Daten bilden dann eine **Zeitreihe**. Bei **Querschnitterhebungen** haben alle Beobachtungen denselben Zeitbezug. Die Daten für die Entwicklung des Inlandsprodukts in der Bundesrepublik Deutschland von 1975 bis 1994 erhält man mit einer Längsschnitterhebung; die Konsumausgaben der Haushalte einer Stadt in der 36. Woche eines Jahres hingegen mit einer Querschnitterhebung.

Eine für die Wirtschaftswissenschaften typische Unterscheidung ist mit dem Begriffspaar Mikro- und Makrovariablen gegeben. Wird eine statistische Variable für einen Untersuchungsraum, z.B. eine Volkswirtschaft, inhaltlich so definiert, dass pro Periode oder Zeitpunkt nur eine Beobachtung eintreten kann, heißt sie **Makrovariable**; ist ihre Beobachtung an mehreren Merkmalsträgern möglich, liegt eine **Mikrovariable** vor. Das Inlandsprodukt einer Volkswirtschaft stellt demnach eine Makro-, die wöchentliche Konsumausgabe der Haushalte eine Mikrovariable dar. Für Makrovariablen sind nur Längsschnitt- , für Mikrovariablen sowohl Längs- als auch Querschnitterhebungen möglich. Die Kombination beider Erhebungsarten nennt man **Listentechnik**; die damit gewonnenen Beobachtungen heißen **Paneldaten**. Die Listentechnik ist nur bei Mikrovariablen anwendbar.

Die Untersuchungsgesamtheiten Ω der deskriptiven Statistik sind stets endlich; der Erhebungsumfang wird mit $n \in \mathbb{N}$ bezeichnet. Der jetzt aus n Beobachtungen $x_j, j = 1, ..., n$ bestehende Datensatz enthält $m \in \mathbb{N}$ verschiedene Ausprägungen $x_i, i = 1, ..., m$. Da Beobachtungen im Gegensatz zu den Ausprägungen gleich sein können, gilt immer $m \leq n$.

Bei einer statistischen Masse lässt sich nicht nur eine statistische Variable, sondern mehrere statistische Variablen beobachten, die zwecks Unterscheidung jetzt mit $X_1, X_2, ..., X_g$ bezeichnet werden. Jeder Merkmalsträger $\omega_j, j = 1, ..., n$ weist für jede Variable eine Beobachtung auf, es liegen somit insgesamt ng Beobachtungen vor. Um die Fülle an Beobachtungen zu strukturieren, verwendet man eine Beobachtungsmatrix mit folgendem Aufbau:

Abb. 2.1: Beobachtungsmatrix

Merk-malsträger ╲ statistische Variable	X_1	X_2	$\cdots$	X_g
ω_1	x_{11}	x_{12}	$\cdots$	x_{1g}
ω_2	x_{21}	x_{22}	$\cdots$	x_{2g}
$\vdots$	$\vdots$	$\vdots$	$\vdots$	$\vdots$
ω_n	x_{n1}	x_{n2}	$\cdots$	x_{ng}

Man bezeichnet diese Matrix als **multivariaten (mehrdimensionalen) Datensatz.** Wird für eine statistische Masse nur eine statistische Variable erhoben, liegt ein **univariater (eindimensionaler) Datensatz** vor. Die Beobachtungsmatrix geht dann in einen Spaltenvektor über, der — als Zeile geschrieben — ein n-Tupel ergibt. Für X_1 erhält man: $(x_{11}, x_{21}, ..., x_{n1})$. Da nur ein Merkmal X beobachtet wird, kann der zweite Index bei den Elementen des Vektors entfallen. Man bezeichnet das n-Tupel $(x_1, ..., x_n)$ als **Urliste** bzw. **Urmaterial.** Bei mindestens ordinal skalierten Merkmalen ist es vorteilhaft, die unterschiedlichen Ausprägungen x_i eines Datensatzes der Größe nach zu ordnen: $x_{i=1}$ stellt dann die kleinste, $x_{i=m}$ die größte Ausprägung dar.

3 Verteilungen eindimensionaler Datensätze

3.1 Absolute und relative Häufigkeitsverteilungen

Nach der Datengewinnung sind die in der Urliste vorliegenden Daten mit dem Ziel aufzubereiten, die in ihnen enthaltenen Informationen aufzudecken. In einem ersten Schritt sollte deshalb versucht werden, die Struktur der Daten möglichst kompakt hervortreten zu lassen. Die weiteren Schritte hängen dann vom Skalentyp des betrachteten Merkmals ab.

Um die Erklärung zu erleichtern, wird die Vorgehensweise der Datenaufbereitung an einem Beispiel entwickelt. Eine statistische Variable X bildet die Merkmalsträger einer Grundgesamtheit Ω im Umfang $n = 20$ in die Beobachtungen x_j, $j = 1, ..., 20$ ab:

$$11, 13, 15, 16, 12, 18, 14, 15, 17, 14, 12, 16, 13, 15, 17, 16, 15, 14, 13, 15.$$

Diese Urliste umfasst $m = 8$ verschiedene Ausprägungen von $X : 11, 12, 13, 14,$ $15, 16, 17, 18$. Bereits bei 20 Beobachtungen ist das Datenmaterial recht unübersichtlich; es bietet sich zunächst eine Ordnung der Beobachtungen in aufsteigender Größe an:

$$11, 12, 12, 13, 13, 13, 14, 14, 14, 15, 15, 15, 15, 15, 16, 16, 16, 17, 17, 18.$$

Der geordnete Datensatz kann leicht in eine Strichliste überführt werden. Hierzu zählt man, wie oft die Ausprägung x_i in der Urliste vorkommt, bzw. wieviele Merkmalsträger ω_j in dieselbe Ausprägung x_i abgebildet wurden. Anhand der Strichliste lässt sich bereits erkennen, wie sich die Beobachtungen auf die einzelnen Ausprägungen verteilen (vgl. Abbildung 3.1). Da in einer Realgesamtheit nur endlich viele verschiedene Ausprägungen vorkommen, kann eine Strichliste, unabhängig von der Skalierung des Merkmals, immer erstellt werden. Jedoch erreicht man mit einer Strichliste keine wesentliche Steigerung der Übersichtlichkeit, wenn sehr große Datenmengen mit

Abb. 3.1: Strichliste

```
11  |
12  ||
13  |||
14  |||
15  ||||
16  |||
17  ||
18  |
```

sehr vielen unterschiedlichen Beobachtungen vorliegen oder wenn die Urliste Daten enthält, die (fast) alle verschieden sind. Letzteres kann bei diskreten, häufiger aber bei stetigen Merkmalen eintreten, da bei unbegrenzter Messgenauigkeit jeder Beobachtungswert i.d.R. nur einmal erhoben wird. Bei einer solchen Datenlage ist es zweckmäßig, Klassen zu bilden und die Beobachtungen der Urliste auf die Klassen aufzuteilen. Klassierung reduziert die Anzahl unterscheidbarer Ausprägungen. Anstatt der großen Anzahl m verschiedener Merkmalsausprägungen liegt jetzt nur noch die kleinere Anzahl K unterschiedlicher Klassen vor. Dadurch wird die Struktur des Datensatzes aufgedeckt, jedoch geht die Kenntnis der Verteilung der Daten innerhalb der Klassen verloren. Klassenbildung führt somit zwar zu einem Informationsgewinn über die Daten als Ganzes, aber auch zu einem Informationsverlust bezüglich der einzelnen Daten. Es ist deshalb stets darauf zu achten, dass der Informationsverlust im Rahmen der Zielsetzung vertretbar bleibt. Die Mindestanzahl an Klassen hängt daher vom Erhebungsumfang n und von der Anzahl m unterschiedlicher Ausprägungen im Datensatz ab. Sind alle Beobachtungen verschieden, sollte für die Mindestanzahl nach der **DIN-Regel** gelten: 10 Klassen bei 100, 13 Klassen bei ungefähr 1000 und 16 Klassen bei etwa 10000 Beobachtungen. Durch die unterproportionale Zunahme der Klassenanzahl im Verhältnis zum Erhebungsumfang wird vermieden, dass eine zu starke Klassierung die Übersichtlichkeit wieder einschränkt.

Bei nominal skalierten Merkmalen erfolgt Klassierung durch Oberbegriffe, unter die bestimmte Merkmalsausprägungen fallen. So können z.B. die Merkmalsausprägungen der statistischen Variablen „Sachgüterproduktion einer Volkswirtschaft in einer Periode" zu Konsum- oder Investitionsgüter zusammengefasst werden. Um diese inhaltlich orientierte Klassierung von einer nach der Größe, wie sie bei allen anderen Merkmalsarten möglich ist, abzugrenzen, spricht man von **Gruppierung** und bezeichnet die Klassen jetzt als Gruppen.

Obwohl die Klassierung keinen festen Regeln unterliegen kann, da sie wesentlich vom jeweiligen Untersuchungsziel abhängt, lassen sich doch einige nützliche, allgemeine Orientierungspunkte angeben:

(1) Die Klassen sollten gleich breit (äquidistant) sein,

(2) die Klassen müssen disjunkt sein, d.h. sie dürfen sich nicht überlappen,

(3) die Klassen sollten angrenzen, d.h. keine Werte zwischen zwei aufeinander folgenden Klassen sollten ausgelassen werden,

(4) alle Daten der Urliste sollten durch die Klassen erfasst werden,

(5) die Anzahl der Beobachtungen in den **Randklassen** (das sind die erste und letzte Klasse) sollte nicht zu gering sein,

(6) diejenige Ausprägung, die in der Urliste am häufigsten vorkommt, sollte in der Mitte ihrer Klasse liegen.

Wegen des letzten Punktes entwickelt man die Klassierung um die häufigste Beobachtung der Urliste; im obigen Beispiel ist dies die Ausprägung $x_i = 15$. Wählt man eine Klassenbreite von 2, ergeben sich bei rechts- bzw. linksoffener Klassenbildung die beiden Strichlisten der Abbildung 2.3. Die gewählte Klassierung kann sowohl die Anzahl K der Klassen als auch die

Abb. 3.2: Strichliste bei Klassierung

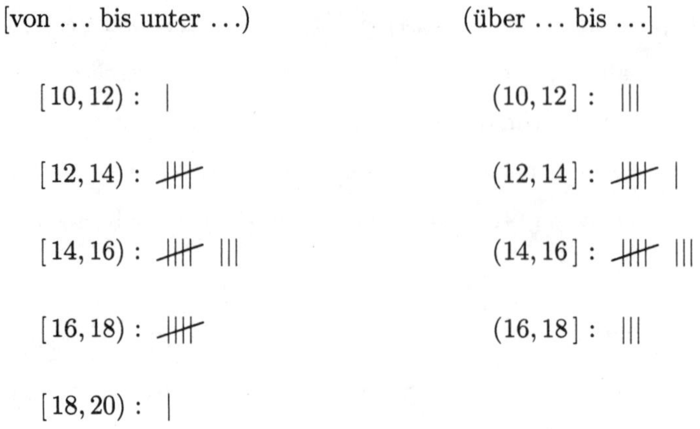

[von ... bis unter ...)   (über ... bis ...]

$[10, 12)$: | $(10, 12]$: |||

$[12, 14)$: ⊦⊦⊦⊦ $(12, 14]$: ⊦⊦⊦⊦ |

$[14, 16)$: ⊦⊦⊦⊦ ||| $(14, 16]$: ⊦⊦⊦⊦ |||

$[16, 18)$: ⊦⊦⊦⊦ $(16, 18]$: |||

$[18, 20)$: |

Aufteilung der Beobachtungen auf die Klassen beeinflussen. Bei der Klassenbildung „von...bis unter..." entsteht der Eindruck einer symmetrischen Datenstruktur; besser mit der nicht symmetrischen Verteilung des Urmaterials stimmt hier die für die Klassierung „über...bis..." gewonnene Strichliste überein. Da in vielen Fällen die weitere Aufbereitung des Urmaterials bei rechtsgeschlossener leichter als bei linksgeschlossener Intervallbildung fällt, werden im Folgenden Klassen stets nach dem Prinzip $(x'_{k-1}, x'_k]$ gebildet.

Zählt man die Striche einer Strichliste aus, erhält man die Anzahl, wie oft die Ausprägung x_i im Datensatz vorkommt bzw. bei klassierten Daten, wieviele Beobachtungen der Urliste in die k-te Klasse fallen. Diese Zahlen heißen **absolute Häufigkeiten** und werden bei nicht klassierten Daten mit n_i bzw. bei klassierten Daten mit n_k bezeichnet:

$$n(X = x_i) = n_i \quad (3.1a) \quad n(x'_{k-1} < X \le x'_k) = n_k. \quad (3.1b)$$
$$i = 1, \dots, m \qquad\qquad k = 1, \dots, K$$

Die absoluten Häufigkeiten n_i gehen nach Division durch den Umfang n der Untersuchungsgesamtheit in **relative Häufigkeiten** h_i über:

$$h(X = x_i) = \frac{n_i}{n} = h_i \quad (3.2a) \quad h(x'_{k-1} < X \le x'_k) = \frac{n_k}{n} = h_k. \quad (3.2b)$$
$$i = 1, \dots, m \qquad\qquad\qquad k = 1, \dots, K$$

Relative Häufigkeiten erleichtern zwar den Vergleich der Datenstruktur verschiedener Urlisten, jedoch geht die Information über den Umfang n der Datensätze verloren. Sollen relative Häufigkeiten als Prozentsätze angegeben werden, multipliziert man h_i bzw. h_k mit 100. Die Gleichungen (3.1) und (3.2) heißen auch **Häufigkeitsfunktionen.** Definitionsgemäß gilt:

$$\sum_{i=1}^{m} n_i = n, \quad \sum_{k=1}^{K} n_k = n, \quad \sum_{i=1}^{m} h_i = 1, \quad \sum_{k=1}^{K} h_k = 1.$$

Eine **Häufigkeitsverteilung** entsteht durch das Zuordnen der Häufigkeiten zu den entsprechenden Ausprägungen $x_i, i = 1, ..., m$. Bei nicht klassierten Daten stellt die Menge $\{(x_1, n_1), (x_2, n_2), ..., (x_m, n_m)\}$ die **absolute**, $\{(x_1, h_1), (x_2, h_2), ..., (x_m, h_m)\}$ die **relative Häufigkeitsverteilung** dar. Bei klassierten Daten hat man die Wahl der Zuordnung; es bieten sich hierfür entweder die Klassenmitte $m_k = \frac{1}{2}(x'_{k-1} + x'_k), \quad k = 1, ..., K$ oder bei rechtsgeschlossenem Intervall die Klassenobergrenze an. Bei Verwendung der Klassenobergrenze erhält man z.B. die relative Häufigkeitsverteilung bei Klassierung durch die Menge $\{(x'_1, h_1), (x'_2, h_2), ..., (x'_K, h_K)\}$.

Übungsaufgaben zu 3.1

3.1.1 Studierende der Wirtschaftswissenschaften wurden im vergangenen Jahr nach ihrem durchschnittlichen monatlichen Einkommen (in EUR) befragt. Die Ergebnisse lauten:

850	1100	1830	1640	850	720	2025	940	1950	930
1850	530	1610	540	2085	1580	380	1580	690	1500
1450	600	1500	600	1580	570	1400	1350	1200	930
1100	900	1050	1200	950	1950	1850	950	1350	1050
1850	1330	900	1100	870	1450	690	540	1450	500

a) Ordnen Sie die Urliste in aufsteigender Größe, und erstellen Sie eine Strichliste!

b) Klassieren Sie die Daten nach dem Schema „von ... bis unter"
und „über ... bis"! Verwenden Sie dabei folgende Klasseneinteilung: (300,500), (500,700), (700,900), (900,1200), (1200,1600),
(1600,2000), (2000,2200)!

c) Erstellen Sie für die nach dem Schema „über ... bis" klassierten
Daten eine relative Häufigkeitsverteilung!

3.1.2 Bei der Aufteilung eines Datensatzes auf $K = 4$ Klassen sind nur die
relativen Klassenhäufigkeiten $h_1 = 0,2$, $h_2 = 0,15$ und $h_4 = 0,45$
bekannt. Für die dritte Klasse liegt nur die absolute Klassenhäufigkeit
vor: $n_3 = 25$. Berechnen sie h_3 und die Anzahl n des Datensatzes!

3.2 Tabellen und Grafiken

Die Darstellung von Häufigkeiten kann als Tabelle oder Grafik erfolgen. Beide
Formen sind mit einer Überschrift zu versehen, die Angaben über die sachliche, zeitliche und räumliche Abgrenzung der betrachteten Grundgesamtheit
enthält. Die erste Zeile einer Tabelle heißt Kopfzeile, die erste Spalte entsprechend Vorspalte. Ob die Ausprägungen x_i einer statistischen Variablen in der
Kopfzeile oder Vorspalte erscheinen, hängt von der größeren Übersichtlichkeit ab. Ist die Anzahl der Ausprägungen eines Datensatzes groß (klein), ist
ihre Wiedergabe in der Kopfzeile (Vorspalte) ratsam; die Vorspalte (Kopfzeile) enthält dann die absoluten und/oder relativen Häufigkeiten. Das Schema
einer Häufigkeitstabelle gibt Abbilung 3.3 wieder. In die durch Unterteilung

Abb. 3.3: Schema einer Häufigkeitstabelle

X	x_1	x_2		x_m	$\sum$
n_i		Feld Fach			
h_i					

der Kopfzeile und Vorspalte entstehenden Felder (Fächer) werden die Häufigkeiten eingetragen. Die letzte Spalte weist die Summe der Häufigkeiten über
alle Ausprägungen aus.

Da Klassierung die Anzahl der unterscheidbaren Ausprägungen absicht-
lich reduziert, werden die gebildeten Klassen meistens in der Vorspalte einer
Häufigkeitstabelle eingetragen. Für den als Beispiel gegebenen Datensatz lassen sich Häufigkeiten gemäß der Gleichungen (3.1) und (3.2) berechnen, die
in den Häufigkeitstabellen 3.1a und 3.1b dargestellt sind. Die in Klammern
stehenden Zahlen der Kopfzeile verweisen auf die entsprechende Gleichung.
Da X nur wenige Ausprägungen annimmt, sind diese auch bei der absoluten
Häufigkeitstabelle in der Vorspalte abgetragen.

Tabelle 3.1: Häufigkeitstabellen

a) nicht klassiert   b) klassiert

x_i	n_i (3.1a)	h_i (3.2a)
11	1	0,05
12	2	0,10
13	3	0,15
14	3	0,15
15	5	0,25
16	3	0,15
17	2	0,10
18	1	0,05
$\sum$	20	1,00

$x'_{k-1} < X \leq x'_k$ $k = 1, \ldots, 4$	n_k (3.1b)	h_k (3.2b)
(10,12]	3	0,15
(12,14]	6	0,30
(14,16]	8	0,40
(16,18]	3	0,15
$\sum$	20	1,00

Mit der grafischen Darstellung sollen Häufigkeiten auf einfache und schnell erfassbare Weise veranschaulicht werden. Da Grafiken auch psychologische Wirkungen auslösen können, besteht hier die Gefahr der optischen Manipulation. Die Anfertigung einer Grafik muss daher stets sachkritisch erfolgen. Eine Manipulation wird weitgehend vermieden, wenn man bei der grafischen Darstellung auf die von der deskriptiven und explorativen Statistik entwickelten Formen zurückgreift. Die mit geringstem Aufwand zu erstellende Grafik ist das Stabdiagramm. Ein **Stabdiagramm** entsteht, indem man die Punkte der Häufigkeitsverteilung in ein kartesisches Koordinatensystem mit den Ausprägungen an der Abszisse überträgt und von den Punkten das Lot auf die Abszisse fällt. Die Höhe der entsprechenden Stäbe entspricht der absoluten oder relativen Häufigkeit. Die Häufigkeitsverteilung ist direkt aus einer Häufigkeitstabelle ablesbar. In der Tabelle 3.1a legen die zeilenweise gebildeten Zahlenpaare aus der ersten und zweiten Spalte die absolute, die Paare aus der ersten und dritten Spalte die relative Häufigkeitsverteilung fest. Das sich hierfür ergebende Stabdiagramm ist in Abbildung 3.4 dargestellt.

Abb. 3.4: Stabdiagramm

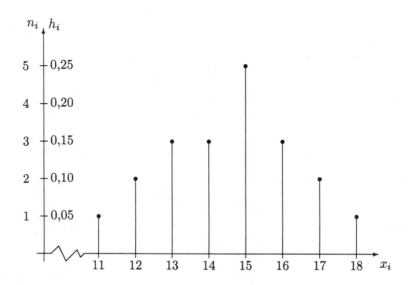

Da der Übergang von absoluten zu relativen Häufigkeiten nur eine Maß-stabsänderung bedeutet, sind beide Häufigkeiten an derselben Ordinate ab-getragen: links stehen die absoluten, rechts die relativen Häufigkeiten.

Zeichnet man aus optischen Gründen die Stäbe dicker, entsteht ein **Säulen-** bzw. **Balkendiagramm.** Schließen die Balken unmittelbar an, so dass zwischen ihnen keine Freiräume vorkommen, liegt ein **Rechteckdia-gramm** vor. Bei all diesen Diagrammen entsprechen die Höhen der Balken, Säulen oder Rechtecken den Häufigkeiten.

Ein Stabdiagramm kann für jede statistische Variable X erstellt wer-den. Die Freiheiten bei seiner Anfertigung, und damit die manipulatorischen Möglichkeiten, hängen von der Skalierung des darzustellenden Merkmals ab. Bei nominal skalierten Merkmalen können wegen des Fehlens einer natürli-chen Ordnung und Einheit die Ausprägungen x_i an der Abszisse willkürlich angeordnet werden. Bei ordinal skalierten Merkmalen ist die Rangfolge be-stimmt, aber der Abstand zwischen den einzelnen x_i beliebig. Wäre das in Abbildung 3.4 dargestellte Merkmal ordinal, hätte an der Abszisse anstelle der natürlichen Zahlen auch deren Logarithmen abgetragen werden können. Schließlich ist bei metrischen Merkmalen nur der Maßstab, d.h. die Entfer-nung der eins vom Nullpunkt, frei wählbar; die Position aller übrigen Zahlen ist damit festgelegt. Kommen, wie bei stetigen Variablen, die Ausprägungen von X in der Urliste meistens nur einmal vor, gibt nicht die Höhe der Stäbe, sondern wie dicht die Stäbe stehen, Auskunft über die Datenstruktur. Ein hierfür typisches Stabdiagramm zeigt Abbildung 3.5. Da die Stäbe, bis auf wenige Ausnahmen, gleich hoch sind, liefern relative Häufigkeiten keine neu-en Informationen. Ein Vergleich verschiedener Datensätze stetiger Variablen ist daher bereits mit absoluten Häufigkeiten möglich.

Kommen bei einer (stetigen) Variablen die Ausprägungen in der Urli-ste mit nur geringen absoluten Häufigkeiten vor, wie z.B. in Abbildung 3.5, ist eine Einteilung der Daten in Klassen angezeigt. Erste Hinweise hierfür

Abb. 3.5: Stabdiagramm eines stetigen Merkmals

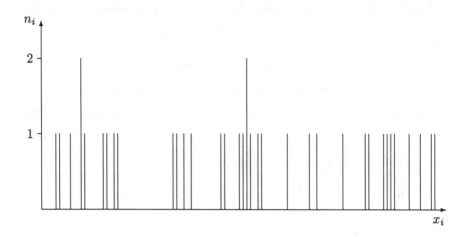

kann ein Stabdiagramm liefern. Die grafische Darstellung von Häufigkeitsverteilungen klassierter Daten geschieht jedoch nicht mit einem Stab- bzw.
Säulendiagramm, sondern mit einem Histogramm. Ein **Histogramm** besteht
aus Rechtecken, die über den an der Abszisse eines kartesischen Koordinatensystems abgetragenen Klassen so errichtet werden, dass die Rechteckflächen
proportional zu den Klassenhäufigkeiten sind. Diese Proportionalität bezeichnet man als **Flächentreue**. Eine einfache Möglichkeit, Histogramme zu erstellen, liegt darin, sie über den Graphen der Häufigkeitsdichtefunktion zu
entwickeln. Dieser Ansatz macht eine Unterscheidung zwischen Klassierung
mit äquidistanter und variabler Klassenbreite überflüssig. Dividiert man die
Klassenhäufigkeit n_k bzw. h_k (vgl. die Gleichungen 3.1b und 3.2b) durch die
jeweilige Klassenbreite $\Delta_k = x'_k - x'_{k-1}$, erhält man die **Häufigkeitsdichte**
n_k^* bzw. h_k^*. Die **absolute** und **relative Häufigkeitsdichtefunktion** sind
daher definiert als:

$$n_k^* = \begin{cases} n\,(x'_{k-1} < X \leq x'_k)/\Delta_k & ,\ x'_{k-1} < x \leq x'_k \\ 0 & ,\ \text{sonst} \end{cases} \quad \text{bzw.} \qquad (3.3)$$

$$h_k^* = \begin{cases} h\left(x_{k-1}' < X \le x_k'\right)/\Delta_k & , x_{k-1}' < x \le x_k' \\ 0 & , \text{ sonst} \end{cases} \qquad (3.4)$$

Für die in Tabelle 3.1b dargestellte absolute und relative Häufigkeitsverteilung lauten die entsprechenden Häufigkeitsdichtefunktionen ($\Delta_k = 2$: äquidistante Klassen):

$$n_k^* = \begin{cases} 1,5 & , 10 < x \le 12 \\ 3 & , 12 < x \le 14 \\ 4 & , 14 < x \le 16 \\ 1,5 & , 16 < x \le 18 \\ 0 & , \text{ sonst} \end{cases} (3.5) \quad h_k^* = \begin{cases} 0,075 & , 10 < x \le 12 \\ 0,15 & , 12 < x \le 14 \\ 0,20 & , 14 < x \le 16 \\ 0,075 & , 16 < x \le 18 \\ 0 & , \text{ sonst} \end{cases} (3.6)$$

Soll das Histogramm für die absolute oder relative Häufigkeitsverteilung bei klassierten Daten angefertigt werden, zeichnet man den Graph der Funktion (3.5) bzw. (3.6) und fällt das Lot von den Endpunkten der Geradenstücke auf die Abszisse. Für die absolute Häufigkeitsverteilung ergibt sich so das in Abbildung 3.6 dargestellte Histogramm.

Abb. 3.6: Histogramm und Häufigkeitspolygon

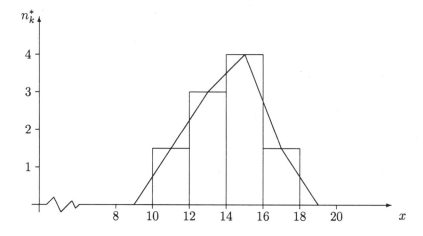

Die Proportionalität der Rechteckflächen zu den Klassenhäufigkeiten kann bei äquidistanten Klassen auch dadurch erreicht werden, dass die Rechteckhöhen den Klassenhäufigkeiten gleichgesetzt werden. In Abbilung 3.6 hätten daher an der Ordinate anstelle von n_k^* auch die absoluten Häufigkeiten n_k abgetragen werden können. Analog hierzu geht man vor, wenn das Histogramm unter Verwendung relativer Häufigkeiten zu erstellen ist.

Die Häufigkeitsdichtefunktionen (3.3) bzw. (3.4) gelten auch bei variabler Klassenbreite. Fasst man zur Illustration die erste und zweite Klasse der Tabelle 3.1b zusammen, entsteht eine klassierte Häufigkeitsverteilung mit unterschiedlichen Klassenbreiten (siehe Tabelle 3.2):

Tabelle 3.2: Häufigkeitsverteilung mit unterschiedlichen Klassenbreiten

$x'_{k-1} < X \leq x'_k$ $k = 1, 2, 3.$	n_k	n_k^*	h_k	h_k^*
(10,14]	9	2,25	0,45	0,1125
(14,16]	8	4,00	0,40	0,2000
(16,18]	3	1,50	0,15	0,0750

Die relative Häufigkeitsdichtefunktion z.B. erhält man aus der ersten und letzten Spalte der Tabelle 3.2; sie lautet:

$$
h_k^* = \begin{cases} 0,1125 & , \ 10 < x \leq 14 \\ 0,2000 & , \ 14 < x \leq 16 \\ 0,0750 & , \ 16 < x \leq 18 \\ 0 & , \ \text{sonst} \end{cases} \qquad (3.7)
$$

Der Graph der Funktion (3.7) ist das Histogramm der relativen Häufigkeitsverteilung mit unterschiedlichen Klassenbreiten; es ist in Abbildung 3.7 dargestellt.

Abb. 3.7: **Histogramm und Häufigkeitspolygon bei unterschiedlichen Klassenbreiten**

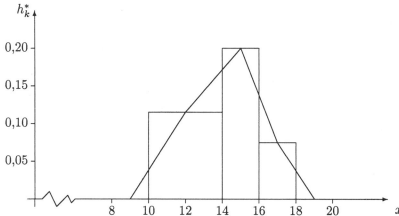

Wird das Histogramm einer relativen Häufigkeitsverteilung über die relative Häufigkeitsdichtefunktion erstellt, beträgt die Summe der Rechteckflächen immer eins: $\sum_{k=1}^{K} \Delta_k\, h_k^* = \sum_{k=1}^{K} \Delta_k \frac{h_k}{\Delta_k} = \sum_{k=1}^{K} h_k = 1$. Es ist deshalb bei der Maßstabswahl, insbesondere an der Ordinate, darauf zu achten, dass die Zeichnung des Histogramms nicht zu klein ausfällt.

Eine weitere Möglichkeit der grafischen Wiedergabe einer Häufigkeitsverteilung bietet das **Häufigkeitspolygon**. Es entsteht durch lineare Verbindung aller Ordinatenwerte aufeinanderfolgender Klassenmitten. Soll die Fläche unter dem Häufigkeitspolygon mit der des Histogramms übereinstimmen, müssen die Klassen äquidistant sein und die eigentliche Klasseneinteilung ist durch jeweils eine fiktive Klasse mit Nullbesetzung am Anfang und Ende zu erweitern. In den beiden Abbildungen 3.6 und 3.7 erweitern die beiden fiktiven Klassen (8,10] und (18,20] die ursprüngliche Klasseneinteilung. Jedoch ist nur in Abbildung 3.6 die Fläche unter dem Häufigkeitspolygon wegen äquidistanter Klassierung genauso groß wie die des Histogramms.

Eine Zwischenstellung zwischen Histogramm und Stabdiagramm nimmt das Kreissektorendiagramm ein. Beim **Kreissektorendiagramm** verhalten

sich, analog zum Histogramm, die Flächeninhalte der Kreissektoren proportional zu den Häufigkeiten; es kann aber — wie das Stabdiagramm — auch
für nicht klassierte Daten erstellt werden. Für das Verhältnis der Flächen
zweier Kreissektoren mit den Winkeln α_1 und α_2 bei gleichem Radius r gilt:
$(\pi r^2 \frac{\alpha_1}{360°}) : (\pi r^2 \frac{\alpha_2}{360°}) = \alpha_1 : \alpha_2$. Die Proportionalität der Kreissektoren-
flächen zu den Häufigkeiten erreicht man daher, indem die Kreissektorwin-
kel proportional zu den Häufigkeiten festgelegt werden. Um die in Tabelle 3.1a wiedergegebene absolute Häufigkeitsverteilung als Kreissektorendiagramm darzustellen, sind zunächst die proportionalen Kreissektorwinkel α_i
zu berechnen. Hierzu dividiert man 360° durch die Anzahl n der Beobachtungen und multipliziert diesen Quotient mit den einzelnen absoluten Häufigkeiten n_i. Die Ergebnisse sind in Tabelle 3.3 festgehalten; das hierzu gehörende
Kreissektorendiagramm gibt Abbildung 3.8 wieder.

Tabelle 3.3: Kreissektoren

x_i	11	12	13	14	15	16	17	18
n_i	1	2	3	3	5	3	2	1
α_i	18°	36°	54°	54°	90°	54°	36°	18°

Abb. 3.8: Kreissektorendiagramm

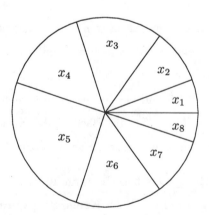

Das Kreissektorendiagramm kommt oft bei nominal skalierten Merkmalen zur Anwendung, um schon optisch einer Verwechslung mit einer ordinalen oder metrischen Skala, wie dies bei einem Stabdiagramm der Fall sein könnte, vorzubeugen.

Bei großen Datensätzen kann das Ordnen und Auszählen der Merkmalsausprägungen sehr zeitaufwendig sein. Dies gilt insbesonders dann, wenn das Merkmal metrisch skaliert ist und die einzelnen Merkmalsausprägungen Zahlen mit vielen Ziffern sind. Es ist dann zweckmäßig, die Stamm- und Blattdarstellung (stem and leaf plot) oder kurz das Stemleaf-Diagramm zu wählen. Das **Stemleaf-Diagramm** zeigt optisch leicht erfassbar Spannweite, Häufung, Symmetrie, Lücken und Ausreißer der Daten an. Die Grundidee dieser Darstellung ist recht einfach. Jede Beobachtung einer Urliste wird in einen Stamm und ein Blatt zerlegt. Den Stamm der Beobachtung bilden die erste Ziffer oder die beiden ersten Ziffern, das Blatt die jeweils nachfolgende Ziffer. Beobachtungen, die aus mindestens vierstelligen Zahlen bestehen, können durch Streichen aller Ziffern ab der vierten Stelle auf dreistellige Zahlen reduziert werden. Die Beobachtung $x_j = 129$ kann, wenn als Stamm die erste Ziffer gewählt wird, in 1 (Stamm) und 2 (Blatt) zerlegt werden; soll der Stamm aus den ersten beiden Ziffern bestehen, resultiert die Zerlegung 12 (Stamm) und 9 (Blatt). Zur Konstruktion des Stemleaf-Diagramms werden alle möglichen Ausprägungen des Stammes der Daten einer Urliste links von einer senkrechten Linie abgetragen, rechts davon notiert man in aufsteigender Größe geordnet die Blätter, die im Datensatz für den links stehenden Stamm vorkommen. Das nachstehende Beispiel verdeutlicht die Vorgehensweise; die Urliste besteht aus den 40 Beobachtungen der Tabelle 3.4. Als Stamm diene die erste Ziffer der Beobachtungen. Die kleinste Ausprägung des Datensatzes ist 51, die größte 932. Da die Beobachtung 51 dreistellig als 051 zu schreiben ist, geben die Ziffern 0 bis 9 die möglichen Ausprägungen des Stammes an. Sie stehen links von der Senkrechten in Abbildung 3.9.

Tabelle 3.4: Urliste

51	112	241	307	410	517	681	713	815	932
100	67	248	341	512	687	751	815	81	129
256	341	527	691	753	824	147	261	352	547
690	760	183	279	353	572	294	359	371	378

Abb. 3.9: Stemleaf–Diagramm

Stamm	Blatt
0	5 6 8
1	0 1 2 4 8
2	4 4 5 6 7 9
3	0 4 4 5 5 5 7 7
4	1
5	1 1 2 4 7
6	8 8 9 9
7	1 5 5 6
8	1 1 2
9	3

Die Beobachtung 51 z.B. hat den Stamm 0 und das Blatt 5. Da die weiteren Ziffern bedeutungslos sind, wird diese Beobachtung in Abbildung 3.9 als Zahl 5 rechts von der Null, aber hinter der Senkrechten eingetragen. Verfährt man mit den übrigen Beobachtungen ebenso, ergibt sich nach Ordnen der Blätter in aufsteigender Größe das dargestellte Stemleaf-Diagramm. Die Erstellung des Stemleaf-Diagramms macht deutlich, dass die Festlegung des Stammes zu einer Klassierung führt. Legt bei dreistelligen Beobachtungen die erste Ziffer den Stamm fest, entspricht dies einer Klassenbreite von 100, da alle Beobachtungen mit den Werten 001 bis 099 mit ihren Blättern rechts des Stammes 0, alle Beobachtungen mit den Werten 100 bis 199 rechts des Stammes 1 usw. erscheinen. Entsprechend bedeutet ein Stamm aus den ersten beiden Ziffern eine Klassenbreite von 10. Der Übergang von einstelligem zu zweistelligem Stamm bedeutet daher eine Änderung der Klassenbreite. Jeder einstellige Stamm wird in zehn zweistellige Stämme zerlegt; anstelle des Stammes 3 z.B. erscheinen jetzt die Stämme 30, 31,...,39. Andere Klassierungen können erreicht werden, indem derselbe Stamm mehrmals aufgeführt wird. Soll im vorliegenden Beispiel für den Stamm 3 eine Klassierung mit der Breite 50 vorgenommen werden, erscheint der Stamm 3 zweimal untereinander. Hinter der ersten 3 sind die Blätter 0 bis 4, hinter der zweiten 3 die Blätter 5 bis 9 einzutragen. Damit geht die Zeile für den Stamm 3 der Abbildung 3.7 in zwei Zeilen über:

$$
\begin{array}{c|l}
3 & 0\ 4\ 4 \\
\hline
3 & 5\ 5\ 5\ 7\ 7
\end{array}
$$

Soll diese Aufteilung auch für die übrigen Stämme gelten, verfährt man analog hierzu. Das Stemleaf-Diagramm besteht dann aus 20 Stämmen.

Die Gestaltungsmöglichkeiten der grafischen Wiedergabe von Häufigkeiten sind unbegrenzt. In vielen Fällen wird man daher von den hier dargestellten Formen abweichen. Dann ist aber eine kritische Reflexion der psychologischen Wirkungen von Grafiken um so notwendiger.

In Abbildung 3.10 sind die behandelten Möglichkeiten der grafischen Wiedergabe von Häufigkeiten in Abhängigkeit der Skalierung des Merkmals zusammengefasst.

46

Abb. 3.10: Grafische Repräsentationsmöglichkeiten

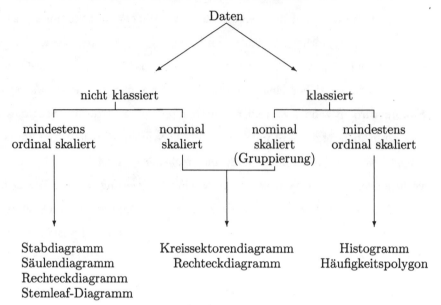

Übungsaufgaben zu 3.2

3.2.1 Fertigen Sie für die in der Aufgabe 3.1.1 angegebenen Daten das Stabdiagramm für die absolute und relative Häufigkeitsverteilung an. Erstellen Sie zwei Stemleaf–Diagramme, wobei der Stamm aus der ersten Ziffer bzw. aus den beiden ersten Ziffern besteht.

3.2.2 Geben Sie die unter 3.1.1c ermittelte Häufigkeitsverteilung in geeigneter Weise grafisch wieder!

3.2.3 Die Anzahl verkaufter Herrenhemden in einem Monat, unterteilt nach den Hemdfarben 1: schwarz, 2: weiß, 3: blau, 4: grün, 5: rot und 6: grau gibt folgende Tabelle wieder:

Farbe	1	2	3	4	5	6
Anzahl	50	30	30	20	10	40

Veranschaulichen Sie diese absolute Häufigkeitsverteilung mit einem Kreissektorendiagramm!

3.3 Absolute Häufigkeitssummenfunktion und empirische Verteilungsfunktion

Bei mindestens ordinal skalierten Merkmalen, für die immer die Beziehungen: „größer, kleiner, gleich" definiert sind, kann es von Interesse sein zu ermitteln, welche Anzahl bzw. welcher Anteil der Beobachtungen nicht größer als ein vorgegebener Wert $x \in \mathbb{R}$ ist. Dies führt zur Kumulation von Häufigkeiten, wobei zwischen klassierten und nicht klassierten Daten zu unterscheiden ist.

Es sei X eine mindestens ordinal skalierte, nicht klassierte statistische Variable. Die Anzahl der Beobachtungen, die höchstens einen vorgegebenen Wert x aufweisen, ist einfach die Summe der absoluten Häufigkeiten $n\,(X = x_i)$ derjenigen Ausprägungen x_i, für die gilt: $x_i \leq x$. Man bezeichnet diese Summe als **kumulierte absolute Häufigkeit** und schreibt dafür:

$$N\,(X \leq x) = \sum_{\substack{i \text{ mit} \\ x_i \leq x}} n_i. \tag{3.8}$$

Bei stetiger Variation von x geht Gleichung (3.8) in die **absolute Häufigkeitssummenfunktion** über:

$$N\,(x) = \begin{cases} 0 & , \text{ für } x < x_{i=1} \text{ (kleinste Ausprägung)} \\ N\,(X \leq x_i) & , \text{ für } x_i \leq x < x_{i+1},\ i = 1,\ldots,m-1 \\ n & , \text{ für } x \geq x_{i=m} \text{ (größte Ausprägung)}. \end{cases} \tag{3.9}$$

Der Anteil der Beobachtungen, die einen bestimmten Wert x nicht überschreiten, ergibt sich analog als **kumulierte relative Häufigkeit**:

$$H\left(X \le x\right) = \sum_{\substack{i \text{ mit} \\ x_i \le x}} h_i = \frac{1}{n} N\left(X \le x\right).$$ (3.10)

Variiert auch hier x auf dem gesamten Bereich der reellen Zahlen, erhält man die **relative Häufigkeitssummenfunktion**, die überwiegend als **empirische Verteilungsfunktion** bezeichnet wird:

$$H(x) = \begin{cases} 0 & \text{, für } x < x_{i=1} \text{ (kleinste Ausprägung)} \\ H(X \le x_i) & \text{, für } x_i \le x < x_{i+1}, \quad i = 1, \dots, m-1 \\ 1 & \text{, für } x \ge x_{i=m} \text{ (größte Ausprägung).} \end{cases}$$ (3.11)

Die Funktionen 3.9 und 3.11 haben die reellen Zahlen als Definitionsbereich.

Um den Graphen der absoluten Häufigkeitssummenfunktion und der empirischen Verteilungsfunktion zu zeichnen, benötigt man einen konkreten Datensatz. Als Beispiel werden die Werte der Tabelle 3.1a herangezogen, die zusammen mit den für die Zeichnung benötigten kumulierten Häufigkeiten in Tabelle 3.5 wiedergegeben sind.

Tabelle 3.5: Kumulierte Häufigkeiten

i	x_i	n_i	$N\left(X \le x_i\right)$	h_i	$H\left(X \le x_i\right)$
1	11	1	1	0,05	0,05
2	12	2	3	0,10	0,15
3	13	3	6	0,15	0,30
4	14	3	9	0,15	0,45
5	15	5	14	0,25	0,70
6	16	3	17	0,15	0,85
7	17	2	19	0,10	0,95
8	18	1	20	0,05	1,00

Die Werte der zweiten und vierten Spalte bestimmen die absolute Häufigkeitssummenfunktion, die der zweiten und letzten Spalte die empirische Verteilungsfunktion. Da der Übergang von kumulierten absoluten zu kumulierten relativen Häufigkeiten eine Maßstabsänderung darstellt, haben beide Funktionen denselben Graphen, wenn links von der Ordinate die kumulierten absoluten, rechts davon in gleicher Höhe die entsprechenden kumulierten relativen Häufigkeiten abgetragen werden. Den Graphen der absoluten Häufigkeitssummenfunktion (3.9) erhält man auf folgende Weise. Für alle $x < x_1 = 11$ gilt: $N(x) = N(X < 11) = 0$; die Funktion verläuft hier auf der Abszisse. Für $x_1 = 11$ nimmt $N(x)$ den Wert eins an und bleibt für alle $x, 11 \leq x < 12$ auf diesem Wert konstant. Der Graph der Funktion über diesem Intervall ist eine Parallele zur Abszisse; $x_1 = 11$ ist eine Sprungstelle. Analoges gilt für die übrigen Intervalle, jedoch steigt der Abstand der Parallelen zur Abszisse bis zu $x_8 = 18$. Für alle Werte x mit $x \geq 18$ bleibt die Funktion $N(x)$ auf ihrem maximalen Wert 20. Entsprechend erhält man den Graph der empirischen Verteilungsfunktion. Die Funktionen (3.9) und (3.11) sind in Abbildung 3.11 dargestellt, man bezeichnet sie auch als **Sprungfunktionen**. Bei beiden Funktionen liegen die Sprünge immer bei den Ausprägungen $x_i, i = 1, ..., 8$. Die kräftig gezeichneten linken Randpunkte der Parallelen zeigen, welcher Funktionswert an der Sprungstelle gilt. Die Veränderung, die $N(x)$ bzw. $H(x)$ an den Sprungstellen x_i erfährt, entspricht der absoluten bzw. relativen Häufigkeit, mit der die Ausprägung x_i im Datensatz vorkommt. Für $x_{i=5} = 15$ gilt $n(x_5) = 5$ bzw. $h(x_5) = 0,25$; diese Werte lassen sich in Abbildung 3.11 als Differenz der Ordinatenwerte $N(x_5) - N(x_4)$ bzw. $H(x_5) - H(x_4)$ links bzw. rechts der Ordinate ablesen. Die absolute Häufigkeitssummenfunktion und die empirische Verteilungsfunktion werden für stetige und diskrete Merkmale auf gleiche Weise erstellt. Sie unterscheiden sich jedoch dadurch, dass bei stetigen statistischen Variablen die Sprungstellen häufiger vorkommen und die Änderungen der Ordinatenwerte an diesen

Stellen im Allgemeinen geringer als bei diskreten statistischen Variablen ausfallen.

Abb. 3.11: Häufigkeitsummenfunktion

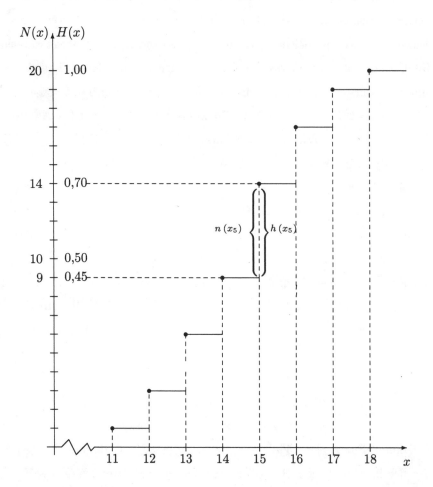

Für jeden Wert x lässt sich anhand der Grafik oder aus der kumulierten
Häufigkeitstabelle 3.5 die zugehörige Anzahl bzw. der zugehörige Anteil der
Beobachtungen ermitteln, die den vorgegebenen Wert nicht übersteigen. Ist
$x = 13,5$, sind 6 bzw. 30 % der Beobachtungen kleiner als 13,5; bei $x = 13$
sind 6 bzw. 30 % kleiner als oder gleich 13. Die strenge Ungleichung gilt also
dann, wenn x Werte annimmt, die nicht auch als Beobachtungen vorliegen.

Die Anzahl bzw. den Anteil der Beobachtungen, die größer als $x = a$, aber nicht größer als $x = b > a$ sind, berechnet man als:

$$N\,(a < X \leq b) = N\,(b) - N\,(a) \quad \text{bzw.}$$

$$H\,(a < X \leq b) = H\,(b) - H\,(a).$$

Für den Anteil der Beobachtungen, die z.B. größer als 14, aber nicht größer als 17 sind, erhält man:

$$H\,(14 < X \leq 17) = H\,(17) - H\,(14) = 0,95 - 0,45 = 0,50 \quad .$$

Bei klassierten Daten werden Klassenhäufigkeiten addiert. Gemäß der eingeführten Definition existieren kumulierte Häufigkeiten nur für die Klassenobergrenzen. Deshalb ist eine rechtsgeschlossene Klassenbildung angezeigt. Um $N(x)$ bzw. $H(x)$ auch für Werte innerhalb der Klassen exakt berechnen zu können, muss die Urliste herangezogen werden. Führt man jedoch die Annahme ein, dass innerhalb der Klassen die Beobachtungen gleichverteilt sind, lassen sich auch ohne Rückgriff auf die Urliste für diese x-Werte kumulierte Häufigkeiten approximativ angeben. Liegen n_k Beobachtungen in der k-ten Klasse mit einer Breite Δ_k, beträgt ihre Klassendichte: $n_k^* = \dfrac{n_k}{\Delta_k}$. Jedes beliebige Teilintervall einer Klasse k mit der Länge $x - x'_{k-1}$, wobei für x gilt: $x'_{k-1} < x \leq x'_k$, enthält dann $n_k^*(x - x'_{k-1})$ Beobachtungen. Die **absolute Häufigkeitssummenfunktion** $N(x)$ bzw. die **empirische Verteilungsfunktion** $H(x)$ lauten daher **bei klassierten Daten**:

$$N\,(x) = \begin{cases} 0 & , \quad \text{für } x \leq x'_0 \\ N\,(x'_{k-1}) + n_k^*\,(x - x'_{k-1}) & , \quad \text{für } x'_{k-1} < x \leq x'_k \\ n & , \quad \text{für } x > x'_K \end{cases} \qquad (3.12)$$

$$k = 1, \ldots, K,$$

$$H\,(x) = \begin{cases} 0 & , \quad \text{für } x \leq x'_0 \\ H\,(x'_{k-1}) + h_k^*(x - x'_{k-1}) & , \quad \text{für } x'_{k-1} < x \leq x'_k, \\ 1 & , \quad \text{für } x > x'_K \end{cases} \qquad (3.13)$$

$$k = 1, \ldots, K.$$

Die Funktionen (3.12) und (3.13) sollen für die Häufigkeitsverteilung in Tabelle 3.2 konkretisiert werden. Es liegen nur drei Klassen mit unterschiedlicher Breite vor. Die kumulierten Häufigkeiten für die Klassenobergrenzen sind zusammen mit den übrigen Werten der Tabelle 3.2 in Tabelle 3.6 aufgeführt, wobei verkürzend N_k für $N(x'_k)$ bzw. H_k für $H(x'_k)$ geschrieben wurde.

Tabelle 3.6: Kumulierte Häufigkeiten, klassierte Daten

k	$x'_{k-1} < X \leq x'_k$	n_k	N_k	n_k^*	h_k	H_k	h_k^*
1	$(10, 14]$	9	9	2,25	0,45	0,45	0,1125
2	$(14, 16]$	8	17	4,00	0,40	0,85	0,2000
3	$(16, 18]$	3	20	1,50	0,15	1,00	0,0750

Die absolute Häufigkeitssummenfunktion (3.12) lautet für diese Werte:

$$N(x) = \begin{cases} 0 & , x \leq 10 \\ 2,25\,(x - 10) & , 10 < x \leq 14 \\ 9 + 4\,(x - 14) & , 14 < x \leq 16 \\ 17 + 1,5\,(x - 16) & , 16 < x \leq 18 \\ 20 & , x > 18 \end{cases} \cdot$$

Nach einfachen Umformungen erhält man $N(x)$ als:

$$N(x) = \begin{cases} 0 & , x \leq 10 \\ 2,25x - 22,5 & , 10 < x \leq 14 \\ 4x - 47 & , 14 < x \leq 16 \\ 1,5x - 7 & , 16 < x \leq 18 \\ 20 & , x > 18 \end{cases} \cdot \qquad (3.14)$$

Die empirische Verteilungsfunktion entwickelt man analog hierzu. Dies ergibt:

$$H(x) = \begin{cases} 0 & , x \leq 10 \\ 0,1125x - 1,125 & , 10 < x \leq 14 \\ 0,2x - 2,35 & , 14 < x \leq 16 \\ 0,075x - 0,35 & , 16 < x \leq 18 \\ 1 & , x > 18 \end{cases} \qquad (3.15)$$

Mit den Funktionen (3.14) und (3.15) lassen sich kumulierte Häufigkeiten für Werte innerhalb der Klassen schnell berechnen. Für $x = 17$ z.B. erhält man die kumulierte absolute Häufigkeit aus Gleichung (3.14) als $N(x = 17) = 18,5$; die kumulierte relative Häufigkeit aus Gleichung (3.15) als $H(x = 17) = 0,925$.

Wegen der Definition der empirischen Verteilungsfunktion bei klassierten Daten gilt, dass sich ihr Funktionswert an der Stelle x und die Fläche unter der relativen Häufigkeitsdichtefunktion (3.4) bis zur Stelle x entsprechen. Wegen dieser Übereinstimmung bezeichnet man die relative Häufigkeitsdichtefunktion auch als **empirische Dichtefunktion**. Für die in Tabelle (3.2) wiedergegebenen Werte ist die relative Häufigkeitsdichtefunktion mit Gleichung (3.7) bereits erstellt; ihren Graphen und den der empirischen Verteilungsfunktion (3.15) gibt Abbildung 3.12 wieder. Man kann anhand der Abbildung 3.12 den aufgezeigten Zusammenhang leicht verifizieren. Für $x = 15$ beträgt der Funktionswert: $H(15) = 0,65$; dies ist aber auch der Wert der schraffierten Fläche.

Ändert man den Maßstab an der Ordinate von $H(x)$ in $N(x)$, geht der Graph der empirischen Verteilungsfunktion in den der absoluten Häufigkeitssummenfunktion über. Beide Funktionen bestehen aus anschließenden, linearen Teilfunktionen, die jeweils für die gebildeten Klassen definiert sind. Solche Funktionen, deren Bilder Polygone sind, heißen **quasilinear**. Die Funktio-

Abb. 3.12: Empirische Verteilungs- und empirische Dichtefunktion

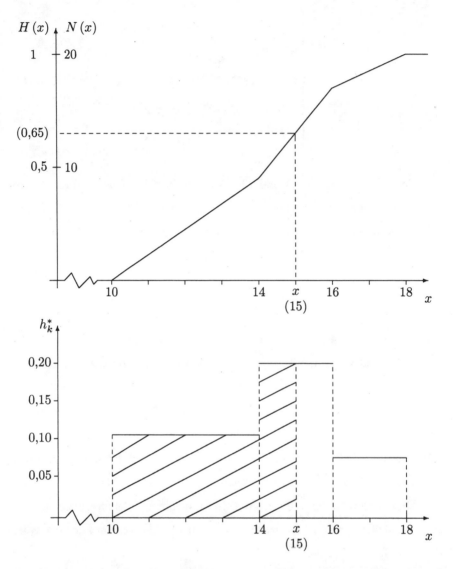

nen (3.12) und (3.13) gehören hierzu. Den Graphen der Funktion (3.12) bzw. (3.13) bezeichnet man daher auch als **Summenpolygon**, die Funktionen selbst manchmal auch mit **Summenfunktion**.

Werden $N(x)$ und $H(x)$ für nur einen Wert x gesucht, ist es nicht notwendig, die Häufigkeitssummenfunktionen explizit anzugeben. Bei nicht klassierten Daten erhält man die Funktionswerte $N(x)$ bzw. $H(x)$ dann als:

$$N(x) = \text{Anzahl } \{x_i \leq x\},$$

$$H(x) = \text{Anteil } \{x_i \leq x\}, \quad \text{mit } x \in \mathbb{R} \;.$$

Diese Werte können direkt der Häufigkeitstabelle entnommen werden. Bei klassierten Daten berechnet man kumulierte Häufigkeiten für Werte von x innerhalb der Klassen wie folgt: Man bestimmt für x die Einfallsklasse k und berechnet dann $N(x) = N(x'_{k-1}) + n^*_k(x - x'_{k-1})$ bzw. $H(x) = H(x'_{k-1}) + h^*_k(x - x_{k-1})$, $x \in (x'_{k-1}, x'_k]$. Die Angabe der Einfallsklasse reduziert die Funktionen (3.12) und (3.13) zu einfachen Gleichungen.

Mit $N(x)$ bzw. $H(x)$ ist die Anzahl bzw. der Anteil der Beobachtungen gefunden, die einen vorgegebenen Wert x nicht überschreiten. Damit ist aber auch die Anzahl bzw. der Anteil der Beobachtungen festgelegt, die größer als das vorgegebene x sind. Man nennt diese Größen kumulierte absolute bzw. kumulierte relative **Resthäufigkeiten** und bezeichnet sie mit $N^-(x)$ bzw. $H^-(x)$:

$$N^-(x) = N(X > x) = n - N(x), \quad \text{bzw.:}$$

$$H^-(x) = H(X > x) = 1 - H(x).$$

Analog zur Herleitung der Häufigkeitssummenfunktionen erhält man hieraus jetzt die **komplementäre absolute Häufigkeitssummenfunktion** bzw. die **komplementäre empirische Verteilungsfunktion**.

Übungsaufgaben zu 3.3

3.3.1 Ermitteln Sie die algebraische Form der empirischen Verteilungsfunktion für die nicht klassierten und klassierten Daten der Aufgabe 3.1.1! Klassieren Sie nach dem Schema „über ... bis"! Zeichnen Sie beide Funktionen! Berechnen Sie für die nicht klassierten Daten $N(1000), H(1000)$

und $H^-(1000)$ sowie für die klassierten Daten $H(900)$ und $H(1100)$! Wie groß ist der Anteil der Einkommen, die 900 EUR, nicht aber 1200 EUR übersteigen? Verwenden Sie zur Berechnung die empirische Verteilungsfunktion der nicht klassierten Daten!

3.4 Quantile

Während man mit Häufigkeitssummenfunktionen die Anzahl bzw. den Anteil der Beobachtungen erhält, die nicht größer als ein bestimmter Wert x sind, resultieren Quantile aus der Umkehrung der zur Häufigkeitssummenfunktion führenden Fragestellung. Gesucht wird jetzt eine mögliche Ausprägung der statistischen Variablen X, die von beliebig vorgegebenen $p \cdot 100\%$ der Beobachtungen $(0 < p < 1)$ nicht überschritten wird. Diesen Wert, der vom vorgegebenen Anteil p abhängt, nennt man **p-Quantil x_p**. Ein p-Quantil, das nicht notwendigerweise im Datensatz vorkommen muss, teilt die Beobachtungen in zwei Teile so auf, dass $p100\%$ der Beobachtungen kleiner oder gleich und $(1-p)100\%$ größer als x_p sind. Wegen ihrer Abhängigkeit vom Anteil p erhält man Quantile über die empirische Verteilungsfunktion; wie diese können sie daher nur für mindestens ordinal skalierte Merkmale angegeben werden.

Ist X eine stetige Variable mit stetiger und eineindeutiger empirischer Verteilungsfunktion, kann das p-Quantil leicht bestimmt werden. Die Vorgabe von p legt $H(x)$ numerisch fest als: $H(x) = p$; die Auflösung dieser Gleichung nach x liefert das gesuchte p-Quantil x_p. Wegen der Stetigkeit von X stellt jede Lösung $x_p \in \mathbb{R}$ auch eine mögliche Merkmalsausprägung dar.

Bei einer diskreten statistischen Variablen weist die empirische Verteilungsfunktion Sprungstellen auf. Dies kann dazu führen, dass für bestimmte, vorgegebene p-Werte das oben definierte p-Quantil nicht existiert. Als Beispiel diene eine diskrete statistische Variable mit den drei Ausprägungen 1,2, und 3 und den vier Beobachtungen 1,2,2 und 3. Ihre empirische Verteilungs-funktion gibt Abbildung 3.13 wieder.

Abb. 3.13: Empirische Verteilungsfunktion

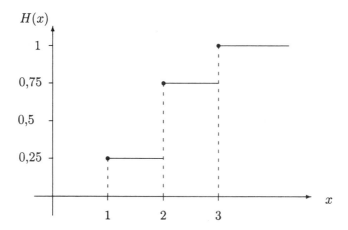

Ist $p = 0,25$, folgt: $x_{0,25} = 1$. Da x_p immer auch eine Realisationsmöglichkeit sein sollte, sind Werte des offenen Intervalls $(1, 2)$ ausgeschlossen, obwohl auch z.B. für $x_p = 1,7$ genau 25 % der Beobachtungen einen kleineren Wert aufweisen. Für $p = 0,5$ muss x_p nun so bestimmt werden, dass genau 50 % der Beobachtungen einen Wert aufweisen, der kleiner oder gleich x_p ist. Da aber der Funktionswert der empirischen Verteilungsfunktion von 0,25 auf 0,75 springt, existiert kein x_p mit $H(x_p) = 0,5$. Würde man $x_p = 2$ setzen, sind 75 % der Beobachtungen kleiner oder gleich $x_p = 2$. Um aber auch bei einer solchen Datenlage für alle p-Werte p-Quantile angeben zu können, wird das p-Quantil x_p als diejenige Ausprägung definiert, bei der mindestens $p100\%$ aller Beobachtungen (bzw. Merkmalsträger) denselben oder einen kleineren, und mindestens $(1 - p)100\%$ denselben oder einen größeren Wert aufweisen. Unter Bezug auf diese Definition beträgt das 0,5-Quantil des vorangegange-nen Beispiels $x_{0,5} = 2$.

Aus der Definition des p-Quantils folgt, dass von n Beobachtungen mindestens np (gerundet) Beobachtungen kleiner oder gleich und mindestens $(1-p)n$ (gerundet) Beobachtungen größer oder gleich x_p sein müssen. Dies ermöglicht eine rasche Berechnung der p-Quantile bei diskreten statistischen Variablen, deren Beobachtungen als Urliste vorliegen. Die Beobachtungen werden zunächst in aufsteigender Größe geordnet: $x_{(1)}, x_{(2)}, x_{(3)}, ..., x_{(n)}$. Hierbei stellen die in Klammern stehenden Zahlen Platzierungsindizes dar; $x_{(1)}$ ist die kleinste und $x_{(n)}$ die größte Beobachtung. Mit dem Produkt np wird derjenige Platzierungsindex und damit diejenige Beobachtung bestimmt, die den geordneten Datensatz auf die gewünschte Weise unterteilt. Da der Platzierungsindex immer eine ganze Zahl ist, wird der ganzzahlige Teil g des Produkts np bestimmt: $g = \text{int}(np)$. Die Abkürzung „int" steht für Integer (ganze Zahl); so sind z.B. $\text{int}(2,1) = 2$ und $\text{int}(7,89) = 7$. Ist np größer als $\text{int}(np) = g$, lautet der Platzierungsindex $g+1$ und das Quantil ergibt sich als $x_p = x_{(g+1)}$. Für $np = \text{int}(np) = g$ ist das Quantil mit $x_p = x_{(g)}$ gefunden; jedoch hat sich bei stetigen Merkmalen X mit metrischer Skala durchgesetzt, das Quantil als $x_p = \frac{1}{2}(x_{(g)} + x_{(g+1)})$ zu berechnen. Die Vorgehensweisen zur Ermittlung von Quantilen sind in Gleichung (3.16) zusammengefasst:

$$x_p = \begin{cases} x_{(g+1)} & \text{, für } np > \text{int}(np) = g \\ x_{(g)} \text{ bzw. } \frac{1}{2}(x_{(g)} + x_{(g+1)}) & \text{, für } np = \text{int}(np). \end{cases} \tag{3.16}$$

Soll für die Beobachtungen 1,2,2,3 der oben angegebenen diskreten statistischen Variablen das 0,75-Quantil ermittelt werden, geht man wegen $np = 3$ nach der zweiten Zeile der Gleichung (3.16) vor. Das 0,75-Quantil ist hier mit $x_p = x_{(3)} = 2$ gefunden, da seine Berechnung nach $x_p = \frac{1}{2}(x_{(g)} + x_{(g+1)}) = \frac{1}{2}(2+3) = 2,5$ zu einem Wert führt, der keine mögliche Ausprägung darstellt.

Liegt für ein Merkmal bereits eine relative Häufigkeitsverteilung vor, erstellt man zunächst die empirische Verteilungsfunktion. Existiert für gegebenes p ein x_{i^*} mit $H(x_{i^*}) = p$, so lautet das Quantil: $x_p = x_{i^*}$. Auch hier wird bei stetigen Variablen X das Quantil häufig als $x_p = \frac{1}{2}(x_{i^*} + x_{i^*+1})$ berechnet. Führt dieser Ansatz nicht zum Ziel, sucht man diejenige Merkmalsausprägung x_{i^*}, für die gilt: $H(x_{i^*-1}) < p$ und $H(x_{i^*}) > p$. Die Ausprägung x_{i^*} ist dann das gesuchte Quantil. Gleichung (3.17) fasst die Vorgehensweise für diesen Fall zusammen:

$$x_p = \begin{cases} x_{i^*} & \text{, für } H(x_{i^*-1}) < p \text{ und } H(x_{i^*}) > p \\ x_{i^*} \text{ bzw. } \frac{1}{2}(x_{i^*} + x_{i^*+1}) & \text{, für } H(x_{i^*}) = p. \end{cases} \tag{3.17}$$

Für die empirische Verteilungsfunktion der Tabelle 3.5 , die hier als Tabelle 3.7 wiedergegeben ist, sollen die Quantile für $p = 0,4$ und $p = 0,85$ bestimmt werden. Für $p = 0,4$ existiert kein x_{i^*} mit $H(x_{i^*}) = 0,4$; die Berechnung

Tabelle 3.7: Kumulierte relative Häufigkeiten

i	x_i	$H(X \leq x_i)$
1	11	0,05
2	12	0,15
3	13	0,30
4	14	0,45
5	15	0,70
6	16	0,85
7	17	0,95
8	18	1,00

des Quantils erfolgt deshalb nach der ersten Zeile von Gleichung (3.17). Für $i^* = 4$ gilt: $H(x_{i^*-1}) = H(x_3) = 0,30 < p$ und $H(x_{i^*}) = H(x_4) = 0,45 > p$. Das 0,40-Quantil beträgt daher: $x_p = x_4 = 14$. Bei $p = 0,85$ gibt es die Ausprägung x_6 mit $H(x_6) = 0,85$. Somit ist $i^* = 6$ und das 0,85-Quantil hat den Wert $x_{0,85} = 16$. Die Berechnung als $x_{0,85} = \frac{1}{2}(x_6 + x_7) = 16,5$ ist nur dann sinnvoll, wenn das in Tabelle 3.7 wiedergegebene Merkmal stetig oder der Wert 16,5 eine mögliche Ausprägung wäre.

Zum Schluss bleibt noch die Berechnung von Quantilen bei klassierten Daten mit gleichen oder unterschiedlichen Klassenbreiten. Bei rechtsgeschlossener Klassierung entspricht jedes Quantil entweder einer oberen Klassengrenze oder es liegt innerhalb einer Klasse. Gilt bei gegebenem p für eine obere Klassengrenze x'_{k^*}: $H(x'_{k^*}) = p$, stellt x'_{k^*} das p-Quantil dar. Lässt sich keine obere Klassengrenze mit dieser Eigenschaft finden, ist die Einfallsklasse k^* zu ermitteln. Für diese Klasse muss gelten: $H(x'_{k^*-1}) < p$ und $H(x'_{k^*}) > p$. Die Funktion der über der Einfallsklasse liegenden Geraden erhält man aus der empirischen Verteilungsfunktion (3.13) als:

$$H(x) = H(x'_{k^*-1}) + h^*_{k^*}(x - x'_{k^*-1}), \quad x'_{k^*-1} < x \leq x'_{k^*}. \qquad (3.18)$$

Für $H(x) = p$ geht Funktion (3.18) in eine Gleichung in x über, deren Lösung das gesuchte p-Quantil x_p liefert:

$$x_p = x'_{k^*-1} + \frac{1}{h^*_{k^*}}[p - H(x'_{k^*-1})]. \qquad (3.19)$$

Obwohl Gleichung (3.19) kompliziert aussieht, ist auch bei klassierten Daten die Berechnung von Quantilen einfach, wenn kumulierte Häufigkeiten vorliegen. Als Beispiel soll für die klassierten Daten der Tabelle 3.6 das 0,6-Quantil ermittelt werden. Da hier keine obere Klassengrenze mit $H(x'_k) = 0,6$ existiert, ist die Einfallsklasse zu bestimmen. Für $k^* = 2$ gilt: $H(x'_{k^*-1}) = H(x'_1) = 0,45 < 0,6$ und $H(x'_{k^*}) = H(x'_2) = 0,85 > 0,6$; $k^* = 2$ legt somit die Einfallsklasse fest. Nach Gleichung (3.19) ergibt sich mit den Werten der Tabelle 3.6:

$$x_{0,6} = 14 + \frac{1}{0,2}(0,6 - 0,45) = 14,75.$$

Dieses Ergebnis tritt natürlich auch dann ein, wenn die Funktion des linearen Teilstücks der empirischen Verteilungsfunktion (3.15) für $k = 2$ gleich p gesetzt wird: $0,6 = 0,2x - 2,35$. Nach x aufgelöst folgt: $x_{0,6} = 14,75$.

Obwohl weniger gebräuchlich, können Quantile auch in Abhängigkeit der Anzahl der Merkmalsträger bzw. Beobachtungen angegeben werden. Die Vorgehensweise ist bei geordneten, diskreten Datensätzen besonders einfach. Die vorgegebene Anzahl a der Beobachtungen entspricht immer auch einem Platzierungsindex; das Quantil ist dann mit $x_p = x_{(a)}$ gefunden. Bei häufigkeitsverteilten und/oder klassierten Daten geht man nach den Formeln (3.17) bzw. (3.19) vor, nachdem $H(x)$ durch $N(x)$ und der Anteil p durch die Anzahl a ersetzt wurden. Anstelle der relativen Häufigkeitsdichte $h_{k^*}^*$ der Einfallsklasse k^* verwendet man in Gleichung (3.19) die absolute Häufigkeitsdichte $n_{k^*}^*$.

Für jeden Datensatz lassen sich mehrere Quantile angeben. Bei empirischen Untersuchungen kann es hilfreich sein, Intervallgrenzen für die Beobachtungen so festzulegen, dass pro Intervall (nahezu) gleiche Besetzungszahlen bzw. -anteile resultieren. Um z.B. einen geordneten Datensatz in drei Intervalle mit (fast) gleichen Besetzungsanteilen zu gliedern, sind die beiden Quantile für $p = 0,\bar{3}$ und $p = 0,\bar{6}$ zu berechnen, die zusammen mit $x_{(1)}$ und $x_{(n)}$ die Grenzen der drei Intervalle bilden. Wegen dieser Eigenschaft nennt man $x_{0,\bar{3}}$ und $x_{0,\bar{6}}$ **Terzile**. Strebt man eine Gliederung mit vier Intervallen an, sind die **Quartile** $x_{0,25}$, $x_{0,5}$ und $x_{0,75}$ zu berechnen. Analog hierzu erfolgt eine Aufteilung auf fünf Intervalle mit **Quintilen**, auf 10 Intervalle mit **Dezilen** und auf 100 Intervalle mit **(Per-)zentilen**.

Übungsaufgaben zu 3.4

3.4.1 Gegeben sei folgende Häufigkeitsverteilung:

i	1	2	3	4	5	6	7	8	9	10	11
x_i	380	535	645	720	860	930	1050	1100	1200	1340	1425
n_i	1	5	4	1	3	7	2	3	2	3	4

i	12	13	14	15	16
x_i	1540	1625	1840	1950	2055
n_i	5	2	4	2	2

Berechnen Sie alle Quartile für

a) den angegebenen Datensatz,

b) den Fall, dass jede Ausprägung nur einmal im Datensatz enthalten wäre!

c) Für welche Ausprägung gilt, dass mindestens 30 Beobachtungen denselben oder einen kleineren und mindestens 20 Beobachtungen denselben oder einen größeren Wert aufweisen?

3.4.2 Ermitteln Sie für den unter 3.1.1 c klassierten Datensatz alle Quintile!

4 Parameter eindimensionaler Datensätze

4.1 Grundstruktur von Parametern

Obwohl mit Häufigkeitsverteilungen und Häufigkeitssummenfunktionen die in einem Datensatz vorhandenen Informationen gebündelt werden, reicht dieser Grad an Informationsverdichtung bei vielen praktischen Fragestellungen noch nicht aus. Insbesondere erweist sich ein Vergleich mehrerer, vor allem großer Datensätze durch Gegenüberstellung ihrer Häufigkeitsverteilungen oft als mühsame Vorgehensweise, die zudem nicht immer eindeutige Aussagen zulässt. Es wäre daher wünschenswert, wenn Maßzahlen zur Verfügung stünden, die bestimmte Eigenschaften eines Datensatzes summarisch charakterisieren bzw. seine empirische Verteilungsfunktion als Ganzes beschreiben. Solche Maßzahlen heißen **Parameter eines Datensatzes** bzw. einer Verteilung.

Formal lässt sich ein Parameter Θ für einen Datensatz als Funktion definieren, die den Beobachtungen $x_j, j = 1, ..., n$ oder den Merkmalsausprägungen x_i und ihren absoluten Häufigkeiten $n_i, i = 1, ..., m$ genau eine reelle Zahl zuordnet:

$$\Theta = \Theta(x_1, \ldots, x_n) \quad \text{bzw.:} \quad \Theta = \Theta(x_1, \ldots, x_m, n_1, \ldots, n_m).$$

Soll der Parameter Θ hingegen eine empirische Verteilungsfunktion $H(x)$ charakterisieren, wird der gesamten Funktion eine reelle Zahl zugeordnet:

$$H(x) \mapsto \mathbb{R} \quad \text{und} \quad \Theta = \Theta[H(x)].$$

Da die Zuordnung von Zahlen zu Funktionen als **Funktional** bezeichnet wird, heißen Parameter, die Verteilungsfunktionen charakterisieren, **Funktionalparameter**. Parameter eines Datensatzes und Funktionalparameter können sich hinsichtlich ihrer Konstruktion unterscheiden. Während man bei Parametern für Datensätze auf die einzelnen Beobachtungen x_j bzw. auf die absolute Häufigkeitsverteilung (x_i, n_i), $i = 1, ..., m$ zurückgreifen kann, ist dies bei Funktionalparametern nicht möglich, da bei empirischen Verteilungsfunktionen der Umfang des Datensatzes nicht mehr explizit vorliegt. Dies führt dazu, dass nicht alle Parameter für Datensätze in gleicher Weise auch als Funktionalparameter geeignet sind.

Die Konstruktion von Parametern hängt wesentlich von der Fragestellung und der Skalierung der statistischen Variablen ab. Parameter lassen sich immer dann berechnen, wenn der Datensatz in eine empirische Verteilungsfunktion überführt werden kann. Dies bedeutet, dass das Merkmal mindestens ordinal skaliert sein muss. Jedoch ist bei ordinal skalierten Merkmalen ein Vergleich verschiedener Datensätze nicht möglich, da nur die Ordnung, nicht aber der Abstand der Ausprägungen relevant ist. Aus diesem Grund werden Parameter überwiegend für metrisch skalierte Merkmale erstellt.

4.2 Lageparameter

Lageparameter sind Maßzahlen, die in komprimierter Form möglichst gut die Lage des gesamten Datensatzes bzw. seiner Häufigkeitsverteilung auf der Merkmalsachse charakterisieren sollen. Sie haben daher dieselbe Dimension wie das durch die Daten erfasste Merkmal. Das Postulat „möglichst gut" muss für die formale Konstruktion von Lageparametern präzisiert werden, damit sich auch in nicht trivialen Fällen plausible Resultate bei der Lokalisationsfrage erzielen lassen. Diese Präzisierung erreicht man, indem für Lageparameter bestimmte Mindestanforderungen aufgestellt werden, die intuitiv plausibel sind und daher die **axiomatische Grundlage** bei der Konstruktion solcher Parameter bilden. Da mit der Anzahl an Anforderungen die Konstruktionsmöglichkeiten abnehmen, sollen hier nur die vier Axiome vorgestellt werden, die bei einer deskriptiven Verwendung der Lageparameter unbedingt zu beachten sind:

1. Haben bei einem Datensatz alle n Beobachtungen denselben Wert c, soll auch der Lageparameter Θ_L diesen Wert annehmen (**Identitätsaxiom**):

$$x_1 = x_2 = ... = x_n = c \Rightarrow \Theta_L = c.$$

2. Der Lageparameter soll zwischen der kleinsten und größten Beobachtung liegen (**Inklusionsaxiom**):

$$x_{(1)} = \min_j x_j \leq \Theta_L \leq x_{(n)} = \max_j x_j \quad , j = 1, \ldots, n.$$

3. Eine Verschiebung des gesamten Datensatzes auf der Merkmalsachse um $d \neq 0$ soll den Lageparameter ebenfalls um d verschieben:

$$\Theta_L(x_1 + d, \ldots, x_n + d) = \Theta_L(x_1, \ldots, x_n) + d.$$

Dieses Postulat heißt **Translationsaxiom**.

4. Eine Veränderung aller absoluten Häufigkeiten $n_i, i = 1, \ldots, m$ mit dem Faktor $\lambda > 0$ soll sich nicht auf den Lageparameter auswirken:

$$\Theta_L(x_1, \ldots, x_m, n_1, \ldots, n_m) = \Theta_L(x_1, \ldots, x_m, \lambda n_1, \ldots, \lambda n_m).$$

Dieses Axiom verlangt, dass Lageparameter homogen vom Grade null in den absoluten Häufigkeiten sind (**Homogenitätsaxiom**). Es sichert, dass Datensätze mit gleichen relativen Häufigkeitsverteilungen auch gleiche Lageparameter besitzen.

Unter Beachtung dieser vier Mindestanforderungen sind verschiedene Lageparameter, die auch **Lagemaße** heißen, mit unterschiedlichen Eigenschaften entwickelt worden, deren Anwendung von der Skalierung der jeweiligen statistischen Variablen abhängt.

4.2.1 Der Modus

Der **Modus** ist der einfachste Lageparameter, der für alle statistischen Merkmale unabhängig von ihrer Skalierung erstellt werden kann. Er ist definiert als diejenige Beobachtung, die im Datensatz am häufigsten vorkommt, also die größte absolute Häufigkeit aufweist. Man bezeichnet ihn auch als **Modal-**, **häufigster** oder **dichtester Wert**. Formal ergibt sich der Modus x_M bei nicht klassierten Daten als:

$$x_M = x_{i^*}, \tag{4.1}$$

wobei i^* der Index der Ausprägungen mit der größten absoluten Häufigkeit ist.

Bei klassierten Daten $(x'_{k-1}, x'_k]$ lässt sich der Modus meist nur approximativ bestimmen. Hier wird die Mitte der Klasse mit der größten absoluten Häufigkeitsdichte als Modus festgelegt:

$$x_M = m_{k^*}, \quad m_{k^*} : \text{Mitte der } k^*\text{-ten Klasse.} \tag{4.2}$$

Den Index k^* erhält man aus: $n^*_{k^*} = \max_k n^*_k$, $k = 1, ..., K$, mit n^*_k als absolute Häufigkeitsdichte. Für die in Tabelle 3.6 angegebenen klassierten Daten weist die zweite Klasse die größte absolute Häufigkeitsdichte auf. Daher gilt $k^* = 2$, und der Modus entspricht der Mitte der zweiten Klasse: $x_M = m_2 = 15$. Ist die Klassierung — wie hier — gemäß der aufgestellten Richtlinien so erfolgt, dass der Modus der Urliste eine Klassenmitte darstellt, hat man bei klassiertem Material nicht nur eine Approximation, sondern den tatsächlichen Modus der Daten gefunden.

Es kann leicht überprüft werden, dass der Modus die vier aufgestellten Axiome erfüllt. Darüber hinaus besitzt er noch eine interessante Minimierungseigenschaft. Soll bei einem Datensatz nur angezeigt werden, ob die Beobachtungen x_j von einem vorgegebenen Wert $a \in \mathbb{R}$ abweichen oder nicht, wobei weder Ausmaß noch Richtung der Abweichung relevant sind, lässt sich dies analytisch mit einer **Indikatorfunktion** I erfassen:

$$I(x_j, a) = \begin{cases} 1, & \text{wenn} \quad x_j \neq a \\ 0, & \text{wenn} \quad x_j = a \end{cases} \quad j = 1, ..., n.$$

Soll nun a so festgelegt werden, dass die wenigsten Beobachtungen eines Datensatzes davon abweichen, muss das Minimierungsproblem $S = \sum_{j=1}^{n} I(x_j, a) \rightarrow \min_{a}!$ gelöst werden. Da für $a = x_M$ die meisten Summanden den Wert null annehmen, ist S für den Modus minimal. Wegen dieser Minimierungseigenschaft ist der Modus für nominal skalierte Variablen der wichtigste Lageparameter. Damit er aussagekräftig bleibt, sollte die Verteilung jedoch **unimodal** (eingipflig) sein. Bei ordinal und metrisch skalierten Variablen ist seine Aussagekraft insofern eingeschränkt, da er auf die in den Datensätzen vorhandenen Ordnungs- bzw. Abstandsinformationen verzichtet.

4.2.2 Der Median

Die Eigenschaft von Quantilen, einen Datensatz in zwei Teile zu zerlegen, lässt sich auch für die Konstruktion eines Lageparameters nutzbar machen. Als Lageparameter wäre diejenige Beobachtung geeignet, die den Datensatz in zwei (fast) gleich große Hälften aufteilt. Diesen Wert erhält man als 0,5-Quantil und bezeichnet ihn deshalb als **Median** bzw. **Zentralwert**. Der Median x_{Med} ist somit derjenige Beobachtungswert, bei dem mindestens 50% aller Beobachtungen kleiner oder gleich und mindestens 50% aller Beobachtungen größer oder gleich x_{Med} sind.

Die unter Berücksichtigung der Besonderheiten der Datensätze entwickelten Formeln für p-Quantile können zur Berechnung des Medians unverändert übernommen werden. Jedoch ergibt sich bei statistischen Variablen, deren Beobachtungen als geordneter Datensatz vorliegen, für $p = 0,5$ eine Vereinfachung. Bei ungerader Beobachtungszahl n ist $\frac{n}{2}$ stets größer als $\text{int}(\frac{n}{2}) = g$. Nach Gleichung (3.16) ist der Median dann mit $x_{(g+1)}$ gefunden. Da aber für ungerades n gilt: $g + 1 = \frac{n+1}{2}$, findet man den Median leichter als $x_{(\frac{n+1}{2})}$. Bei einer geraden Anzahl an Beobachtungen ist $\frac{n}{2}$ immer eine natürliche Zahl; der Median beträgt jetzt $x_{\text{Med}} = x_{\left(\frac{n}{2}\right)}$. Bei einer stetigen statistischen Variablen mit metrischer Skala gibt man den Median meistens als $x_{\text{Med}} = \frac{1}{2}\left(x_{\left(\frac{n}{2}\right)} + x_{\left(\frac{n}{2}+1\right)}\right)$ an. Gleichung (4.3) fasst die vereinfachten Berechnungsmöglichkeiten zusammen:

$$x_{\text{Med}} = \begin{cases} x_{\left(\frac{n+1}{2}\right)} & \text{, für } n \text{ ungerade} \\ x_{\left(\frac{n}{2}\right)} \text{ bzw. } \frac{1}{2}\left(x_{\left(\frac{n}{2}\right)} + x_{\left(\frac{n}{2}+1\right)}\right) & \text{, für } n \text{ gerade} \end{cases} \qquad (4.3)$$

Der Median besitzt mehrere Eigenschaften, die bei bestimmten Datensätzen von Vorteil sein können. Genau wie Quantile kann er für alle Merkmale, die mindestens ordinal skaliert sind, berechnet werden. Da die Abstände der Beobachtungswerte untereinander für den Median keine Bedeutung haben, ist er der wichtigste Lageparameter für ordinal skalierte Merkmale. Kommen bei metrisch skalierten statistischen Variablen extreme Werte (**statistische Ausreißer**) im Datensatz vor, hat man mit dem Median einen Lageparameter, der hierauf unempfindlich reagiert. Bei klassierten Daten kann er selbst bei offenen Randklassen berechnet werden, solange die Klasse, in die er fällt (**Medianklasse**), geschlossen ist. Wie der Modus besitzt auch der Median eine Minimierungseigenschaft, die jedoch nur bei Merkmalen mit metrischer Skala, bei denen also die Abstände relevant sind, von Interesse ist. Soll die Summe der absoluten Abweichungen aller Beobachtungen x_j von einer beliebigen reellen Zahl a minimiert werden, ist dies bei $a = x_{\text{Med}}$ der Fall. Es gilt dann:

$$\sum_{j=1}^{n} |x_j - x_{\text{Med}}| \leq \sum_{j=1}^{n} |x_j - a| \quad \text{für} \quad a \in \mathbb{R} \text{ und } a \neq x_{\text{Med}}.$$

Diese Eigenschaft des Medians lässt sich für ein metrisch skaliertes, stetiges Merkmal anhand einer Grafik leicht nachweisen. Es sei angenommen, dass bei gerader Beobachtungszahl n die Beobachtungen mit den Platzierungsindizes $\left(\frac{n}{2}\right)$ und $\left(\frac{n}{2}+1\right)$ verschieden sind. Der Median $x_{\text{Med}} = \frac{1}{2}(x_{\left(\frac{n}{2}\right)} + x_{\left(\frac{n}{2}+1\right)})$ liegt dann in der Mitte des abgeschlossenen Intervalls $[x_{\left(\frac{n}{2}\right)}, x_{\left(\frac{n}{2}+1\right)}]$ (vgl. Abbildung 4.1). Für jeden Wert a des Intervalls $[x_{\left(\frac{n}{2}\right)}, x_{\left(\frac{n}{2}+1\right)}]$ muss die Abstands-

Abb. 4.1: Minimierungseigenschaft des Medians

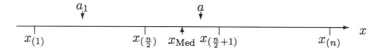

summe mit der für x_{Med} übereinstimmen, da hier Variationen von a Abstandsänderungen zu den Beobachtungen $x_{(1)}$ bis $x_{(\frac{n}{2})}$ auslösen, die durch die gleichzeitig eintretenden Abstandsänderungen zu den Beobachtungen $x_{(\frac{n}{2}+1)}$ bis $x_{(n)}$ immer kompensiert werden. Deshalb ist in solchen Fällen jeder Wert a des Intervalls einschließlich der beiden Grenzen als Median geeignet; die Verwendung von $x_{\text{Med}} = \dfrac{1}{2}(x_{(\frac{n}{2})} + x_{(\frac{n}{2}+1)})$ ist lediglich eine Konvention. Erst wenn a außerhalb des Intervalls liegt (z.B. in der Position a_1 in Abbildung 4.1), wird der Abstand zu mehr Punkten erhöht, als er verringert wird. Dies zeigt, dass die Abstandssumme für Werte a innerhalb des betrachteten Intervalls gleich groß und minimal ist. Diese Begründung kann leicht auf den Fall übertragen werden, dass x_{Med} bereits mit einer Beobachtung übereinstimmt; dem Leser sei dies als Übung empfohlen.

Auch der Median genügt den vier aufgestellten Axiomen. Für das Identitätsaxiom gilt dies trivialerweise. Die Gültigkeit des zweiten Axioms resultiert aus der Definition des Medians. Das Translationsaxiom lässt sich an der Abbildung 4.1 nachvollziehen: Werden alle Beobachtungen um den Wert d verschoben, gilt dies auch für den Median. Schließlich ist der Median homogen nullten Grades in den absoluten Häufigkeiten. Eine Multiplikation mit $\lambda > 0$ aller absoluten Häufigkeiten n_i lässt die empirische Verteilungsfunktion und damit den Median unverändert.

Abschließend wird für den in Tabelle 3.5 wiedergegebenen Datensatz der Median ermittelt. Erfolgt die Berechnung aufgrund der geordneten Daten, geht man wegen der geraden Anzahl an Beobachtungen nach der zweiten Zeile der Gleichung (4.3) vor. Als Platzierungsindex ergibt sich $20 \cdot 0,5 = 10$, d.h. die zehnte Beobachtung des geordneten Datensatzes ist der Median:

$x_{\text{Med}} = x_{(10)} = 15$. Die Berechnung über die empirische Verteilungsfunktion (Spalte 6 der Tabelle 3.5) geschieht mit der ersten Zeile der Gleichung (3.17). Für $i^* = 5$ gilt $H(x_{i=4}) = 0,45$ und $H(x_{i^*=5}) = 0,70$. Der Median beträgt daher $x_{\text{Med}} = x_{i^*} = 15$. Zu beachten ist, dass der ermittelte Index i^* hier jetzt die Ausprägung x_i festlegt und nicht einen Platzierungsindex darstellt.

4.2.3 Das arithmetische Mittel

Der Lageparameter, der am häufigsten Verwendung findet, ist das **arithmetische Mittel** $\bar{x}$, das in der Umgangssprache auch als **Durchschnittswert** bezeichnet wird. Es ist definiert als Summe aller Beobachtungen, dividiert durch ihre Anzahl. Sachlogisch wird also die Merkmalssumme gleichmäßig auf alle Merkmalsträger aufgeteilt. Die Definition des arithmetischen Mittels legt auch seinen Anwendungsbereich fest. Es hat nur bei metrisch skalierten Merkmalen, bei denen der Durchschnitt der Merkmalssumme sinnvoll interpretiert werden kann (z.B. bei intensiven und extensiven Merkmalen), Aussagekraft. Je nach Datenlage lassen sich für die Berechnung des arithmetischen Mittels unterschiedliche Formeln angeben. Sind die Daten als Urliste $x_j, j = 1, ..., n$ oder als Häufigkeitsverteilung $(x_i, n_i), i = 1, ..., m$ gegeben, gilt:

$$\bar{x} = \frac{1}{n} \sum_{j=1}^{n} x_j \quad (4.4a) \qquad \text{bzw.} \quad \bar{x} = \frac{1}{n} \sum_{i=1}^{m} x_i n_i = \sum_{i=1}^{m} x_i h_i. \qquad (4.4b)$$

Nach Gleichung (4.4b) berechnet man das arithmetische Mittel, indem jede Ausprägung x_i des Datensatzes mit ihrer relativen Häufigkeit h_i multipliziert wird. Man bezeichnet diese Gleichung als die **gewogene Form des arithmetischen Mittels**. Die hier zum Ausdruck kommende Vorgehensweise lässt sich verallgemeinern, indem nicht nur relative Häufigkeiten, sondern auch andere, sachlich begründete Gewichte g_i als Faktoren zulässig sind, sofern sie den beiden Bedingungen $g_i \geq 0$ für $i = 1, ..., m$ und $\sum_{i=1}^{m} g_i = 1$ genügen. Ein so berechneter Durchschnitt heißt **gewogenes** bzw. **gewichtetes arithmetisches Mittel:**

$$\bar{x} = \sum_{i=1}^{m} x_i g_i, \quad g_i \geq 0 : \text{Gewichte.} \tag{4.5}$$

Bei den meisten Studiengängen wird z.B. die Diplomgesamtnote als gewogenes arithmetisches Mittel der unterschiedlich gewichteten einzelnen Prüfungsleistungen (Klausuren, mündliche Prüfungen, Diplomarbeit) ermittelt, obwohl Noten nicht metrisch, sondern ordinal skaliert sind.

Das arithmetische Mittel besitzt drei wesentliche Eigenschaften:

(1) Werden alle Beobachtungen als Abweichungen vom arithmetischen Mittel gemessen: $(x_j - \bar{x})$, hat die Summe aller Abweichungen den Wert null:

$$\sum_{j=1}^{n}(x_j - \bar{x}) = \sum_{j=1}^{n} x_j - n\bar{x} = 0, \quad \text{wegen} \sum_{j=1}^{n} x_j = n\bar{x}.$$

Diese Eigenschaft des arithmetischen Mittels heißt **Nulleigenschaft** oder **Schwerpunkteigenschaft**.

(2) Transformiert man die Originaldaten x_j linear in $y_j = \alpha + \beta x_j$, erhält man $\bar{y}$ als Transformation von $\bar{x}$: $\bar{y} = \alpha + \beta\bar{x}$. Dies lässt sich ebenso leicht wie die Schwerpunkteigenschaft beweisen. Aus

$$\sum_{j=1}^{n} y_j = \sum_{j=1}^{n}(\alpha + \beta x_j) = n\alpha + \beta \sum_{j=1}^{n} x_j$$

folgt nach Division durch n:

$$\bar{y} = \frac{1}{n}\sum_{j=1}^{n} y_j = \alpha + \beta\frac{1}{n}\sum_{j=1}^{n} x_j = \alpha + \beta\bar{x}.$$

(3) Teilt man alle Beobachtungen der Urliste auf K Klassen bzw. K disjunkte Teilmassen $M_1, ..., M_K$ auf und berechnet für jede Klasse bzw. Teilmasse das arithmetische Mittel $\bar{x}_k, k = 1, ..., K$, folgt das arithmetische Mittel $\bar{x}$ der Urliste als:

$$\bar{x} = \frac{1}{n}(\bar{x}_1 n_{k=1} + \ldots + \bar{x}_K n_{k=K}) = \frac{1}{n}\sum_{k=1}^{K}\bar{x}_k n_k = \sum_{k=1}^{K}\bar{x}_k h_k, \quad (4.6)$$

n_k : Anzahl der Beobachtungen der k-ten Teilmasse M_k,

$$\sum_{k=1}^{K} n_k = n.$$

Gleichung (4.6) ist der **Additionssatz für arithmetische Mittel**. Seine Gültigkeit sieht man sofort nach Zerlegung der Summe aller Beobachtungen in K Teilsummen S_k mit jeweils n_k Beobachtungen:

$$\sum_{j=1}^{n} x_j = \underbrace{x_1 + \ldots + x_{k=1}}_{S_1} + \underbrace{\ldots + x_{k=2}}_{S_2} + \ldots + \underbrace{\ldots + x_n}_{S_K}.$$

Für jede Teilsumme gilt: $S_k = \bar{x}_k n_k$; somit folgt:

$$\sum_{j=1}^{n} x_j = \sum_{k=1}^{K} S_k = \sum_{k=1}^{K} \bar{x}_k n_k.$$

Division durch n ergibt:

$$\bar{x} = \frac{1}{n}\sum_{j=1}^{n} x_j = \frac{1}{n}\sum_{k=1}^{K}\bar{x}_k n_k = \sum_{k=1}^{K}\bar{x}_k h_k.$$

Der Additionssatz (4.6) kann direkt zur Berechnung des arithmetischen Mittels bei klassierten Daten herangezogen werden, sofern die arithmetischen Klassenmittel $\bar{x}_k$ und die (absoluten bzw. relativen) Klassenhäufigkeiten (n_k bzw. h_k) oder die Teilsummen $S_k = \bar{x}_k n_k$ bzw. $S_k/n = \bar{x}_k h_k$ bekannt sind. Stehen diese Informationen nicht zur Verfügung, lässt sich $\bar{x}$ nur approximativ ermitteln, indem man anstelle $\bar{x}_k$ die Klassenmitten m_k heranzieht. Gleichung (4.6) geht dann über in:

$$\hat{\bar{x}} = \frac{1}{n}\sum_{k=1}^{K} m_k n_k = \sum_{k=1}^{K} m_k h_k \quad \text{mit :} \qquad (4.7)$$

$\hat{\bar{x}}$: approximatives arithmetisches Mittel.

Der Additionssatz erlaubt auch dann eine einfache Berechnung des arithmetischen Mittels für eine statistische Masse, wenn diese aus Zusammenfassung (**Pooling**) verschiedener disjunkter Datensätze hervorgeht. Liegen z.B. zwei Datensätze mit den Umfängen n_1 bzw. n_2 und den arithmetischen Mitteln $\bar{x}_1$ bzw. $\bar{x}_2$ vor, ergibt sich das arithmetische Mittel nach Pooling gemäß Gleichung (4.6) für $K = 2$ als:

$$\bar{x} = \frac{\bar{x}_1 n_1 + \bar{x}_2 n_2}{n_1 + n_2}.$$

Trotz unterschiedlicher Zielsetzung weisen Klassierung und Pooling eine formale Analogie auf.

Wie Modus und Median besitzt auch das arithmetische Mittel eine Minimierungseigenschaft. Die Summe S der quadrierten Abweichungen aller Beobachtungen von einer beliebigen reellen Zahl a lautet: $S = \sum_{j=1}^{n}(x_j - a)^2$. Da die Beobachtungen x_j vorliegen, ist S eine Funktion in a. Sie hat dann ein Minimum, wenn a dem arithmetischen Mittel der Beobachtungen x_j entspricht: $a = \bar{x}$. Um dies zu zeigen, ermittelt man die **kritischen Stellen** der Funktion, d.h. die Werte für a, bei denen die erste Ableitung null wird:

$$\frac{dS}{da} = -2\sum_{j=1}^{n}(x_j - a) = 0.$$

Hieraus folgt: $\sum_{j=1}^{n}(x_j - a) = 0$ oder: $\sum_{j=1}^{n} x_j = na$. Nach a aufgelöst ergibt: $a = \bar{x}$. Da S eine nicht negative quadratische Funktion in a ist, muss die Funktion an der kritischen Stelle $a = \bar{x}$ ein Minimum besitzen. Dies zeigt aber auch das Vorzeichen der zweiten Ableitung an: $d^2 S/da^2 = 2n > 0$ für alle a. Man nennt diese Minimierungseigenschaft des arithmetischen Mittels die **Kleinstequadrateeigenschaft**.

Die Einhaltung der ersten drei aufgestellten Axiome durch das arithmetische Mittel ist bereits mit dem Nachweis seiner Eigenschaften gezeigt. Aus der Schwerpunkteigenschaft folgen die ersten beiden Axiome; das dritte Axiom resultiert für $\alpha = d$ und $\beta = 1$ aus der Transformationseigenschaft. Das vierte Axiom ist schließlich definitionsgemäß erfüllt, weil eine proportionale Änderung aller absoluten Häufigkeiten die relativen Häufigkeiten unverändert lässt.

Das arithmetische Mittel für die in Tabelle 3.5 gegebenen Beobachtungen erhält man nach Gleichung (4.4b), indem die zeilenweise gebildeten Produkte der Werte aus zweiter und dritter Spalte addiert und anschließend durch die Beobachtungsanzahl $n = 20$ dividiert werden: $\bar{x} = \frac{1}{20}(11\cdot1+12\cdot2+...+18\cdot1) = 14,55$. Zum selben Ergebnis gelangt man gemäß Gleichung (4.4b) nach Addition der zeilenweise gebildeten Produkte der Werte aus zweiter und fünfter Spalte: $\bar{x} = 11 \cdot 0,05 + 12 \cdot 0,1 + ... + 18 \cdot 0,05 = 14,55$. Liegen die Daten wie in Tabelle 3.6 klassiert vor, kann das jeweilige arithmetische Klassenmittel $\bar{x}_k$ bzw. die Teilsumme $\bar{x}_k n_k, k = 1,2,3$ nur nach Rückgriff auf die Urliste (Tabelle 3.1a) berechnet werden. Für die drei Klassen erhält man die Teilsummen einfach als Merkmalssumme der in der Klasse liegenden Beobachtungen. Dies ergibt: $\bar{x}_1 n_1 = 116$, $\bar{x}_2 n_2 = 123$ und $\bar{x}_3 n_3 = 52$. Aus Gleichung (4.6) folgt dann das arithmetische Mittel als: $\bar{x} = \frac{1}{20}(116 + 123 + 52) = 14,55$. Ist ein Rückgriff auf die Originaldaten nicht möglich, ersetzt man die Klassenmittel durch die Klassenmitten. Das arithmetische Mittel beträgt unter Verwendung relativer Häufigkeiten nach Gleichung (4.7) approximativ: $\hat{\bar{x}} = (12 \cdot 0,45 + 15 \cdot 0,4 + 17 \cdot 0,15) = 13,95$; es ist um 0,6 kleiner als der exakte Mittelwert. Ob der Approximationsfehler positiv oder wie hier negativ ausfällt, hängt davon ab, ob die Klassenmitten die unbekannten arithmetischen Klassenmittel über- oder unterschätzen.

Das arithmetische Mittel reagiert empfindlich auf statistische Ausreißer. Wegen seiner Eigenschaft, die Summe der quadrierten(!) Abweichungen zu minimieren, üben große bzw. sehr kleine Beobachtungen eine große Anziehungskraft auf $\bar{x}$ aus. Bei Vorliegen statistischer Ausreißer kann das arithmetische Mittel daher irreführend sein. Lässt sich begründen, dass diese Beobachtungen untypisch sind und nur selten vorkommen, ist es ratsam, sie

zu eliminieren oder ihren Einfluss durch eine geringe Gewichtung zu redu-
zieren. Man erhält auf diese Weise **robuste arithmetische Mittel**. Sollen
aus einem Datensatz $\alpha 100\%$ der kleinsten und $\alpha 100\%$ der größten Beobachtungen bei der Berechnung des arithmetischen Mittels ausgeschlossen werden, bestimmt man die Anzahl der zu eliminierenden Beobachtungen mit
$g = \text{int}(\alpha n)$. Aus den der Größe nach geordneten Daten werden jetzt die g
kleinsten und die g größten Beobachtungen entfernt und das arithmetische
Mittel für die verbleibenden $n - 2g$ Daten berechnet:

$$\bar{x}_\alpha = \frac{1}{n - 2g} \sum_{j=g+1}^{n-g} x_{(j)}. \tag{4.8}$$

Man bezeichnet $\bar{x}_\alpha$ als das **α-getrimmte arithmetische Mittel**.

4.2.4 Das geometrische Mittel

Trotz seines breiten Anwendungsbereiches gibt das arithmetische Mittel
bei bestimmten Merkmalen aus sachlogischen Gründen nicht den richtigen
Durchschnitt an. Dies ist bei zeitabhängigen Messzahlen der Fall (vgl. hierzu auch Abschnitt 7.1). **Zeitabhängige Messzahlen** erhält man, indem
zwei Beobachtungen mit unterschiedlichem Zeitbezug, aber für dieselbe statistische Variable, ins Verhältnis gesetzt werden. Solche Messzahlen heißen
Wachstums- bzw. **Aufzinsungsfaktoren**, wobei sie meist für äquidistante
Zeitpunkte oder Perioden erstellt werden. Wachstumsfaktoren sind Größen,
die zeitbezogene Beobachtungen derart über die Zeit verbinden, dass der
Nachfolger aus dem Vorgänger durch Multiplikation mit dem entsprechenden Wachstumsfaktor hervorgeht. Diese Vorgehensweise ist nur bei metrisch
skalierten Variablen sinnvoll.

Liegen äquidistant erhobene Beobachtungen $y_0, y_1, \ldots, y_n$ vor (z.B. der
Kapitalstock einer Volkswirtschaft am Jahresende), sind die entsprechenden
Wachstumsfaktoren x_j pro Periode (Jahr) j definiert als : $x_j = y_j/y_{j-1}, j =$

$1, \ldots, n$. Die Beobachtung y_3 z.B. erhält man aus y_2 als : $y_3 = y_2 x_3$. Der Gesamtwachstumsfaktor beträgt y_n / y_0. Wegen

$$\frac{y_n}{y_0} = \frac{y_1}{y_0} \cdot \frac{y_2}{y_1} \cdot \ldots \cdot \frac{y_{n-1}}{y_{n-2}} \cdot \frac{y_n}{y_{n-1}} = x_1 \cdot x_2 \cdot \ldots \cdot x_n$$

lässt sich y_n darstellen als:

$$y_n = y_0 x_1 \cdot \ldots \cdot x_n = y_0 \prod_{j=1}^{n} x_j, \qquad \Pi : \text{Produktoperator.} \qquad (4.9)$$

Der **durchschnittliche Wachstumsfaktor** ist nun derjenige Vervielfachungskoeffizient $\bar{x}_G$, der über alle Perioden konstant bleibt und y_0 auf den Endwert y_n anwachsen lässt. Für diesen gilt: $y_0 (\bar{x}_G)^n = y_n$, oder, nach $\bar{x}_G$ aufgelöst:

$$\bar{x}_G = \sqrt[n]{x_1 \cdot \ldots \cdot x_n} = \left(\prod_{j=1}^{n} x_j \right)^{\frac{1}{n}} . \qquad (4.10)$$

Man bezeichnet $\bar{x}_G$ als **geometrisches Mittel**. Es ist nur für $x_j > 0, j = 1, \ldots, n$ definiert. Das geometrische Mittel lässt sich jedoch auch dann berechnen, wenn $x_j < 0$ für $j = 1, \ldots, n$. Eine solche Situation liegt vor, wenn die Beobachtungen y_j einen alternierenden Vorzeichenwechsel über die Zeit aufweisen, z.B.: $y_0 > 0, y_1 < 0, y_2 > 0, y_3 < 0$ usw. Anstelle der jetzt negativen Wachstumsfaktoren verwendet man ihren Betrag $| x_j |$.

Sind einige Wachstumsfaktoren gleich groß, kann für x die Häufigkeitsverteilung (x_i, n_i) angegeben werden. Das geometrische Mittel berechnet man dann nach:

$$\bar{x}_G = \left(\prod_{i=1}^{m} x_i^{n_i} \right)^{\frac{1}{n}} = \prod_{i=1}^{m} x_i^{h_i}. \qquad (4.11)$$

Da Wachstumsfaktoren und Wachstumsraten voneinander abhängen, lässt sich über Gleichung (4.10) oder (4.11) auch die durchschnittliche Wachstumsrate ermitteln. Aus der Definitionsgleichung der **Wachstumsrate** w_y folgt:

$$w_{y_j} = \frac{y_j - y_{j-1}}{y_{j-1}} = \frac{y_j}{y_{j-1}} - 1 = x_j - 1.$$

Hat man den durchschnittlichen Wachstumsfaktor $\bar{x}_G$ berechnet, folgt hieraus die **durchschnittliche Wachstumsrate** $\bar{w}_y$ als : $\bar{w}_y = \bar{x}_G - 1$.

Im Zeitraum 1950 bis 1965 entwickelte sich das reale Bruttoinlandsprodukt der Bundesrepublik Deutschland (in Preisen von 1980) mit den nachstehenden Wachstumsraten:

9,5; 8,9; 8,2; 7,4; 12,0; 7,3; 5,7; 3,7; 7,3; 9,2; 4,4; 4,7; 2,8; 6,6; 5,4 (%).

Um die durchschnittliche Wachstumsrate für diesen Zeitraum zu ermitteln, müssen die Wachstumsraten zunächst in Wachstumsfaktoren umgewandelt werden. Der z.B. zur ersten Wachstumsrate von 9,5% gehörende Wachstumsfaktor beträgt: $x_1 = 1,095$ usw. Als durchschnittlichen Wachstumsfaktor erhält man dann nach Gleichung (4.10) : $\bar{x}_G = 1,0685$. Die durchschnittliche Wachstumsrate beträgt somit 6,85%. Mit dem für den vorliegenden Sachverhalt falschen arithmetischen Mittel ergibt sich eine durchschnittliche Wachstumsrate von 6,87%. Der Fehler erscheint zunächst unbedenklich; bei großem Anfangswert y_0 und/oder langer Laufzeit reagiert der Endwert dennoch beträchtlich. Das reale Bruttoinlandsprodukt betrug im Jahr 1950 gerundet 173,2 Mrd. EUR. Bei einer durchschnittlichen Wachstumsrate von 6,85% ergibt sich ein Endwert im Jahre 1965 von 467,98 Mrd. EUR. Mit der falsch ermittelten durchschnittlichen Wachstumsrate beläuft sich der Endwert auf 469,3 Mrd. EUR, ein Fehler von 1,32 Mrd. EUR.

Das geometrische Mittel lässt sich durch Logarithmustransformation auf das arithmetische Mittel zurückführen. Aus Gleichung (4.10) folgt dann:

$$\ln \bar{x}_G = \frac{1}{n} \sum_{j=1}^{n} \ln x_j \; , \; \ln : \text{natürlicher Logarithmus.} \qquad (4.12)$$

Gleichung (4.12) besagt, dass der Logarithmus des geometrischen Mittels dem arithmetischen Mittel der logarithmierten Beobachtungen entspricht. Wegen dieses Zusammenhangs können die Eigenschaften des geometrischen Mittels aus denen des arithmetischen Mittels entwickelt werden, nachdem

die Beobachtungen x_j einer Logarithmustransformation unterzogen wurden.
Dies sei für zwei wichtige Eigenschaften des geometrischen Mittels gezeigt.
Wegen der Schwerpunkteigenschaft des arithmetischen Mittels muss gelten:

$$\sum_{j=1}^{n}(\ln x_j - \frac{1}{n}\sum_{j=1}^{n}\ln x_j) = 0.$$

Aus Gleichung (4.12) folgt: $\frac{1}{n}\sum_{j=1}^{n}\ln x_j = \ln \bar{x}_G$; nach Substitution erhält man:

$\sum_{j=1}^{n}(\ln x_j - \ln \bar{x}_G) = 0.$ Entlogarithmiert führt dies zu:

$$\prod_{j=1}^{n}\frac{x_j}{\bar{x}_G} = 1,$$

d.h.: werden alle Beobachtungen x_j durch $\bar{x}_G$ dividiert, ist das Produkt der
so gebildeten Verhältniszahlen gleich eins.

Auch die Minimierungseigenschaft von $\bar{x}_G$ kann auf diese Weise erkannt
werden. Die Summe $S = \sum_{j=1}^{n}(\ln x_j - \ln a)^2$ wird minimal bezüglich a, wenn $\ln a$
dem arithmetischen Mittel der logarithmierten Beobachtungen entspricht.
Nach Gleichung (4.12) ist dies bei $a = \bar{x}_G$ der Fall. Das lässt sich durch
Ableiten von S nach a auch direkt zeigen:

$$\frac{dS}{da} = -\frac{2}{a}\sum_{j=1}^{n}(\ln x_j - \ln a) = 0, \quad \text{oder:} \quad \ln a = \frac{1}{n}\sum_{j=1}^{n}\ln x_j = \ln \bar{x}_G.$$

Das geometrische Mittel minimiert daher entlogarithmiert die Summe

$$\sum_{j=1}^{n}\left[\ln\left(\frac{x_j}{a}\right)\right]^2 \quad \text{für} \quad a = \bar{x}_G.$$

Das geometrische Mittel erfüllt das Identitäts-, Inklusions- und Homogenitätsaxiom, nicht jedoch das Translationsaxiom. Dem Leser sei die Ve-
rifizierung dieser Aussagen als Übung empfohlen. Bei Verhältniszahlen ist
das Translationspostulat, das Niveaueffekte erfassen soll, aus sachlogischen
Erwägungen überflüssig, da diese Effekte durch Division der Beobachtungswerte bereits kompensiert werden. Ein zum Translationsaxiom analoges Po-

stulat für Verhältniszahlen müsste fordern, dass eine einheitliche Vervielfa-
chung aller Wachstumsfaktoren mit dem Faktor $\lambda > 0$ auch das geometrische
Mittel mit diesem Faktor erhöht:

$$[(\lambda x_1)(\lambda x_2) \cdot \ldots \cdot (\lambda x_n)]^{\frac{1}{n}} = \lambda \bar{x}_G.$$

Dieses für Verhältniszahlen modifizierte Translationsaxiom wird von $\bar{x}_G$
erfüllt.

4.2.5 Das harmonische Mittel

Zahlreiche Merkmale besitzen eine Dimension, die aus verschiedenen Grunddimensionen hervorgeht; sie sind daher mehrdimensional. Das Merkmal „no-
minales Inlandsprodukt" ist eine Bewegungsmasse und hat deshalb eine Dimension, die als Produkt der beiden Grunddimensionen „Geld" und „Zeit"
entsteht. Deshalb spricht man von dem Inlandsprodukt eines Jahres, eines
Quartals, eines Monats usw.; das Inlandsprodukt eines Jahres ist gleich der
Summe seiner Quartalswerte.

Anders verhält es sich bei dem mehrdimensionalen Merkmal „Geschwindigkeit". Die hierfür übliche Messeinheit ist Kilometer pro Stunde (km/h),
d.h. die Dimension der Geschwindigkeit entspricht einem Quotient mit der
Grunddimension „Länge" im Zähler und der Grunddimension „Zeit" im Nenner.

Bei Merkmalen, deren Dimension als Quotient vorliegt oder die als
Verhältniszahl definiert sind (vgl. Kapitel 7), können die Häufigkeiten in der
Dimension des Zählers oder des Nenners angegeben sein. Haben sie die Dimension des Nenners, erfolgt die Berechnung des Durchschnitts nach einer
der bereits entwickelten Formeln; sind sie in der Dimension des Zählers, ist
das harmonische Mittel heranzuziehen. Es setzt voraus, dass das Merkmal
metrisch skaliert ist und nur positive Ausprägungen annimmt. Das **harmo-**

nische Mittel $\bar{x}_H$ ist bei Einzelbeobachtungen bzw. häufigkeitsverteilten
Daten wie folgt definiert:

$$\bar{x}_H = \frac{n}{\sum\limits_{j=1}^{n} \frac{1}{x_j}} \quad (4.13a) \qquad \text{bzw.} \qquad \bar{x}_H = \frac{n}{\sum\limits_{i=1}^{m} \frac{n_i}{x_i}} = \frac{1}{\sum\limits_{i=1}^{m} \frac{h_i}{x_i}} \quad . \quad (4.13b)$$

Das folgende Beispiel verdeutlicht die Zusammenhänge. Ein Auto fährt eine
Strecke von 1000 km mit den in Tabelle 4.1 festgehaltenen Geschwindig-
keiten und der dazugehörenden Dauer. Die Dauer, mit der eine bestimmte

Tabelle 4.1: Fahrt von A nach B

x_i (km/h)	60	100	110	120
n_i (Stunden)	1,5	3	5	0,5
$x_i n_i$ (km)	90	300	550	60

Geschwindigkeit gefahren wird, stellt die in der Dimension Zeit angegebenen
Häufigkeiten dar; sie liegen in der Dimension vor, die das Merkmal Geschwindigkeit im Nenner hat. Daher ist die Durchschnittsgeschwindigkeit als gewogenes Mittel zu berechnen. Da die gesamte Fahrzeit $n = 10$ Stunden beträgt,
ergibt sich:

$$\bar{x} = \frac{1}{n} \sum_{i=1}^{4} x_i n_i = \frac{1}{10} 1000 = 100 \quad \text{(km/h)}.$$

Liegen die Angaben in der Form vor, dass 90 km mit der Geschwindigkeit
von 60 km/h, 300 km mit 100 km/h, 550 km mit 110 km/h und 60 km
mit 120 km/h gefahren wurden (vgl. die 3. Zeile der Tabelle 4.1), stellen die
gefahrenen Kilometer die Häufigkeiten der vier Merkmalsausprägungen dar.
Da diese Häufigkeiten die Dimension Länge aufweisen, die bei dem Merkmal
Geschwindigkeit im Zähler steht, ist die durchschnittliche Geschwindigkeit
mit dem harmonischen Mittel gemäß Gleichung (4.13b) zu berechnen:

$$\bar{x}_H = \frac{1000}{\dfrac{90}{60} + \dfrac{300}{100} + \dfrac{550}{110} + \dfrac{60}{120}} = 100 (\text{km/h}).$$

Das arithmetische Mittel wäre hier falsch: $\bar{x} = 60 \cdot \dfrac{90}{1000} + 100 \cdot \dfrac{300}{1000} +$ $110 \cdot \dfrac{550}{1000} + 120 \cdot \dfrac{60}{1000} = 103,1 (\text{km/h})$. Da die gesamte Fahrzeit 10 Stunden beträgt, würden mit dem arithmetischen Mittel als Durchschnittsgeschwindigkeit nicht 1000 km, sondern 1031 km zurückgelegt.

Die beiden nächsten Beispiele zeigen, dass auch im ökonomischen Bereich das harmonische Mittel Anwendung findet. Der Kapitalstock einer Unternehmung besteht aus zwei Maschinen M_1 und M_2; mit M_1 lassen sich 50 Gütereinheiten pro Stunde, mit M_2 60 Gütereinheiten pro Stunde herstellen. Von der gesamten Produktion in Höhe von 1700 Gütereinheiten entfallen auf M_1 500 Gütereinheiten, auf M_2 1200 Gütereinheiten. Den durchschnittlichen Güterausstoß pro Stunde des Kapitalstocks erhält man als harmonisches Mittel:

$$\bar{x}_H = \frac{1700}{\dfrac{500}{50} + \dfrac{1200}{60}} = \frac{1700}{30} = 56,67.$$

Das Verhältnis des Kapitalstocks (K) zum Faktor Arbeit (A) heißt Kapitalintensität: $x = K/A$. Die Kapitalintensitäten für drei Volkswirtschaften mit den Kapitalstöcken $K_1 = 100, K_2 = 300$ und $K_3 = 400$ betragen $x_1 = 2, x_2 = 3$ und $x_3 = 8$. Da die Häufigkeiten der Merkmalsausprägungen x_i mit der Höhe der Kapitalstöcke vorliegen, ist zur Berechnung der durchschnittlichen Kapitalintensität das harmonische Mittel heranzuziehen:

$$\bar{x}_H = \frac{800}{\dfrac{100}{2} + \dfrac{300}{3} + \dfrac{400}{8}} = 4.$$

Die Quotienten K_i/x_i im Nenner des harmonischen Mittel ergeben die Höhe des Faktors Arbeit in den einzelnen Volkswirtschaften; sie beträgt in allen drei zusammen 200. Bei einem Kapitalstock von 800 resultiert dann eine durchschnittliche Kapitalintensität von 4.

Das letzte Beispiel zeigt auch, zu welcher Verzerrung das falsche arithmetische Mittel bei der Berechnung der durchschnittlichen Kapitalintensität führen würde. Das gewogene arithmetische Mittel lautet :

$$\bar{x} = 2 \cdot \frac{100}{800} + 3 \cdot \frac{300}{800} + 8 \cdot \frac{400}{800} = 5,375.$$

Bei einem Faktor Arbeit in Höhe von 200 müsste der Kapitalstock in den drei Volkswirtschaften zusammen $5,375 \cdot 200 = 1075$ betragen; tatsächlich hat er aber nur den Wert 800.

Einen weiteren ökonomischen Anwendungsbereich findet das harmonische Mittel bei der Aggregation von Beziehungszahlen (vgl. Abschnitt 7.1) und bei der Konstruktion von bestimmten Indexzahlen (vgl. Abschnitt 7.2).

Bringt man Gleichung (4.13a) in die Form:

$$\bar{x}_H = \frac{1}{\dfrac{1}{n}\displaystyle\sum_{j=1}^{n}\dfrac{1}{x_j}} = \left(\frac{1}{n}\sum_{i=1}^{n}\frac{1}{x_j}\right)^{-1},$$

steht in der runden Klammer das arithmetische Mittel der reziproken Beobachtungen. Das harmonische Mittel ist daher gleich dem Kehrwert des arithmetischen Mittels der reziproken Beobachtungen. Aus diesem Zusammenhang folgt, dass

a) $\displaystyle\sum_{j=1}^{m}\left(\frac{1}{x_j} - \frac{1}{\bar{x}_H}\right) = 0$ gilt und

b) $\displaystyle\sum_{j=1}^{m}\left(\frac{1}{x_j} - \frac{1}{a}\right)^2$ für $a = \bar{x}_H$ ein Minimum annimmt.

Die Gültigkeit von a) und b) beweist man analog zu den entsprechenden Eigenschaften des geometrischen Mittels. Auch das harmonische Mittel erfüllt das Identitäts-, Inklusions- und Homogenitätsaxiom. Aus den gleichen Gründen wie beim geometrischen Mittel gilt das Translationsaxiom nur in abgewandelter Form. Multipliziert man alle Beobachtungen mit einem Faktor

$\lambda > 0$, folgt für das harmonische Mittel der transformierten Beobachtungen $z_j = \lambda x_j$:

$$\bar{z}_H = \frac{n}{\sum\limits_{j=1}^{n} \frac{1}{\lambda x_j}} = \frac{n}{\frac{1}{\lambda} \sum\limits_{j=1}^{n} \frac{1}{x_j}} = \lambda \frac{n}{\sum\limits_{j=1}^{n} \frac{1}{x_j}} = \lambda \bar{x}_H.$$

Das harmonische Mittel $\bar{z}_H$ ist somit das λ-fache von $\bar{x}_H$.

4.2.6   Die Klasse der Potenzmittel

Die in den drei vorangegangenen Abschnitten behandelten Lageparameter sind Spezialfälle einer Klasse von Mittelwerten, die durch das Potenzmittel gegeben wird. Das **Potenzmittel** der Ordnung α, symbolisiert mit $\bar{x}_{(\alpha)}$, ist für Einzelbeobachtungen und häufigkeitsverteilte Daten definiert als:

$$\bar{x}_{(\alpha)} = \sqrt[\alpha]{\frac{1}{n} \sum_{j=1}^{n} x_j^{\alpha}} \quad \text{bzw.:} \tag{4.14}$$

$$\bar{x}_{(\alpha)} = \sqrt[\alpha]{\frac{1}{n} \sum_{i=1}^{m} x_i^{\alpha} n_i} = \left(\sum_{i=1}^{m} x_i^{\alpha} h_i \right)^{\frac{1}{\alpha}}. \tag{4.15}$$

Das Potenzmittel kann nur bei metrisch skalierten Merkmalen herangezogen werden; damit es formal für jedes α gilt, müssen alle Beobachtungen positiv sein: $x_j > 0$.

Nach numerischer Spezifikation der Ordnung α resultieren ganz bestimmte Mittelwerte. Für $\alpha = -1$ erhält man das harmonische, für $\alpha = 1$ das arithmetische Mittel. Konvergiert α gegen null, geht das Potenzmittel in das geometrische Mittel über. Diese bereits bekannten Mittelwerte werden für $\alpha = 2$ durch das **quadratische Mittel**:

$$\bar{x}_{(2)} = \sqrt{\frac{1}{n} \sum_{j=1}^{n} x_j^2} \quad (4.16a) \qquad \text{bzw.} \quad \bar{x}_{(2)} = \left(\sum_{i=1}^{m} x_i^2 h_i \right)^{\frac{1}{2}} \quad (4.16b)$$

und für $\alpha = 3$ durch das **kubische Mittel**

$$\bar{x}_{(3)} = \sqrt[3]{\frac{1}{n} \sum_{j=1}^{n} x_j^3} \quad (4.17a) \qquad \text{bzw.} \quad \bar{x}_{(3)} = \left(\sum_{i=1}^{m} x_i^3 h_i \right)^{\frac{1}{3}} \quad (4.17b)$$

ergänzt.

Für einen vorgegebenen Datensatz mit mindestens zwei verschiedenen Beobachtungen ist das Potenzmittel eine Funktion seiner Ordnung α. Es lässt sich zeigen, dass $\bar{x}_{(\alpha)}$ mit α wächst: $d\bar{x}(\alpha)/d\alpha > 0$. Daher legt α die Größenordnung der verschiedenen Potenzmittel fest. Sind alle Beobachtungen positiv, gilt immer:

$$\bar{x}_H \leq \bar{x}_G \leq \bar{x} \leq \bar{x}_{(2)} \leq \bar{x}_{(3)},$$

wobei die Gleichheit der Mittel nur dann eintritt, wenn alle Beobachtungen übereinstimmen. In diesem Fall ist das Potenzmittel von der Ordnung α unabhängig. Für den Datensatz der Tabelle 3.5 betragen die fünf (gerundeten) Potenzmittel:

$$\bar{x}_H = 14,32 < \bar{x}_G = 14,44 < \bar{x} = 14,55 < \bar{x}_{(2)} = 14,66 < \bar{x}_{(3)} = 14,77.$$

Die Größenordnung der Potenzmittel wird in der Literatur auch als **Cauchy'sche Ungleichung** bezeichnet. Ihr kommt hauptsächlich theoretische Bedeutung zu, da bei den meisten Anwendungen bereits Merkmalsart und Skalierung bestimmte Lageparameter als ungeeignet ausschließen.

Übungsaufgaben zu 4.2

4.2.1   a) Berechnen Sie für die in Aufgabe 3.4.1 gegebene Häufigkeitsverteilung Modus, Median, arithmetisches, geometrisches und harmonisches Mittel! Vergleichen Sie die Ergebnisse!

   b) Ermitteln Sie für die klassierten Daten der Aufgabe 3.1.2c Modus, Median und arithmetisches Mittel!

4.2.2 Für 10 Beobachtungen beträgt das arithmetische Mittel $\bar{x} = 5$. Wie groß ist es, wenn eine elfte Beobachtung $x_{11} = 16$ hinzukommt?

4.2.3 Ein ICE soll die 300 km lange Strecke von A nach B mit einer Durchschnittsgeschwindigkeit von 120 km/h durchfahren.

    a) Wie lange dauert dann die Fahrt?

    b) Wegen Bauarbeiten kann ein 60 km langer Streckenabschnitt nur
    mit 80 km/h durchfahren werden. Mit welcher Geschwindigkeit
    muss der ICE auf der übrigen Strecke fahren, damit er die Durch-
    schnittsgeschwindigkeit einhält?

4.3   Streuungsparameter

Das Charakteristische eines Datensatzes bzw. seiner empirischen Verteilungs-
funktion wird mit der Angabe eines geeigneten Lageparameters nur zum
Teil erfasst. Ebenso bedeutsam ist die Kenntnis der Streuung der Daten.
Maßzahlen, die hierüber verdichtend Information liefern, heißen **Streuungsparameter** bzw. **Streuungsmaße**. Sie stellen eine wichtige Ergänzung zu
den Lageparametern dar. Ein Lageparameter gibt bei geringer Streuung der
Daten die Lage einer Verteilung besser als bei großer Streuung wieder. Da
Streuungsparameter notwendigerweise eine Abstandsmessung voraussetzen,
ist ihre Berechnung nur bei metrisch skalierten Merkmalen sinnvoll. Genau
wie Lageparameter müssen Maßzahlen der Streuung bestimmte Mindestanforderungen erfüllen, die wegen ihres fundamentalen Charakters die axiomatische Grundlage bilden. Auch für Streuungsparameter sollen nur die für eine
deskriptive Verwendung unerlässlichen Axiome vorgestellt werden, die — in
Analogie zu denen bei Lageparametern — jetzt lauten:

1. Haben in einem Datensatz alle Beobachtungen dieselbe Ausprägung c,
so streuen die Daten nicht **(Einpunktverteilung)** und der Streuungsparameter Θ_S soll den Wert null annehmen: $x_1 = x_2 = \ldots = x_n = c \Rightarrow$
$\Theta_S = 0$.

2. Sind in einem Datensatz mindestens zwei Beobachtungen verschieden, liegt Streuung vor und der Streuungsparameter ist von null verschieden. Da für die Streuung nur der Abstand der Beobachtungen zu einem geeigneten Bezugspunkt, nicht aber die Richtung der Abweichungen relevant ist, soll der Streuungsparameter einen positiven Wert annehmen:

$$\Theta_S > 0 \text{ für } x_i \neq x_j, i, j \in 1, \cdots, n.$$

3. Eine Verschiebung des gesamten Datensatzes auf der Merkmalsachse um $d \neq 0$ lässt die Abstände der Beobachtungen untereinander und damit auch ihre Streuung unverändert; der Streuungsparameter darf hierauf nicht reagieren, d.h. er muss von der Lage der Daten unabhängig sein:

$$\Theta_S(x_1 + d, \ldots, x_n + d) = \Theta_S(x_1, \ldots, x_n).$$

Man bezeichnet diese Eigenschaft als **Translationsinvarianz**.

4. Besitzen Datensätze die gleiche empirische Verteilungsfunktion, liegt auch gleiche Streuung vor. Der Streuungsparameter soll daher, genau wie ein Lageparameter, homogen vom Grade null in den absoluten Häufigkeiten sein.

Streuungsparameter können nach verschiedenen Konstruktionsprinzipien gebildet werden, die sich in der Art der Abstandsmessung unterscheiden. Die einfachste Möglichkeit liegt in der Abstandsmessung zweier ausgewählter Beobachtungen bzw. Merkmalsausprägungen. Diese Vorgehensweise lässt sich verallgemeinern, indem die Abstände aller Beobachtungen untereinander dem Streuungsparameter zugrunde liegen. Schließlich lassen sich die Abweichungen aller Beobachtungen von einer geeigneten Bezugsgröße heranziehen. Als geeignete Bezugsgröße bieten sich Lageparameter an.

Die auf diesen Konstruktionsprinzipien basierenden Maßzahlen stellen **absolute Streuungsparameter** dar. Häufig nimmt jedoch mit dem Niveau der Daten auch ihre Streuung zu. Um diesen Größeneffekt bei der Streuung zumindestens teilweise zu kompensieren, sind **relative Streuungsparameter** entwickelt worden. Diese entstehen nach Division eines absoluten Streuungsparameters durch einen geeigneten Lageparameter. Relative Streuungsparameter bezeichnet man auch als **Dispersionskoeffizienten**.

Bei nominal und ordinal skalierten Merkmalen ist eine Abstandsmessung nicht möglich; es existiert daher bei solchen Merkmalen keine Streuung im oben definierten Sinne. Um dennoch die Schwankungsbreite der Merkmalsausprägungen in einem Datensatz durch eine Maßzahl erfassen zu können, hat man in Anlehnung an die thermischen Eigenschaften von Stoffen **Entropie**orientierte Maßzahlen entwickelt.

4.3.1 Absolute Streuungsparameter

4.3.1.1 Spannweite, Quartilsabstand und Box-Plot

Die in diesem Abschnitt behandelten Streuungsparameter basieren auf dem ersten Konstruktionsprinzip. Die einfachste, aber auch rasch irreführende Maßzahl ist die **Spannweite** R, auch als **Range** oder **Variationsbreite** bezeichnet. Diese ist definiert als Differenz zwischen größtem und kleinstem Beobachtungswert des Datensatzes: $R = \max_j(x_j) - \min_j(x_j), j = 1, \ldots, n$. Liegt der Datensatz nach aufsteigender Größe geordnet vor, erhält man die Spannweite als: $R = x_{(n)} - x_{(1)}$. Bei klassierten Daten kann die Spannweite nur angenähert als $R = x'_K - x'_0$ berechnet werden, sofern die beiden Randklassen geschlossen und besetzt sind, d.h. $n_{k=1}$ und $n_{k=K}$ sind größer als null.

Die Spannweite ist ein recht grobes Streuungsmaß, das von möglicherweise fehlerhaften statistischen Ausreißern abhängt. Um deren Einfluss auszuschalten, verwendet man den **Quartilsabstand** Q, der als Differenz des dritten und ersten Quartils definiert ist: $Q = x_{0,75} - x_{0,25}$. Division des Quartilsabstands, auch **Interquartilsbreite** genannt, durch 2 ergibt den **mittleren Quartilsabstand (Semiquartilsabstand)**.

Die unterschiedliche Aussagekraft der Spannweite und des Quartilsabstands zeigt das folgende Beispiel. Die Ergebnisse einer Befragung von 2100 Haushalten nach dem monatlichen Nettohaushaltseinkommen gibt Tabelle 4.2 wieder. Die Spannweite beträgt für diese Daten 15000 EUR. Das für den

Tabelle 4.2:   Monatliches Nettohaushaltseinkommen in Essen

Einkommens- klassen (EUR)	n_k	h_k	$h_k^*(\cdot 10^5)$	H_k
(0 - 1500]	315	0,15	10	0,15
(1500 - 2500]	504	0,24	24	0,39
(2500 - 3500]	567	0,27	27	0,66
(3500 - 4500]	315	0,15	15	0,81
(4500 - 15000]	399	0,19	1,8	1,00
$\sum$	2100	1,00		

Quartilsabstand benötigte erste und dritte Quartil erhält man nach Gleichung (3.19) als:

$$x_{0,25} = 1500 + \frac{1}{0,00024}\,(0,25 - 0,15) = 1916,67 \ (\text{EUR}),$$

$$x_{0,75} = 3500 + \frac{1}{0,00015}\,(0,75 - 0,66) = 4100,00 \ (\text{EUR}).$$

Der Quartilsabstand ergibt sich hieraus als $Q = 2183{,}33$ (EUR). Der maximale Unterschied im monatlichen Nettohaushaltseinkommen wird von der Spannweite erfasst und beträgt 15000,00 EUR; die monatliche Nettoeinkommenshöhe der mittleren 50% der befragten Haushalte differiert gemäß des Quartilsabstands hingegen nur um höchstens 2183,33 EUR.

Die Information des Quartilsabstands lässt sich anhand eines **Box-Plots** (**Schachteldiagramm**) veranschaulichen. Zur Anfertigung eines Box - Plots benötigt man neben den drei Quartilen $x_{0,25}, x_{0,5}$ (Median) und $x_{0,75}$ noch den kleinsten und größten Beobachtungswert, die bei einem geordneten Datensatz durch $x_{(1)}$ und $x_{(n)}$ gegeben werden. Diese fünf Zahlen charakterisieren einen Datensatz derart, dass zwischen $x_{(1)}$ und $x_{0,25}$ sowie zwischen $x_{0,75}$ und $x_{(n)}$ jeweils mindestens 25% der Beobachtungen, zwischen $x_{0,25}$ und $x_{0,75}$ mindestens 50% aller Beobachtungen liegen. Der Median $x_{\text{Med}} = x_{0,5}$ kennzeichnet den Zentralwert. Dieses von Tukey vorgeschlagene 5-Zahlen-Schema wird als Box-Plot (Schachteldiagramm) wiedergegeben.

Abb. 4.2: Box–Plot

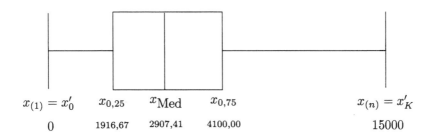

$$x_{(1)} = x_0' \qquad x_{0,25} \qquad x_{\text{Med}} \qquad x_{0,75} \qquad\qquad x_{(n)} = x_K'$$

$$0 \qquad\qquad 1916{,}67 \qquad 2907{,}41 \qquad 4100{,}00 \qquad\qquad 15000$$

Wie das 5-Zahlen-Schema für die Einkommensdaten (untere Zahlenreihe in Abbildung 4.1) verdeutlicht, sind die fünf Punkte nicht äquidistant; auch muss der Median nicht in der Mitte der Box liegen. Das Medianeinkommen von 2907,41 EUR ist kleiner als die Mitte der Box (3008,34 EUR).

Kommen in einem Datensatz statistische Ausreißer in beide Richtungen vor, verwendet man anstelle der Minimum- und Maximumgrenzen $x_{(1)}$ bzw. $x_{(n)}$ das 0,1- und 0,9-Quantil als äußere Punkte des Schachteldiagramms. Mit Box-Plots können verschiedene Datensätze übersichtlich verglichen werden.

Es liegt nahe, die Vorgehensweise, die zum Quartilsabstand führt, zu verallgemeinern. Man erhält dann die Klasse der **Quantilsabstände (Perzen-**

tilsabstände) Q_p : $Q_p = x_{1-p} - x_p$, mit $0 \leq p < 0,5$. Für $p = 0,25$ erhält man den Quartilsabstand, der sicherlich der gebräuchlichste Quantilsabstand ist; es sind aber auch andere Vorgaben möglich. Auch die Spannweite ergibt sich als Grenzfall aus dem Quantilsabstand für $p = 0$, wobei x_1 jetzt die größte und x_0 die kleinste Beobachtung kennzeichnen. Man bezeichnet die Spannweite daher auch als 100% Breite. Alle Quantile erfüllen die vier Streuungsaxiome.

4.3.1.2 Die mittlere Differenz

Eine Schwäche der Quantilsabstände liegt darin, dass die Streuung eines Datensatzes nur anhand zweier Beobachtungen oder Ausprägungen ermittelt wird. Den dadurch bedingten Informationsverlust vermeidet man, wenn die Abstände zwischen allen Beobachtungen herangezogen werden. Diese Abstände lassen sich übersichtlich tabellarisch ermitteln, wobei in Vorspalte und Kopfzeile alle (geordneten) Beobachtungen der Urliste eingetragen werden. Die Werte in den Feldern geben den Abstand zwischen den Beobachtungen $x_j, j = 1, \ldots, n$ in der Vorspalte und den Beobachtungen $x_s, s = 1, \ldots, n$ in der Kopfzeile wieder: $|x_j - x_s|$; sie bilden eine symmetrische Abstandsmatrix.

Tabelle 4.3: Abstandsmatrix

x_s \ x_j	x_1	x_2	$\cdots$	$\cdots$	x_n
x_1	0	$\lvert x_1 - x_2 \rvert \ \cdots$		$\cdots$	$\lvert x_1 - x_n \rvert$
x_2	$\lvert x_2 - x_1 \rvert$	0			$\vdots$
$\vdots$	$\vdots$	$\vdots$			$\vdots$
					$\lvert x_{n-1} - x_n \rvert$
x_n	$\lvert x_n - x_1 \rvert \ \cdots$		$\cdots$	$\cdots$	0

Die n Hauptdiagonalelemente, die den Wert null haben, stellen keine Abstände dar. Es sind deshalb nur $n^2 - n = n(n-1)$ Elemente zu addieren; wegen der Symmetrie kommt jeder von null verschiedene Abstand zweimal in der Matrix vor: $|x_j - x_s| = |x_s - x_j|$, $j \neq s$. Das arithmetische Mittel für diese Abstände liefert die **mittlere Differenz** s_Δ als Streuungsparameter:

$$s_\Delta = \frac{2}{n(n-1)} \sum_{j=1}^{n-1} \sum_{s=j+1}^{n} |x_j - x_s|. \tag{4.18}$$

Das Berechnen der Doppelsumme ist einfach, wenn man für jedes vorgegebene j die innere Summe berechnet und diese Teilsummen pro j addiert:

$$\sum_{j=1}^{n-1} \sum_{s=j+1}^{n} |x_j - x_s| = |x_1 - x_2| + |x_1 - x_3| + \cdots + |x_1 - x_n| \qquad (j=1)$$

$$+ |x_2 - x_3| + \cdots + |x_2 - x_n| \qquad (j=2)$$

$$\vdots$$

$$+ |x_{n-1} - x_n| \; (j = n-1).$$

Liegen die Daten als absolute Häufigkeitsverteilungen vor, berechnet man die mittlere Differenz als:

$$s_\Delta = \frac{2}{n(n-1)} \sum_{i=1}^{m-1} \sum_{r=i+1}^{m} |x_i - x_r| n_i n_r. \tag{4.19}$$

Als Beispiel wird die mittlere Differenz für folgende Häufigkeitsverteilung berechnet. Die Daten lauten:

x_i	31	34	35	39	41
n_i	1	2	3	2	1

Bei häufigkeitsverteilten Daten ist es rechenerleichternd, wenn in Vorspalte und Kopfzeile der Abstandsmatrix neben der Merkmalsausprägung noch ihre absolute Häufigkeit steht. Aus den vorliegenden Daten ergibt sich die Abstandsmatrix als:

Tabelle 4.4: Abstandsmatrix

X_i (n_i) \ X_r (n_r)	31 (1)	34 (2)	35 (3)	39 (2)	41 (1)
31 (1)	0	3	4	8	10
34 (2)	3	0	1	5	7
35 (3)	4	1	0	4	6
39 (2)	8	5	4	0	2
41 (1)	10	7	6	2	0

Die Doppelsumme in Gleichung (4.19) erhält man hier als:

$$\sum_{i=1}^{4}\sum_{r=i+1}^{5} = 3\cdot1\cdot2 + 4\cdot1\cdot3 + 8\cdot1\cdot2 + 10\cdot1\cdot1$$
$$+1\cdot2\cdot3 + 5\cdot2\cdot2 + 7\cdot2\cdot1$$
$$+4\cdot3\cdot2 + 6\cdot3\cdot1$$
$$+2\cdot2\cdot1 \quad = 130;$$

die mittlere Differenz beträgt daher: $s_\Delta = \frac{260}{72} = 3,611$.

Bei klassierten Daten kann die mittlere Differenz unter Bezug auf die arithmetischen Klassenmittel erstellt werden. Sind diese nicht bekannt, zieht man die Klassenmitten heran. Die Berechnung der mittleren Differenz erfolgt dann gemäß Gleichung (4.19), wobei jedoch jetzt die absoluten Klassenhäufigkeiten zu verwenden sind. Obwohl die mittlere Differenz die vier aufgestellten Streuungsaxiome erfüllt und sie als Streuungsmaß intuitiv plausibel ist, wird sie bei empirischen Untersuchungen selten herangezogen.

4.3.1.3 Durchschnittliche absolute Abweichung und Medianabweichung

Die Streuung eines Datensatzes lässt sich nach dem dritten Konstruktionsprinzip auch durch die Abweichungen aller Beobachtungen von einem beliebigen Bezugspunkt $a \in \mathbb{R}$ erfassen. Damit der Streuungsparameter hinsichtlich der Charakterisierung der Daten aussagefähig bleibt, sollte der Bezugspunkt a nicht nur innerhalb der Spannweite der Daten liegen, sondern einem Lageparameter entsprechen. Da positive Abweichungen von a genauso wie negative Abweichungen zur Streuung beitragen, ist bei der formalen Spezifikation des Streuungsparameters darauf zu achten, dass sie sich nicht gegenseitig kompensieren und dadurch die Streuung geringer als tatsächlich erscheinen lassen. Dieser unerwünschte Kompensationseffekt wird vermieden, wenn man die Abweichungen absolut misst: $|x_j - a|, a \in [x_{(1)}, x_{(n)}]$. Damit die Summe der absoluten Abweichungen nicht zwangsläufig mit der Anzahl der Beobachtungen steigt, dividiert man sie durch n. Das so gebildete Streuungsmaß heißt **durchschnittliche (mittlere) absolute Abweichung** und wird mit d_a bezeichnet. Bei Einzelbeobachtungen erhält man d_a als:

$$d_a = \frac{1}{n} \sum_{j=1}^{n} |x_j - a|. \qquad (4.20)$$

Liegen die Daten als Häufigkeitsverteilung vor, geht Gleichung (4.20) über in:

$$d_a = \frac{1}{n} \sum_{i=1}^{m} |x_i - a| n_i = \sum_{i=1}^{m} |x_i - a| h_i. \qquad (4.21)$$

Bei klassierten Daten fehlt meist die Information über die Verteilung der Beobachtungen innerhalb der Klassen. Ist jedoch das arithmetische Klassenmittel $\bar{x}_k$ bekannt, lässt sich d_a berechnen nach:

$$d_a = \frac{1}{n} \sum_{k=1}^{K} |\bar{x}_k - a| n_k = \sum_{k=1}^{K} |\bar{x}_k - a| h_k. \qquad (4.22\text{a})$$

Man erhält mit Gleichung (4.22a) denselben Wert für d_a, den man auch aus den Originaldaten ermittelt hätte. Ohne Kenntnis über $\bar{x}_k, k = 1, \ldots, K$

lässt sich die durchschnittliche absolute Abweichung der Originaldaten nach Substitution von $\bar{x}_k$ durch die Klassenmitte m_k nur approximativ berechnen:

$$\hat{d}_a = \frac{1}{n} \sum_{k=1}^{K} |m_k - a| n_k = \sum_{k=1}^{K} |m_k - a| h_k. \qquad (4.22b)$$

Der Approximationsfehler $(\hat{d}_a - d_a)$ fällt umso kleiner aus, je geringer m_k und $\bar{x}_k$ differieren.

Soll der Bezugspunkt a einem Lageparameter entsprechen, wählt man zweckmäßigerweise denjenigen aus, der die Summe der absoluten Abweichungen minimiert. Wie bereits gezeigt, besitzt der Median x_{Med} diese Eigenschaft. Die mittlere absolute Abweichung mit dem Median als Bezugspunkt bezeichnet man mit dem Akronym **MAD(x)**, das aus den Anfangsbuchstaben der englischen Bezeichnung für mittlere absolute Abweichung (mean absolute deviation) hervorgeht. Gleichung (4.20) lautet nun:

$$\text{MAD}(x) = \frac{1}{n} \sum_{j=1}^{n} |x_j - x_{\text{Med}}|.$$

Entsprechende Symboländerungen sind für $a = x_{\text{Med}}$ bei den Gleichungen (4.21), (4.22a) und (4.22b) vorzunehmen.

Als Beispiel soll für die in Tabelle 4.2 enthaltenen Daten die durchschnittliche absolute Abweichung, bezogen auf den Median, ermittelt werden. Da die Daten klassiert vorliegen und die arithmetischen Klassenmittel unbekannt sind, ist Formel (4.22b) heranzuziehen. Der Median für diese Daten beträgt x_{Med} =2907,41 EUR; zur Vereinfachung der Berechnung wird er auf volle EURO abgerundet. Die absoluten Abweichungen der fünf Klassenmitten vom Median betragen, mit der ersten Klasse beginnend: 2157, 907, 93, 1093 und 6843. Nach Multiplikation mit den entsprechenden relativen Häufigkeiten und Summation erhält man: MAD(x) = 2030,46 (EUR). Die durchschnittliche absolute Abweichung der Nettomonatseinkommen vom Medianeinkommen in Höhe von 2030,46 EUR ist jedoch wegen der Verwendung der Klassenmitten nur eine Approximation der unbekannten, durchschnittlichen absoluten Abweichung der Originaldaten. Bezieht man die durchschnittliche absolute Abweichung auf das approximierte arithmetische Mittel $\hat{\bar{x}} = 3855(\text{EUR})$ der in Tabelle 4.2 enthaltenen Daten, folgt: $\hat{d}_{\hat{\bar{x}}} = 2283,60(\text{EUR})$. Wie zu erwarten, ist dieser Wert größer als $\text{MAD}(x)$. Sollte bei der Verwendung von Klassenmitten vorkommen, dass gilt: $\hat{d}_{\hat{\bar{x}}} \leq \text{MAD}(x)$, ist dies kein Widerspruch zur Minimierungseigenschaft von x_{Med}, sondern resultiert aus der Approximation der unbekannten arithmetischen Klassenmittel durch die Klassenmitten.

Eine weitere Möglichkeit zur Entwicklung eines Streuungsparameters, der die Information aller Daten nutzt, besteht darin, für die einzelnen absoluten Abweichungen $a_j = |x_j - a|, j = 1, \dots, n$ nicht ihren Durchschnitt, sondern ihren Median, die sogenannte **Medianabweichung** zu berechnen. Sie stellt den Wert dar, für den gilt, dass mindestens 50% aller absoluten Abweichungen genau so groß oder kleiner und dass mindestens 50% genau so groß oder größer sind. Die bereits entwickelten Formeln und Fallunterscheidungen zur Berechnung des Medians finden auch hier Anwendung.

Die Medianabweichung lässt sich für jedes $a \in \mathbb{R}$ berechnen. Für $a = x_{\text{Med}}$ wurden die Abweichungen der Beobachtungen der Tabelle 4.2 bereits oben erstellt; deshalb soll hierfür die Medianabweichung ermittelt werden. Wegen der Klassierung der Daten kommen die fünf absoluten Abweichungen der Klassenmitten vom Median mit den ihnen entsprechenden Klassenhäufigkeiten vor. Ordnen der Daten liefert die in Tabelle 4.5 wiedergegebene relative Häufigkeitsverteilung der absoluten Abweichungen. Die Berechnung der Medianabweichung erfolgt aus dieser Tabelle nach Gleichung (3.17); sie beträgt $a_{\text{Med}} =907,00$ EUR. Der beträchtliche Unterschied zwischen der durchschnittlichen absoluten Abweichung vom Median (2030,46 EUR) und der Medianabweichung (907,00 EUR) liegt — wie bereits ausgeführt — daran, dass der Median das Ausmaß der Abweichungen nicht erfasst.

Tabelle 4.5: Häufigkeitsverteilung der absoluten Abweichungen

a_i	$n_i \, (= n_k)$	$H(a_i)$
93	567	0,27
907	504	0,51
1093	315	0,66
2157	315	0,81
6843	399	1,00
	2100	

Dieses Beispiel zeigt nachdrücklich die Notwendigkeit fundierter statistischer Kenntnisse bei der Auswertung und Interpretation empirischer Ergebnisse. Auch die hier vorgestellten Streuungsmaße erfüllen die aufgestellte Axiomatik.

4.3.1.4 Durchschnittliche quadratische Abweichung, Varianz und Standardabweichung

Eine weitere Möglichkeit, die unerwünschte Kompensation positiver und negativer Abweichungen von einer Zahl a bei der Summation zu vermeiden, besteht darin, die Differenz $(x_j - a)$ mit einer geraden natürlichen Zahl zu potenzieren. Um den Einfluss großer Abweichungen auf die Streuung nicht noch durch den Exponenten zu verstärken, werden die Abweichungen nur quadriert. Substituiert man in den Formeln für die durchschnittliche absolute Abweichung die Summe der Abweichungsbeträge durch die Summe der quadrierten Abweichungen, erhält man die **durchschnittliche quadratische Abweichung** s_a^2. Für sie gelten dieselben Anmerkungen wie für die durchschnittliche absolute Abweichung, da sich beide Konzepte nur in der mathematischen Behandlung der Abweichungen unterscheiden. Soll a einem Lageparameter entsprechen, wählt man wegen seiner Minimierungseigenschaft bei Summen quadrierter Abweichungen das arithmetische Mittel $\bar{x}$. Die durchschnittliche quadratische Abweichung mit $a = \bar{x}$ heißt **Varianz** und wird mit s^2 bezeichnet. Für Einzelbeobachtungen bzw. häufigkeitsverteilte Daten ist sie definiert als:

$$s^2 = \frac{1}{n} \sum_{j=1}^{n} (x_j - \bar{x})^2 \quad \text{bzw.:} \tag{4.23}$$

$$s^2 = \frac{1}{n} \sum_{i=1}^{m} (x_i - \bar{x})^2 n_i = \sum_{i=1}^{m} (x_i - \bar{x})^2 h_i. \tag{4.24}$$

Das Ausmaß, um das die durchschnittliche quadratische Abweichung s_a^2 für $a \neq \bar{x}$ die Varianz s^2 übertrifft, zeigt folgende Umformung, nachdem in der Gleichung für s_a^2 eine Nullergänzung der Form $(\bar{x} - \bar{x})$ vorgenommen wurde:

$$s_a^2 = \frac{1}{n} \sum_{j=1}^{n} (x_j - a)^2 = \frac{1}{n} \sum_{j=1}^{n} [(x_j - \bar{x}) + (\bar{x} - a)]^2$$

$$= \frac{1}{n} \sum_{j=1}^{n} (x_j - \bar{x})^2 + \frac{2}{n} (\bar{x} - a) \sum_{j=1}^{n} (x_j - \bar{x}) + \frac{1}{n} \sum_{j=1}^{n} (\bar{x} - a)^2.$$

In der zweiten Zeile stellt der erste Summand die Varianz s^2 dar. Der zweite Summand ist null, da wegen der Schwerpunkteigenschaft von $\bar{x}$ gilt: $\sum_{j=1}^{n} (x_j - \bar{x}) = 0$. Da schließlich $(\bar{x} - a)^2$ bei der Summation über $j = 1, \ldots, n$ eine Konstante darstellt, hat der dritte Summand den Wert $(\bar{x} - a)^2$. Damit ergibt sich s_a^2 als:

$$s_a^2 = s^2 + (\bar{x} - a)^2. \tag{4.25}$$

Die durchschnittliche quadratische Abweichung ist um $(\bar{x} - a)^2$ größer als die Varianz; s_a^2 ist offensichtlich für $a = \bar{x}$ minimal und entspricht dann s^2. Dies verdeutlicht nochmals die Minimierungseigenschaft des arithmetischen Mittels.

Löst man Gleichung (4.25) nach s^2 auf, ergibt sich für beliebiges $a \in \mathbb{R}$ die Varianz als:

$$s^2 = s_a^2 - (\bar{x} - a)^2 = \frac{1}{n} \sum_{j=1}^{n} (x_j - a)^2 - (\bar{x} - a)^2. \tag{4.26}$$

Gleichung (4.26) heißt **allgemeiner Verschiebungssatz**. Für $a = 0$ folgt der **spezielle Verschiebungssatz**, der in vielen Fällen eine einfachere Berechnung der Varianz als über die Definitionsgleichung (4.23) ermöglicht:

$$s^2 = s_0^2 - \bar{x}^2 = \frac{1}{n} \sum_{j=1}^{n} x_j^2 - \bar{x}^2. \tag{4.27}$$

Der allgemeine und spezielle Verschiebungssatz gelten für häufigkeitsverteilte Daten analog. Der spezielle Verschiebungssatz (a=0) lautet hier:

$$s^2 = \frac{1}{n} \sum_{i=1}^{m} x_i^2 n_i - \bar{x}^2 = \sum_{i=1}^{m} x_i^2 h_i - \bar{x}^2. \tag{4.28}$$

Mit den Formeln (4.27) und (4.28) erhält man die exakte Varianz der Daten der Urliste. Hat man jedoch klassierte Beobachtungen und ist ein Rückgriff auf die Originaldaten nicht möglich, kann die Varianz nur über die arithmetischen Klassenmittel oder Klassenmitten berechnet werden. Bezeichnen s_K^2 die Varianz bei bekannten und $\hat{s}_K^2$ die bei unbekannten arithmetischen Klassenmitteln, lauten die Formeln:

$$s_K^2 = \frac{1}{n} \sum_{k=1}^{K} (\bar{x}_k - \bar{x})^2 n_k = \sum_{k=1}^{K} (\bar{x}_k - \bar{x})^2 h_k \quad \text{bzw.} \tag{4.29}$$

$$\hat{s}_K^2 = \frac{1}{n} \sum_{k=1}^{K} (m_k - \bar{x})^2 n_k = \sum_{k=1}^{K} (m_k - \bar{x})^2 h_k. \tag{4.30}$$

Mit dem speziellen Verschiebungssatz gehen die beiden Gleichungen in rechenfreundlichere Formeln über:

$$s_K^2 = \frac{1}{n} \sum_{k=1}^{K} \bar{x}_k^2 n_k - \bar{x}^2 = \sum_{k=1}^{K} \bar{x}_k^2 h_k - \bar{x}^2 \quad , \text{bzw.} \tag{4.31}$$

$$\hat{s}_K^2 = \frac{1}{n} \sum_{k=1}^{K} m_k^2 n_k - \hat{\bar{x}}^2 = \sum_{k=1}^{K} m_k^2 h_k - \hat{\bar{x}}^2. \tag{4.32}$$

Sofern die Daten in mindestens einer Klasse streuen, ist die nach Gleichung (4.31) ermittelte Varianz immer kleiner als die Varianz der Originalreihe, da die Streuung innerhalb der Klassen unberücksichtigt bleibt: $s_K^2 < s^2$. Bei Verwendung der Klassenmitten m_k bleibt zwar die Streuung innerhalb der

Klassen ebenfalls unberücksichtigt, jedoch wird mit Gleichung (4.32) die Varianz der Urliste meist dann zu groß ausgewiesen, wenn die Daten innerhalb der Klassen sehr asymmetrisch zur Klassenmitte verteilt sind. Bei gleichen Klassenbreiten $\Delta_k = \Delta$ für $k = 1, \ldots, K$ lässt sich die „Überschätzung" der Varianz der Urliste mit der **Sheppard-Korrektur** kompensieren. Anstelle der zu großen Varianz $\hat{s}_K^2$ verwendet man die **korrigierte Varianz** $(\hat{s}_K^*)^2$:

$$(\hat{s}_K^*)^2 = \hat{s}_K^2 - \frac{\Delta^2}{12}. \tag{4.33}$$

Ist ein Datensatz in K Klassen unterteilt mit bekannten Klassenmitteln $\bar{x}_k$, Klassenvarianzen s_k^2 und absoluten Klassenhäufigkeiten n_k, erhält man die Varianz des gesamten Datensatzes als:

$$s^2 = \frac{1}{n} \sum_{k=1}^{K} s_k^2 n_k + \frac{1}{n} \sum_{k=1}^{K} (\bar{x}_k - \bar{x})^2 n_k. \tag{4.34}$$

Gleichung (4.34) lässt sich mit dem Verschiebungssatz beweisen. Bezeichnet man die Beobachtungen der k-ten Klasse mit $x_{kj}, j = 1, \ldots, n_k$ und ihr arithmetisches Mittel mit $\bar{x}_k$, erhält man die Varianz der k-ten Klasse nach dem Verschiebungssatz (4.28) für $a = \bar{x}$ als:

$$s_k^2 = \frac{1}{n_k} \sum_{j=1}^{n_k} (x_{kj} - \bar{x})^2 - (\bar{x}_k - \bar{x})^2.$$

Daraus folgt für $\sum_{j=1}^{n_k} (x_{kj} - \bar{x})^2$:

$$\sum_{j=1}^{n_k} (x_{kj} - \bar{x})^2 = s_k^2 n_k + (\bar{x}_k - \bar{x})^2 n_k.$$

Summation über k, $k = 1, \ldots, K$ ergibt die Summe der quadrierten Abweichungen aller Beobachtungen vom arithmetischen Mittel $\bar{x}$ des gesamten Datensatzes:

$$\sum_{k=1}^{K} \sum_{j=1}^{n_k} (x_{kj} - \bar{x})^2 = \sum_{j=1}^{n} (x_j - \bar{x})^2 = \sum_{k=1}^{K} s_k^2 n_k + \sum_{k=1}^{K} (\bar{x}_k - \bar{x})^2 n_k.$$

Division durch $n = \sum_{k=1}^{K} n_k$ liefert die Varianz des gesamten Datensatzes gemäß Gleichung (4.34):

$$s^2 = \frac{1}{n} \sum_{k=1}^{K} \sum_{j=1}^{n_k} (x_{kj} - \bar{x})^2 = \frac{1}{n} \sum_{k=1}^{K} s_k^2 n_k + \frac{1}{n} \sum_{k=1}^{K} (\bar{x}_k - \bar{x})^2 n_k.$$

Gleichung (4.34) wird als **Streuungszerlegungssatz** bezeichnet. Er zerlegt die Gesamtvarianz s^2 in die Varianz innerhalb der Klassen (**interne Varianz** s_{int}^2) und in die Varianz zwischen den Klassen (**externe Varianz** s_{ex}^2):

$$s_{\mathrm{int}}^2 = \frac{1}{n} \sum_{k=1}^{K} s_k^2 n_k = \sum_{k=1}^{K} s_k^2 h_k \quad , \text{ und} \tag{4.35}$$

$$s_{\mathrm{ex}}^2 = \frac{1}{n} \sum_{k=1}^{K} (\bar{x}_k - \bar{x})^2 n_k = \sum_{k=1}^{K} (\bar{x}_k - \bar{x})^2 h_k. \tag{4.36}$$

Die interne Varianz ergibt sich als gewogenes arithmetisches Mittel der K Klassenvarianzen; die externe Varianz entspricht nach Auflösung des Quadrats der Varianz gemäß Gleichung (4.31). Es gilt:

$$s_{\mathrm{ex}}^2 = \sum_{k=1}^{K} (\bar{x}_k - \bar{x})(\bar{x}_k - \bar{x}) h_k = \sum_{k=1}^{K} \bar{x}_k (\bar{x}_k - \bar{x}) h_k - \bar{x} \sum_{k=1}^{K} (\bar{x}_k - \bar{x}) h_k.$$

Der letzte Summand verschwindet:

$$\sum_{k=1}^{K} (\bar{x}_k - \bar{x}) h_k = \sum_{k=1}^{K} \bar{x}_k h_k - \bar{x} \sum_{k=1}^{K} h_k = \bar{x} - \bar{x} = 0 \,,$$

weil $\sum_{k=1}^{K} \bar{x}_k h_k = \bar{x}$ (vgl. Gleichung (4.6)) und $\sum_{k=1}^{K} h_k = 1$. Damit lässt sich die externe Varianz in der Form (4.31) angeben:

$$s_{\mathrm{ex}}^2 = \sum_{k=1}^{K} \bar{x}_k^2 h_k - \bar{x} \sum_{k=1}^{K} \bar{x}_k h_k = \sum_{k=1}^{K} \bar{x}_k^2 h_k - \bar{x}^2.$$

Sie stellt somit diejenige Varianz dar, die sich für klassierte Daten ergibt. Da die interne Varianz größer oder gleich null ist, folgt aus dem Streuungszerlegungssatz, dass die Varianz für klassierte Daten – wie bereits erwähnt – im Allgemeinen kleiner als die tatsächliche Varianz der Urliste ausfällt.

Die Varianzformel (4.34) kommt auch zur Anwendung, wenn anstelle der Klassen K disjunkte statistische Massen für dasselbe Merkmal vorliegen und die Varianz der gesamten Masse $M = M_1 \cup M_2 \cup \ldots \cup M_K$ berechnet werden soll.

Das folgende Beispiel verdeutlicht die verschiedenen Varianzberechnungsmöglichkeiten. Bei einer Statistikklausur, an der 50 Studierende teilnahmen, wurden die in Tabelle 4.6 wiedergegebenen Punkte erzielt. Die zweite Spalte gibt die Punkteklassen für die Noten an, die dritte Spalte enthält die erreichten Punkte, die vierte Spalte die absoluten Häufigkeiten und die fünfte Spalte die Klassenhäufigkeiten. Für die Originaldaten betragen das arith-

Tabelle 4.6: Klausurergebnis in Statistik

k	Klasse	Punkte	Anzahl	n_k	$\bar{x}_k$	s_k^2	m_k
1	$(0\text{--}25]$	15	5	15	19	8,8	12,5
		20	4				
		21	4				
		23	2				
2	$(25\text{--}31]$	27	8	12	28	$2,1\bar{6}$	28
		29	1				
		30	2				
		31	1				
3	$(31\text{--}37]$	33	2	10	36	2,4	34
		36	2				
		37	6				
4	$(37\text{--}43]$	38	3	8	40	3	40
		40	2				
		42	3				
5	$(43\text{--}49]$	46	3	5	47	1,6	46
		48	1				
		49	1				

metische Mittel und die Varianz: $\bar{x} = \frac{1536}{50} = 30,72$ und $s^2 = 93,1216$.
Liegen die Originaldaten, d.h. die Spalten (3) und (4), nicht vor, wohl aber
$n_k, \bar{x}_k$ und s_k^2, kann die Varianz nach Gleichung (4.34) berechnet werden;
sie stimmt mit der Varianz der Originaldaten überein und ergibt sich als
Summe aus interner und externer Varianz. Die interne Varianz beträgt:
$s_{\text{int}}^2 = 213,\bar{9}/50 = 4,27999 \approx 4,28$, die externe Varianz hat den Wert:
$s_{\text{ex}}^2 = 4442,0798/50 = 88,841596 \approx 88,8416$. Die Summe beider Varianzen
stellt die Gesamtvarianz s^2 dar: $s^2 = 4,28 + 88,8416 = 93,1216$. In diesem
Beispiel entsteht die Gesamtvarianz zu 4,6% (4,28 : 93,1216) durch die interne und zu 95,4% (88,841596 : 93,1216) durch die externe Varianz. Sind die
Klassenvarianzen nicht gegeben, wohl aber die Klassenmittel $\bar{x}_k$, lässt sich
die Varianz der klassierten Daten nach Gleichung (4.31) bestimmen, die der
externen Varianz entspricht. Man sieht, dass mit dieser Berechnung die Varianz der Originaldaten wegen der Vernachlässigung der internen Varianz zu
klein ausfällt: 88,8416 statt 93,1216. Sind schließlich auch die Klassenmittel
unbekannt, muss die Varianz nach Gleichung (4.32) berechnet werden. Wegen
der Verwendung der Klassenmitten erhält man jetzt nur eine Approximation für die externe Varianz; sie beträgt hier: $\hat{s}_k^2 = 7032,23/50 = 140,6446$.
Die asymmetrische Verteilung der Daten innerhalb der Klassen — insbesondere in der ersten Klasse — führt dazu, dass $\hat{s}_k^2$ größer als die Varianz der
Originaldaten ist. Da keine äquidistante Klasseneinteilung vorliegt, ist die
Sheppard-Korrektur nicht angebracht.

Die Varianzen zweier Datensätze stehen in einer festen Beziehung, wenn
die Daten y_j des einen durch eine Lineartransformation aus den Daten x_j
des anderen Datensatzes hervorgehen: $y_j = \alpha + \beta x_j, j = 1, \ldots; n$. Aus:

$$s_y^2 = \frac{1}{n} \sum_{j=1}^{n} (y_j - \bar{y})^2 = \frac{1}{n} \sum_{j=1}^{n} (\alpha + \beta x_j - \alpha - \beta \bar{x})^2 = \beta^2 \frac{1}{n} \sum_{j=1}^{n} (x_j - \bar{x})^2$$

folgt:

$$s_y^2 = \beta^2 s_x^2, \ s_{y(x)}^2 : \text{Varianz der Beobachtungen } y_j(x_j). \tag{4.37}$$

Die Varianz s_y^2 nimmt mit dem Quadrat des Skalenfaktors β zu; der Verschiebungsparameter α hingegen übt keinen Einfluss auf sie aus: Die Varianz ist also translationsinvariant.

Für $\alpha = -\frac{\bar{x}}{s_x}$ und $\beta = \frac{1}{s_x}$ mit $s_x = \sqrt{s_x^2}$ resultiert die Lineartransformation $y_j = -\frac{\bar{x}}{s_x} + \frac{1}{s_x}x_j = \frac{x_j - \bar{x}}{s_x}$. Als arithmetisches Mittel $\bar{y}$ und Varianz s_y^2 erhält man jetzt: $\bar{y} = -\frac{\bar{x}}{s_x} + \frac{\bar{x}}{s_x} = 0$ und nach Gleichung (4.37): $s_y^2 = \frac{s_x^2}{s_x^2} = 1$. Diese Transformation nennt man **empirische Standardisierung**. Wegen $\bar{y} = 0$ zentriert sie die Beobachtungen um den Nullpunkt, und wegen $s_y^2 = 1$ normiert sie die Beobachtungen auf eine Varianz mit dem Wert 1.

Die Varianz erfüllt die aufgestellte Axiomatik; das dritte Axiom folgt unmittelbar aus ihrer Translationsinvarianzeigenschaft. Sie kann als Streuungsparameter jedoch insofern nicht ganz überzeugen, weil sie wegen des Quadrierens eine andere Dimension als das betrachtete Merkmal besitzt. Diesen Nachteil beseitigt man, indem die positive Wurzel aus der Varianz gezogen wird. Die Wurzel heißt **Standardabweichung** und wird mit s bezeichnet: $s = \sqrt{s^2}$; sie besitzt dieselbe Dimension wie das betrachtete Merkmal.

4.3.2 Relative Streuungsparameter

Relative Streuungsparameter sind definiert als Quotient eines absoluten Streuungsparameters Θ_S zu einem geeigneten Lageparameter $\Theta_L > 0$, wobei beide Parameter dieselbe Dimension besitzen müssen. Ein relatives Streuungsmaß hat daher selbst keine Dimension. Relative Streuungsparameter eignen sich zum Vergleich der Streuung von

a) Merkmalen mit verschiedenen Dimensionen, wie z.B. bei Körpergröße und Gewicht,

b) Merkmalen, die sich in ihrer Messeinheit unterscheiden, wie z.B. der in EUR oder in Mio. EUR gemessene Umsatz einer Unternehmung oder die Einkommensverteilung bestimmter Volkswirtschaften mit unterschiedlichen Währungen,

c) Datensätzen, deren Messniveau und damit auch ihre Lageparameter stark differieren, wie das z.B. bei Inlandsprodukts- und Zinssatzdaten der Fall ist.

Die gebräuchlichsten relativen Streuungsparameter sind der **relative Quartilsabstand**, auch **Quartilsdispersionskoeffizient** genannt, die **relative durchschnittliche absolute Abweichung** und der **Variationskoeffizient**. Den **relativen Quartilsabstand** Q_{rel} erhält man nach Division des Quartilsabstands Q durch einen geeigneten Lageparameter. Ein geeigneter Lageparameter ist der Median, aber auch das arithmetische Mittel aus erstem und drittem Quartil: $\frac{1}{2}(x_{0,25} + x_{0,75})$. Dies führt zu den beiden Definitionsgleichungen:

$$Q_{\mathrm{rel}} = \frac{Q}{x_{\mathrm{Med}}} \quad (4.38\mathrm{a}) \quad \text{und} \quad Q_{\mathrm{rel}} = \frac{2Q}{x_{0.25} + x_{0.75}} \quad . \qquad (4.38\mathrm{b})$$

Der relative Quartilsabstand wird vom Statistischen Bundesamt beim Vergleich der Streuung der Preise unterschiedlicher Gebrauchsgüter verwendet.

Bei der Definition der **relativen durchschnittlichen absoluten Abweichung** v_d sollten sich Lageparameter und Bezugspunkt bei der Abweichungsmessung entsprechen. Wird wegen seiner Minimierungseigenschaft der Median gewählt, ist v_d definiert als:

$$v_d = \frac{\mathrm{MAD}(x)}{x_{\mathrm{Med}}} \quad . \qquad (4.39)$$

Der **Variationskoeffizient** v beruht auf der Standardabweichung. Aus denselben Gründen wie bei der relativen durchschnittlichen absoluten Abweichung wählt man jetzt als geeigneten Lageparameter das arithmetische Mittel $\bar{x}$. Die Definitionsgleichung des Variationskoeffizienten lautet:

$$v = \frac{s}{\bar{x}} \quad . \qquad (4.40)$$

Obwohl von der Sachlogik alle relativen Streuungsparameter nur bei positiven Lageparametern aussagekräftig sind, kann in begründeten Ausnahmen bei negativen Lageparametern der Betrag genommen werden.

4.3.3 Entropie-orientierte Streuungsparameter

Bei nominal und ordinal skalierten Merkmalen haben Abstandsmessungen keine Aussagekraft; es existiert daher für solche Merkmale keine Streuung im oben definierten Sinne. Gleichwohl zeigen die Beobachtungen solcher Merkmale eine gewisse Schwankungsbreite, die mit einem Parameter zu erfassen sinnvoll wäre. So ist für eine Unternehmung, die z.B. ein Produkt in zahlreichen Farbabstufungen vertreibt, eine kompakte Information über die Aufteilung des Absatzes auf die einzelnen Farbstufen für die zukünftige Produktgestaltung sinnvoll. Unter Streuung versteht man bei nicht metrischen Merkmalen die Schwankungsbreite der Beobachtungen. Um diese parametrisch zu erfassen, muss eine axiomatische Grundlage geschaffen werden. Offensichtlich liegt keine Schwankung vor, wenn alle Beobachtungen übereinstimmen. Das Schwankungsmaß soll dann den Wert null haben; sind mindestens zwei Beobachtungen verschieden, nimmt es einen positiven Wert an. Da die Abstände der Merkmalsausprägungen bedeutungslos sind, wird die größte Schwankungsbreite erreicht, wenn alle Merkmalsausprägungen gleich häufig in der Urliste vorkommen, die Beobachtungen also eine **äquifrequente Verteilung** aufweisen. Das Schwankungsmaß soll dann seinen maximalen Wert annehmen. Es ist intuitiv plausibel, dass das Maximum mit der Anzahl der Merkmalsausprägungen im Datensatz, nicht aber notwendigerweise mit der Anzahl der Beobachtungen wachsen soll. Ein Schwankungsmaß mit diesen Eigenschaften lässt sich in Anlehnung an das physikalische Konzept der **Entropie** entwickeln, mit der bestimmte thermische Eigenschaften von Stoffen erfasst werden. Gewichtet man jede relative Häufigkeit eines Datensatzes mit ihrem natürlichen Logarithmus, der mit ln abgekürzt wird, erhält man

Produkte der Form $h_i \ln h_i$, die wegen $0 < h_i \leq 1, i = 1, \ldots, n$ jedoch nicht positiv sind. Nach Multiplikation mit -1 gilt: $-h_i \ln h_i \geq 0$. Die **Entropie** E ist definiert als die Summe dieser Produkte:

$$E = -\sum_{i=1}^{m} h_i \ln h_i \geq 0 \quad . \tag{4.41}$$

Sie ergibt sich also als Betrag des gewogenen arithmetischen Mittels der logarithmierten relativen Häufigkeiten. Ersetzt man h_i durch $\frac{n_i}{n}$, lässt sich Gleichung (4.41) umformen:

$$E = -\sum_{i=1}^{m} h_i(\ln n_i - \ln n) = -(\sum_{i=1}^{m} h_i \ln n_i - \ln n \sum_{i=1}^{n} h_i), \text{ oder:}$$

$$E = \ln n - \frac{1}{n} \sum_{i=1}^{m} n_i \ln n_i. \tag{4.42}$$

Haben alle Beobachtungen denselben Wert, muss für ein festes i gelten: $n_i = n$ bzw. $h_i = 1$, während die übrigen (absoluten bzw. relativen) Häufigkeiten null sind. Aus Gleichung (4.41) folgt für $h_i = 1$ unmittelbar: $E = 0$. Sind alle Häufigkeiten gleich: $n_i = \frac{n}{m}$ bzw. $h_i = \frac{1}{m}$, liegt eine äquifrequente Verteilung vor und die Entropie müsste maximal sein. Dies zeigt man, indem für E die Bedingung eines Maximums unter Beachtung der Restriktion, dass die Summe der relativen Häufigkeiten eins sein muss, abgeleitet wird. Die zu maximierende Funktion ist Gleichung (4.41), die Restriktion lautet $\sum_{i=1}^{m} h_i = 1$; somit erhält man nach der **Lagrange-Multiplikatormethode** die Lagrange-Funktion L als:

$$L = -\sum_{i=1}^{m} h_i \ln h_i + \lambda(\sum_{i=1}^{m} h_i - 1) \rightarrow \max_{h_i, \lambda}!$$

Die partiellen Ableitungen von L nach h_i und λ lauten:

$$\frac{\partial L}{\partial h_i} = -(\ln h_i + 1) + \lambda = 0 \quad \text{für } i = 1, \ldots, m,$$

$$\frac{\partial L}{\partial \lambda} = \sum_{i=1}^{m} h_i - 1 = 0 \quad .$$

Löst man die ersten m partiellen Ableitungen nach λ auf, folgt:

$$\lambda = \ln h_1 + 1, \ \lambda = \ln h_2 + 1, \ldots, \lambda = \ln h_m + 1,$$

d.h. es müssen alle relativen Häufigkeiten $h_i, i = 1, \ldots, m$ übereinstimmen. Da wegen der partiellen Ableitung nach λ die Summe der relativen Häufigkeiten gleich eins sein muss, resultiert $h_i^* = \frac{1}{m}$. Nach der Bedingung zweiter Ordnung, die hier nicht aufgestellt werden soll, ist mit $h_i^* = \frac{1}{m}$ für $i = 1, \ldots, m$ ein Maximum gefunden. Der maximale Wert der Entropie E ergibt sich für $h_i^* = \frac{1}{m}$ aus Gleichung (4.41) als:

$$E(h_i^*) = -\sum_{i=1}^{m} \frac{1}{m} \ln \frac{1}{m} = -\ln \frac{1}{m} = \ln m.$$

Wie axiomatisch gefordert, nimmt die Entropie mit der Anzahl m der Merkmalsausprägungen zu. Wegen dieser Abhängigkeit geht sie nach Division durch die logarithmierte Anzahl der Merkmalsausprägungen eines Datensatzes in einen relativen Schwankungsparameter über, der zudem noch auf das abgeschlossene Intervall [0,1] normiert ist. Als **relative Entropie** E_{rel} erhält man:

$$E_{rel} = \frac{E}{\ln m}. \tag{4.43}$$

Die Entropie kann auch mit Logarithmen zu anderen Basen definiert werden. Wegen ihrer Verbreitung in der Nachrichtentechnik und der dort üblichen (0,1)-Kodierung verwendet man häufig den Logarithmus zur Basis 2, der **logarithmus dualis** heißt und mit ld symbolisiert wird.

Abschließend soll die Berechnung der Entropie anhand einer Arbeitstabelle gezeigt werden. Die sechs Ausprägungen eines nominal skalierten Merkmals liegen mit den in Spalte 2 der Tabelle 4.7 enthaltenen relativen Häufigkeiten vor. Die zur Ermittlung der Entropie notwendigen Rechenschritte sind in den Spalten 3 und 4 angegeben. Die Entropie beträgt $E = 1{,}7125$. Um diesen Wert angemessen interpretieren zu können, ist die maximale Entropie heranzuziehen, die sich bei vollkommener Gleichverteilung der Daten einstellen würde. Sie beträgt hier: $E_{\max} = \ln 6 = 1{,}7918$. Da E kaum kleiner als

Tabelle 4.7: Arbeitstabelle zur Entropie

x_i	h_i	$\ln h_i$	$h_i \ln h_i$
1	0,2	-1,6094	- 0,3218
2	0,16	-1,8326	-0,2932
3	0,08	-2,5257	-0,2021
4	0,28	-1,2730	-0,3564
5	0,18	-1,7148	-0,3087
6	0,1	-2,3026	-0,2303
	1,0		-1,7125

E_{max} ist, sind die Beobachtungen annähernd gleich auf die sechs Merkmals-ausprägungen verteilt. Dieser Schluss ist mit der relativen Entropie schneller zu ziehen. Bei Gleichverteilung gilt: $E_{rel} = 1$; die vorliegenden Daten führen zu einer relativen Entropie in Höhe von: $E_{rel} = 1,7125/1,7918 = 0,9557$. Die Beobachtungen weisen eine große Schwankungsbreite auf, die annähernd derjenigen bei Gleichverteilung entspricht.

Übungsaufgaben zu 4.3

4.3.1 Ermitteln Sie für die klassierten Daten der Aufgabe 3.1.1c die mittlere Differenz, die durchschnittliche absolute Abweichung für $a = \bar{x}$ und die Varianz! Erstellen Sie den Box-Plot!

4.3.2 Berechnen Sie für die in Aufgabe 3.4.1 gegebene Häufigkeitsvertei-lung Spannweite, Semiquartilsabstand, durchschnittliche absolute Ab-weichung mit $a = \bar{x}$, MAD(x), die Medianabweichung mit $a = x_{Med}$, die durchschnittliche quadratische Abweichung mit $a = x_{Med}$, die Stan-dardabweichung und den Variationskoeffizienten!

4.3.3 Beweisen Sie, dass die durchschnittliche absolute Abweichung nach Gleichung (4.21) mit der nach Gleichung (4.22a) übereinstimmt!

4.3.4 Die folgende Tabelle gibt die Verteilung der Erwerbstätigen auf unterschiedliche Wirtschaftsbereiche in den Jahren 1980 und 1994 wieder:

Erwerbstätige nach Wirtschaftsbereichen in % der Erwerbstätigen im Inland		
	1980	1994
Land- und Forstwirtschaft	5,2	2,9
Energie, Wasserversorgung, Bergbau	1,8	1,5
Verarbeitendes Gewerbe	33,7	27,6
Baugewerbe	7,9	7,0
Handel und Verkehr	18,6	19,3
Kreditinstitute und Versicherungen	2,8	3,4
Dienstleistungen von Unternehmen und freien Berufen	11,9	18,1
Staat	14,6	15,1
Private Haushalte priv. Organisationen o. Erwerbscharakter	3,5	5,1

Quelle: IW (1995), Zahlen zur wirtschaftlichen Entwicklung der Bundesrepublik Deutschland, Ausgabe 1995; Köln.

a) Wie ist die statistische Variable „Erwerbstätige nach Wirtschaftsbereichen" skaliert?

b) Berechnen Sie für beide Jahre die relative Entropie unter Verwendung natürlicher Logarithmen (ln). Welche Informationen liefert Ihnen die relative Entropie? Vergleichen Sie die beiden berechneten Werte!

4.4 Wölbungs- und Schiefeparameter

4.4.1 Das Konzept der Wölbung

Gilt für eine Häufigkeitsverteilung, dass alle Merkmalsausprägungen spiegel-
bildlich zum Median auf der Merkmalsachse angeordnet sind und stimmen die
absoluten bzw. relativen Häufigkeiten gleich weit vom Median entfernt lie-
gender Merkmalsausprägungen überein, heißen die Merkmalsausprägungen
(axial-) symmetrisch zum Median. Formal bedeutet dies: $n(x_{\mathrm{Med}} - c) =$
$n(x_{\mathrm{Med}} + c)$ bzw. $h(x_{\mathrm{Med}} - c) = h(x_{\mathrm{Med}} + c)$ für alle $c \neq 0$. Bei symmetrischen
Häufigkeitsverteilungen haben die Lageparameter x_{Med} und $\bar{x}$ immer densel-
ben Wert. Existiert für eine symmetrische Verteilung ein eindeutiger Modus,
so entspricht auch er den beiden Lageparametern x_{Med} und $\bar{x}$. In Abbildung
4.3 sind drei symmetrische Häufigkeitsverteilungen wiedergegeben, wobei nur
die zweite einen eindeutigen Modus besitzt.

Abb. 4.3 : Symmetrische Verteilungen

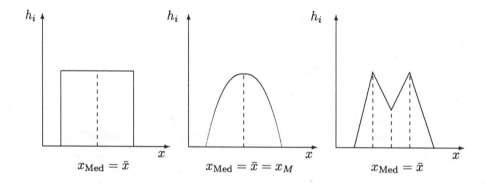

Datensätze, deren Häufigkeitsverteilung symmetrisch zu einem Lageparameter ist, lassen sich mit der Angabe des Lageparameters und des hierzu passen-
den Streuungsmaßes in vielen praktischen Fällen hinreichend gut beschreiben.
Symmetrische Verteilungen mit übereinstimmenden Maßzahlen der Lage und

der Streuung müssen jedoch —auch wenn sie unimodal sind— nicht dieselbe Form besitzen. In Abbildung 4.4 sind zwei unimodale Häufigkeitsverteilungen HV1 und HV2 mit gleichem arithmetischen Mittel $\bar{x}$ und gleicher Varianz wiedergegeben. Da die Häufigkeitsverteilung 1 größere Abweichungen von $\bar{x}$

Abb. 4.4 : Verteilungen mit unterschiedlichen Wölbungen

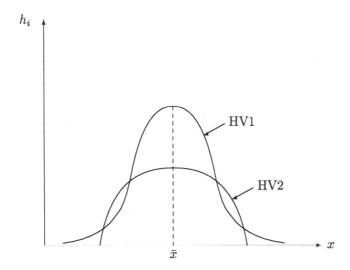

als Häufigkeitsverteilung 2 aufweist, müssen bei ihr zum Ausgleich auch mehr kleinere Abweichungen von $\bar{x}$ als bei der Häufigkeitsverteilung 2 vorkommen, damit beide Varianzen übereinstimmen. Die Häufigkeitsverteilung 1 ist somit stärker als die Häufigkeitsverteilung 2 in der Umgebung des Lageparameters „gewölbt". Diese Eigenschaft bezeichnet man als **Wölbung**, die auch **Steilheit**, **Kurtosis** oder **Exzess** heißt. Es sind Parameter entwickelt worden, die das Ausmaß der Wölbung einer Verteilung erfassen. Die gebräuchlichsten Wölbungsparameter basieren auf empirischen Momenten und messen die Wölbung in der Umgebung des arithmetischen Mittels. Sie sind daher nur bei metrisch skalierten Merkmalen anwendbar. Auch für nominal und ordinal skalierte Merkmale sind Wölbungsparameter konzipiert worden; da ihnen jedoch kaum praktische Bedeutung zukommt, soll ihre Darstellung hier nicht erfolgen.

4.4.2 Empirische Momente

Empirische Momente sind als arithmetische Mittel bestimmter Funktionen $f(X)$ einer statistischen Variablen X definiert, wobei $f(X)$ festgelegt ist durch:

$$f(X) = \left(\frac{X - a}{b}\right)^{\alpha}, \quad \text{mit} \quad a, b \in \mathbb{R}, \quad b > 0 \quad \text{und} \quad \alpha \in \mathbb{N} \cup \{0\}.$$

Momente hängen von den Parametern a, b und α der Funktion $f(X)$ ab; man bezeichnet sie daher mit $m(a, b)_{\alpha}$. Der Parameter α legt die **Ordnung des Moments** fest. Je nachdem, ob die Daten als Einzelbeobachtungen, häufigkeitsverteilt oder klassiert vorliegen, sind **Momente** durch eine der drei nachstehenden Gleichungen definiert:

$$m(a, b)_{\alpha} = \frac{1}{n} \sum_{j=1}^{n} \left(\frac{x_j - a}{b}\right)^{\alpha}, \tag{4.44a}$$

$$m(a, b)_{\alpha} = \sum_{i=1}^{m} \left(\frac{x_i - a}{b}\right)^{\alpha} h_i, \quad \text{oder} \tag{4.44b}$$

$$m(a, b)_{\alpha} = \frac{1}{n} \sum_{k=1}^{K} \left(\frac{\bar{x}_k - a}{b}\right)^{\alpha} n_k = \sum_{k=1}^{K} \left(\frac{\bar{x}_k - a}{b}\right)^{\alpha} h_k. \tag{4.44c}$$

Für alle Momente nullter Ordnung ($\alpha = 0$) gilt unabhängig von a und b: $m(a, b)_0 = 1$. Ist $\alpha \neq 0$, lassen sich durch numerische Vorgaben für a und b drei wichtige Klassen von Momenten gewinnen. Ist $a = 0$ und $b = 1$, erhält man die Klasse der **Anfangs-** bzw. **Nullmomente der Ordnung α**, die mit $m(0)_{\alpha}$ symbolisiert werden. Aus Gleichung (4.44a) — und analog hierzu auch aus den Gleichungen (4.44b und 4.44c) — folgt dann:

$$m(0)_{\alpha} = \frac{1}{n} \sum_{j=1}^{n} x_j^{\alpha}. \tag{4.45}$$

Gilt $\alpha = 1$, hat man das Anfangsmoment erster Ordnung, kurz **erstes Anfangsmoment** genannt, das dem arithmetischen Mittel entspricht: $m(0)_1 = \frac{1}{n} \sum_{j=1}^{n} x_j = \bar{x}$.

Die zweite wichtige Klasse von Momenten resultiert aus $a = \bar{x}$ und $b = 1$. So gebildete Momente bezeichnet man wegen der Verwendung des arithmetischen Mittels als **Zentralmomente der Ordnung** α. Sie sollen vereinfachend mit m_α symbolisiert werden. Aus Gleichung (4.44a) folgt dann für diese Vorgabe:

$$m_\alpha = \frac{1}{n} \sum_{j=1}^{n} (x_j - \bar{x})^\alpha. \tag{4.46}$$

Setzt man $\alpha = 2$, entspricht das **zweite Zentralmoment** der Varianz. Schließlich resultiert die dritte Klasse aus $a = \bar{x}$ und $b = s_x$ (Standardabweichung). Die Momente dieser Klasse heißen **Standardmomente der Ordnung** α und werden mit z_α bezeichnet. Aus Gleichung (4.44a) erhält man jetzt:

$$z_\alpha = \frac{1}{n} \sum_{j=1}^{n} \left(\frac{x_j - \bar{x}}{s_x} \right)^\alpha. \tag{4.47}$$

Das erste Standardmoment ($\alpha = 1$) ist wegen der Schwerpunkteigenschaft des arithmetischen Mittels null: $z_1 = 0$. Das zweite Standardmoment ($\alpha = 2$) hat den Wert eins: $z_2 = 1$; dies wurde bereits bei den Eigenschaften der Varianz linear transformierter Merkmale (vgl. Gleichung (4.37)) gezeigt.

Liegen die Daten nicht als Einzelbeobachtungen vor, erhält man Anfangs-, Zentral- und Standardmomente analog zu der hier eingeschlagenen Vorgehensweise aus den Gleichungen (4.44b) und (4.44c). Zwischen Anfangs- und Zentralmomenten existiert eine interessante Beziehung. Alle Zentralmomente lassen sich analytisch ausschließlich durch Anfangsmomente darstellen. Es gilt:

$$m_\alpha = \sum_{r=0}^{\alpha} \binom{\alpha}{r} m(0)_{\alpha-r} (-\bar{x})^r, \tag{4.48}$$

wobei $\bar{x}$ das erste Anfangsmoment ist. Das zweite Zentralmoment folgt aus Gleichung (4.48) für $\alpha = 2$:

$$m_2 = \binom{2}{0} m(0)_2 (-\bar{x})^0 + \binom{2}{1} m(0)_1 (-\bar{x})^1 + \binom{2}{2} m(0)_0 (-\bar{x})^2$$

$$= m(0)_2 - 2\bar{x}^2 + \bar{x}^2 = m(0)_2 - \bar{x}^2$$

$$= \frac{1}{n} \sum_{j=1}^{n} x_j^2 - \bar{x}^2.$$

Die letzte Umformung entspricht Gleichung (4.27) und stellt den speziellen Verschiebungssatz der Varianz dar.

4.4.3 Wölbungsparameter

Maßzahlen, mit denen die Wölbung einer Häufigkeitsverteilung erfasst werden soll, müssen gemäß des Konzepts der Wölbung, wie es Abbildung 4.4 verdeutlicht, auf den Abweichungen der Beobachtungen von einem Lageparameter basieren. Dabei dürfen sich negative und positive Abweichungen nicht kompensieren. Zudem muss der Wölbungsparameter mit dem Ausmaß der Wölbung steigen. Letzteres wird erreicht, indem große Abweichungen vom Lageparameter mit großen, und kleine Abweichungen mit geringen Gewichten in den Wölbungsparameter eingehen. Zentralmomente mit gerader Ordnung erfüllen diese Erfordernisse: Der gerade Exponent verhindert einerseits die Kompensation positiver und negativer Abweichungen; andererseits bewirkt er eine Selbstgewichtung der Abweichungen. Obwohl der Selbstgewichtungseffekt mit steigender Ordnung des Moments zunimmt, hat sich in der Literatur das vierte Zentralmoment als **einfacher, absoluter Wölbungsparameter** θ_W durchgesetzt:

$$\theta_W = \frac{1}{n} \sum_{j=1}^{n} (x_j - \bar{x})^4. \tag{4.49}$$

Bei einem Vergleich der Wölbung mehrerer Häufigkeitsverteilungen mit unterschiedlichen Varianzen ist von der Verwendung absoluter Wölbungsparameter abzuraten, da diese die Wölbung von Verteilungen mit großer Varianz überzeichnen. Dieser unerwünschte Effekt lässt sich mildern, indem der absolute Wölbungsparameter (4.49) durch das Quadrat der Varianz dividiert wird. Auf diese Weise erhält man einen **relativen Wölbungsparameter** θ_W^r, der zudem noch dimensionslos ist:

$$\theta_W^r = \frac{\theta_W}{s^4}. \tag{4.50}$$

Ersetzt man in dieser Gleichung θ_W durch Gleichung (4.49), sieht man nach einfachen Umstellungen, dass der relative Wölbungsparameter mit dem vierten Standardmoment übereinstimmt: $\theta_W^r = z_4$.

Obwohl die Verwendung der beiden Wölbungsparameter (4.49) und (4.50) sachlogisch auf unimodale, symmetrische Häufigkeitsverteilungen eingeschränkt ist, werden sie auch zur Messung der Wölbung asymmetrischer, aber unimodaler Verteilungen eingesetzt. Hier verlieren sie jedoch umso mehr an Aussagekraft, je stärker der Modus (Wölbungsgipfel) vom arithmetischen Mittel abweicht.

Die Beurteilung der Wölbung mit Parametern ist schwierig, da numerischen Werte nur bei wenigen Benutzern eine Vorstellung über die Wölbung auslösen. Zur Steigerung des Informationsgehaltes hat Fisher vorgeschlagen, die Wölbung einer konkreten Verteilung mit der Wölbung der **Normalverteilung**, auch **Gauß'sche Glockenkurve** genannt, zu vergleichen. Diese Verteilung ist symmetrisch zu ihrem arithmetischen Mittel; ihren Graph gibt Abbildung 4.5 wieder. Da das vierte Standardmoment z_4 für jede Normalverteilung den Wert drei annimmt, zeigt die Differenz $\theta_W^r - 3$ an, wie die Wölbung einer empirischen Verteilung von der Wölbung der Normalverteilung abweicht. Diese Differenz wird als **zentrierter Wölbungsparameter** verwendet und mit θ_W^N symbolisiert:

$$\theta_W^N = \theta_W^r - 3. \tag{4.51}$$

Gilt $\theta_W^N = 0$, ist die empirische Häufigkeitsverteilung genauso wie die Normalverteilung gewölbt; man bezeichnet sie dann als **mesokurtisch**. Für $\theta_W^N > 0$ liegt eine stärkere, bei $\theta_W^N < 0$ eine geringere Wölbung als bei der Nor-

Abb. 4.5: Normalverteilung

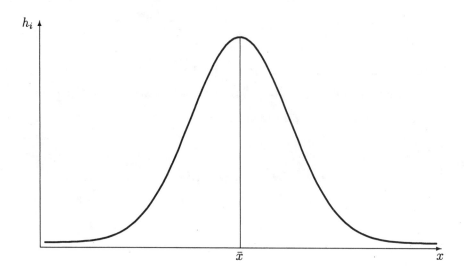

malverteilung vor; die entsprechenden Bezeichnungen lauten dann **lepto-kurtisch** (stark gewölbt) bzw. **platykurtisch** (schwach gewölbt). Wegen des Bezugs auf die Normalverteilung ist auch der zentrierte Wölbungspara-meter eigentlich nur bei unimodalen, symmetrischen Häufigkeitsverteilungen aussagekräftig. Die Daten der Tabelle 3.1a (S. 35) führen zu einer Häufig-keitsverteilung, die in der Abbildung 3.4 (S. 36) wiedergegeben ist. Da die Häufigkeitsverteilung fast symmetrisch ist und der Modus $x_M = 15$ nur wenig vom arithmetischen Mittel $\bar{x} = 14,55$ abweicht, können Wölbungsparameter berechnet werden. Der absolute Wölbungsparameter wird durch das vierte Zentralmoment gegeben; er beträgt $\theta_W = m_4 = 24,4556$ (gerundet). Das zweite Moment (Varianz) ergibt $m_2 = s^2 = 3,2476$; der relative Wölbungs-parameter hat daher den Wert:

$$\theta_W^r = \frac{24,4556}{(3,2476)^2} = 2,3187.$$

Beide Ergebnisse lösen keine allzu großen Vorstellungen über die Wölbung aus. Erst der zentrierte Wölbungsparameter in Höhe von $2,3187 - 3 = -0,6819$ zeigt an, dass die Wölbung geringer als bei einer Normalverteilung mit demselben Mittelwert und derselben Varianz wie bei dem vorliegenden Datensatz ist. Die Häufigkeitsverteilung in Abbildung 3.4 ist daher platykurtisch.

4.4.4 Das Konzept der Schiefe

Unimodale Häufigkeitsverteilungen, die nicht symmetrisch sind, heißen **schief**. Man unterscheidet zwischen rechts- und linksschiefen Verteilungen. In Abbildung 4.6 sind beide Arten dargestellt. Wie an den Graphen der beiden Häufig-

Abb. 4.6: Schiefe Verteilungen

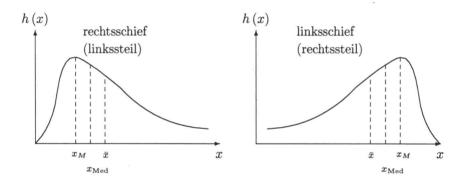

keitsverteilungen deutlich wird, verläuft eine **rechtsschiefe Verteilung** auf ihrer linken Seite steil; man bezeichnet sie daher auch als **linkssteil**. Bei einer **linksschiefen Verteilung** ist hingegen die rechte Seite sehr steil; sie heißt daher auch **rechtssteil**. Bei schiefen Häufigkeitsverteilungen können die drei Lageparameter x_{Med}, x_M und $\bar{x}$ nicht mehr übereinstimmen. Nach der **Fechner'schen Lageregel** lässt sich aus ihrer Größenordnung auf die Art der Schiefe schließen. Die Asymmetrie einer Häufigkeitsverteilung führt dazu, dass der Median in der Regel einen Wert zwischen Modus und arithmetischem Mittel annimmt und dass das arithmetische Mittel wegen seiner Schwerpunkteigenschaft stets im auslaufenden Teil der Häufigkeitsverteilung liegt. Ist eine Häufigkeitsverteilung rechtsschief (linkssteil), muss daher meistens gelten: $x_M < x_{\text{Med}} < \bar{x}$; bei linksschiefen (rechtssteilen) Häufigkeitsverteilungen dreht sich die Größenordnung um: $\bar{x} < x_{\text{Med}} < x_M$. Wegen dieser Lageregel lässt sich Schiefe jetzt auch mit Bezug auf die Abweichungen $(x_j - \bar{x})$ definieren. Ist eine Verteilung rechtsschief, sind im Datensatz mehr als die Hälfte der Abweichungen $(x_j - \bar{x})$ negativ, da gilt: $\bar{x} > x_{\text{Med}}$; ist die Verteilung linksschief, müssen wegen $\bar{x} < x_{\text{Med}}$ jetzt mehr als 50% der Abweichungen positiv sein.

4.4.5 Schiefeparameter

Der Zusammenhang zwischen Schiefe und Abweichungen $(x_j - \bar{x})$ lässt sich bei der Konstruktion von Schiefeparametern nutzen. Ist eine Häufigkeitsverteilung linkssteil, haben zwar mehr als die Hälfte der Abweichungen ein negatives Vorzeichen, sie sind aber vom Betrag her viel kleiner als die positiven Abweichungen. Der Schiefeparameter soll in diesem Fall einen positiven Wert annehmen. Genau umgekehrt verhält es sich bei rechtssteilen Häufigkeitsverteilungen, für die der Schiefeparameter jetzt einen negativen Wert annehmen soll. Ein Wert von Null zeigt das Fehlen von Schiefe, somit Symmetrie der Verteilung an. Nimmt die Schiefe zu, muss auch der Betrag des Parameters steigen. Ein einfaches Maß, das diese Anforderungen erfüllt, ist das dritte Zentralmoment, das als **absoluter Schiefeparameter** θ_{Sch} Verwendung findet:

$$\theta_{\text{Sch}} = m_3 = \frac{1}{n} \sum_{j=1}^{n} (x_j - \bar{x})^3, \quad -\infty < \theta_{\text{Sch}} < \infty. \tag{4.52}$$

Bei diesem Parameter wird jede Abweichung $(x_j - \bar{x})$ mit $(x_j - \bar{x})^2$ gewichtet. Große Abweichungen erhalten dadurch ein großes, kleine Abweichungen nur ein geringes Gewicht. Daher nimmt der Parameter in Abhängigkeit der Schiefe die gewünschten Vorzeichen an und ist bei Symmetrie genau null. Auch bei diesem Parameter lässt sich analog zu dem absoluten Wölbungsparameter der Effekt, der aus einer großen Streuung der Daten resultiert, nach Division durch s^3 kompensieren. Man erhält dann einen **relativen Schiefeparameter** θ_{Sch}^r, der dem dritten Standardmoment entspricht:

$$\theta_{\text{Sch}}^r = z_3 = \frac{\theta_{\text{Sch}}}{s^3}. \tag{4.53}$$

Wegen seiner Dimensionslosigkeit eignet er sich besonders zum Vergleich der Schiefe verschiedener Häufigkeitsverteilungen.

Schließlich stellen noch die Differenzen zwischen je zwei Lageparametern einfache Schiefmaße dar. Dabei ist darauf zu achten, dass die Vorzeichen der Differenzen denselben Schiefetyp wie die Vorzeichen der beiden Parameter (4.52) und (4.53) festlegen. Man verwendet daher die Differenzen $\bar{x} - x_M$, $\bar{x} - x_{\text{Med}}$ oder $x_{\text{Med}} - x_M$ als Schiefeparameter, die alle drei bei null eine symmetrische, bei negativem Vorzeichen eine rechtssteile und bei positiven Vorzeichen eine linkssteile Häufigkeitsverteilung anzeigen.

4.4.6 Schiefe- und Quantil–Quantil–Diagramm

Die Schiefe einer Häufigkeitsverteilung lässt sich schnell an einem **Schiefediagramm** erkennen. Die Konstruktion dieses Diagramms ist recht einfach. Zunächst werden für einen Datensatz die Quantilspaare x_p und x_{1-p} für beliebige p-Werte mit $0 < p < \frac{1}{2}$ berechnet. Bei einer stetigen, und angenähert auch bei diskreten symmetrischen Verteilungen müssen bei gegebenem p die Differenzen $x_{\text{Med}} - x_p$ und $x_{1-p} - x_{\text{Med}}$ gleich groß sein. Fasst man diese beiden Differenzen als die Koordinaten eines Punktes auf, so liegen für beliebige p-Werte all diese Punkte in einem kartesischen Koordinatensystem mit $x_{1-p} - x_{\text{Med}}$ an der Abszisse und $x_{\text{Med}} - x_p$ an der Ordinate auf der 45°-Geraden (vgl. Abbildung 4.7). Ist eine Verteilung linkssteil, fällt bei vorgegebenem p-Wert die Differenz $(x_{1-p} - x_{\text{Med}})$ im Allgemeinen größer als die Differenz $(x_{\text{Med}} - x_p)$ aus. Die entsprechenden Punkte liegen daher überwiegend unterhalb der 45°-Geraden. Bei rechtssteilen Häufigkeitsverteilun-

Abb. 4.7 : Schiefediagramm

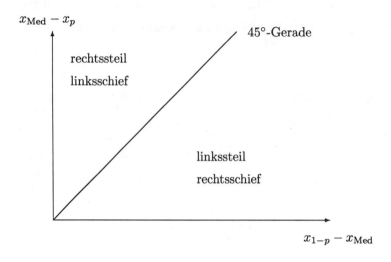

gen verhält es sich genau umgekehrt; die Punkte liegen somit hauptsächlich oberhalb der 45°-Geraden.

Der dem Schiefediagramm zugrunde liegende Zusammenhang kann auch für den Vergleich der Häufigkeitsverteilungen zweier Datensätze x_j und y_j nutzbar gemacht werden. Stimmen ihre relativen Häufigkeitsverteilungen überein, gilt das auch für ihre p-Quantile $x_p = y_p$. Ein **Quantil–Quantil–Diagramm** (kurz **Q-Q-Plot**) entsteht, indem die Quantilspaare (x_p, y_p) für verschiedene p-Werte als Punkte in ein kartesisches Koordinatensystem eingetragen werden. Die Gleichheit der Verteilungen zeigt sich daran, dass alle Punkte auf der 45°-Geraden liegen; mit zunehmender Abweichung der Punkte von der 45°-Geraden lässt sich Ungleichheit diagnostizieren. Liegen die Punkte annähernd auf einer Parallelen zur 45°-Geraden, unterscheiden sich beide Verteilungen nur durch den Wert ihres Lageparameters. Verläuft die Parallele oberhalb der 45°-Geraden, ist der Lageparameter des Datensatzes an der Ordinate größer als der des Datensatzes an der Abszisse; umgekehrt verhält es sich, wenn die Parallele unterhalb der Winkelhalbierenden liegt. Je weniger linear der Eindruck, den die Punkte vermitteln, ausfällt, desto unterschiedlicher sind beide Verteilungen. Will man die Ungleichheit, die aus Lage und Streuung der Daten resultiert, eliminieren, sind vor Berechnung der p-Quantile beide Datensätze zu standardisieren.

Für die Anzahl und Wahl der p-Quantile gibt es keine verbindlichen Regeln. Häufig verwendet man Dezile. Die Erstellung eines Q–Q–Plots vereinfacht sich bei gleich großen Datensätzen: Man legt die Quantile so fest, dass sie mit Werten der geordneten Datensätze übereinstimmen. Die Koordinaten der Quantilspunkte sind dann immer auch Beobachtungen. Als Beispiel soll das Q–Q–Diagramm für zwei fiktive Datensätze erstellt werden, die in Tabelle 4.8 in geordneter Form vorliegen.

Tabelle 4.8: Fiktive Datensätze

x_j	1	2	3	4	5	6	7	8	9	10	$\bar{x} = 5,5$
y_j	3	4	5	6	7	8	9	10	11	12	$\bar{y} = 7,5$

Entsteht das Q–Q–Diagramm auf der Basis von Dezilen, hat man mit den Zahlenpaaren (x_j, y_j) die benötigten Quantilspunkte bereits gefunden; sie sind in Abbildung 4.8 wiedergegeben.

Abb. 4.8 : Q–Q–Diagramm

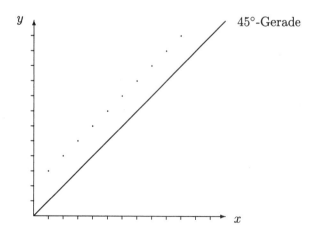

Da alle Punkte auf einer Parallelen über der 45°-Geraden liegen, stimmen die Häufigkeitsverteilungen beider Datensätze bis auf den Lageparameter überein, der für die y-Daten größer als für die x-Daten sein muss. Dieser Befund lässt sich bei den vorliegenden Daten noch leicht an Tabelle 4.8 verifizieren.

Ist die Anzahl der Beobachtungen verschieden, werden die Quantile für den kleineren Datensatz auf die angegebene Weise gewonnen und die hierzu korrespondierenden Quantile des größeren Datensatzes mit den entsprechenden Formeln berechnet.

Übungsaufgaben zu 4.4

4.4.1 Berechnen Sie für folgende Einzelbeobachtungen

380, 535, 645, 720, 860, 930, 1050, 1100, 1200, 1340, 1425, 1540, 1625, 1840, 1950, 2055

die zentrierte Wölbung sowie die relative Schiefe! Erstellen Sie auf der Basis von Dezilen ein Schiefediagramm! Führen Sie die gleichen Berechnungen für die in Aufgabe 3.4.1 gegebene Häufigkeitsverteilung durch!

4.4.2 Vergleichen Sie die Häufigkeitsverteilung der Aufgabe 3.4.1 mit den Einzelbeobachtungen der Aufgabe 4.4.1 in einem QQ–Plot! Interpretieren Sie den Befund!

4.4.3 Fertigen Sie für die Werte der folgenden Häufigkeitstabelle ein Stabdiagramm an, und beurteilen Sie anhand dieser Grafik die Schiefe der Verteilung!

x_i	2	3	4	5	6	7
n_i	1	2	2	5	6	2

Berechnen Sie $\bar{x}$, x_M sowie x_{Med}, und überprüfen Sie die Gültigkeit der Lageregel!

4.5 Konzentrations- und Disparitätsparameter

4.5.1 Der Konzentrationsbegriff

Neben der Beschreibung von Datensätzen durch die Verteilung ihrer Merkmalsträger bzw. Beobachtungen auf die Merkmalsausprägungen (Häufigkeitsverteilung) existiert bei extensiven Merkmalen mit nicht negativen Ausprägungen noch eine weitere Charakterisierungsmöglichkeit. Es handelt sich hierbei um die Verteilung der Merkmalssumme auf die Merkmalsträger. Mit dieser Verteilung lassen sich Ballungserscheinungen in der Verteilung der Merkmalssumme aufspüren, die anschaulich mit **Konzentration** bezeichnet werden. Besonders in ökonomischen Bereichen ist sie ein empirisches Phänomen, das z.b. als Vermögens-, Einkommens-, Umsatz-, Beschäftigungs- oder Marktmachtkonzentration in Erscheinung tritt.

Die regelmäßige Begutachtung der Unternehmenskonzentration ist in Deutschland eine der Aufgaben der 1973 gegründeten Monopolkommission. Zur Messung der absoluten Konzentration verwendet sie vor allem Konzentrationsraten und den Herfindahl-Index, die beide in Abschnitt 4.5.2. dargestellt werden.

Konzentration umfasst zwei Aspekte: Sowohl die Anzahl der Merkmalsträger als auch die Größenunterschiede der auf sie entfallenden Anteile der Merkmalssumme sind bedeutsam. So würde man z.B. einen Markt mit nur zwei Anbietern und gleich großen Marktanteilen ebenso wie einen Markt mit 100 Anbietern, von denen die beiden größten einen Marktanteil von 90% besitzen, als sehr konzentriert einstufen.

Man unterscheidet zwei Arten statistischer Konzentration. **Absolute Konzentration** (Konzentration im engeren Sinne, kurz Konzentration genannt) berücksichtigt beide oben angeführten Aspekte, indem sie die Anteile an der Merkmalssumme auf die Anzahl der Merkmalsträger bezieht. Eine starke Konzentration lässt sich dann anschaulich dadurch charakterisieren, dass auf eine kleine Anzahl von Merkmalsträgern ein großer Anteil der Merkmalssumme entfällt. Bei der **relativen Konzentration**, auch **Disparität** genannt, wird der Anzahlaspekt der Konzentration vernachlässigt, indem der Anteil der Merkmalssumme nicht zu der Anzahl, sondern zu dem Anteil der Merkmalsträger in Beziehung gesetzt wird. Eine hohe relative Konzentration bedeutet, dass ein kleiner Anteil der Merkmalsträger einen großen Anteil der Merkmalssumme auf sich vereint. Konzentration und Disparität werden von zwei Extremzuständen begrenzt:

(1) Hat jeder Merkmalsträger den gleichen Merkmalsbetrag und ist die Anzahl der Merkmalsträger sehr groß, liegt minimale Konzentration vor. Man bezeichnet diese **Gleichverteilung** der Merkmalssumme auf die Merkmalsträger als **egalitäre Verteilung**.

(2) Der egalitären Verteilung steht die vollkommene Ungleichheit gegenüber: Ein Merkmalsträger vereint die gesamte Merkmalssumme auf sich; es liegt maximale Konzentration vor (z.B. Angebotsmonopolist). Stellt man sich diese Situation aus einer Gleichverteilung hervorgegangen vor, müssen alle vorhandenden Merkmalsträger bis auf einen jetzt einen Merkmalsbetrag von null aufweisen: Man bezeichnet sie deshalb als Nullträger.

Da in die Definition der minimalen Konzentration die Anzahl der Merkmalsträger eingeht, führt eine Gleichverteilung mit nur wenigen Merkmalsträgern nicht zwangsläufig auch zu einer geringen absoluten Konzentration. Auch hier kann, wie das vorangegangene Beispiel mit nur zwei gleich großen Anbietern auf einem Markt zeigt, trotz der Gleichverteilung der Marktanteile eine hohe absolute Konzentration vorliegen. Bei relativer Konzentration würde man bei Gleichverteilung auf minimale Disparität schließen. Da reale Prozesse Konzentration und Disparität meist simultan verändern, sind sie zwei verschiedene Aspekte desselben Vorgangs. Sie erfassen den Konzentrationsstand, nicht jedoch seine Entwicklung. In den folgenden Abschnitten werden Verfahren zur Messung der Konzentration und Disparität entwickelt. Wegen der Begrenzung der Konzentration durch die beiden geschilderten Extremzustände ist es angezeigt, die Konzentrationsmaße (Konzentrationsparameter) zu normieren. Liegt keine Konzentration vor, soll der Konzentrationsparameter den Wert null annehmen; bei maximaler Konzentration den Wert eins. Diese Normierung erleichtert auch den Vergleich der Konzentration bei unterschiedlichen Datensätzen.

4.5.2 Absolute Konzentration

4.5.2.1 Konzentrationsrate und Konzentrationskurve

Zur Messung der absoluten Konzentration werden die n nicht negativen Beobachtungen eines extensiven Merkmals X nach abnehmender Größe geordnet:

$$x_{(1)} \geq x_{(2)} \geq x_{(3)} \geq \ldots \geq x_{(n)} \geq 0,$$

wobei (j) einen Platzierungsindex darstellt, der aber zwecks Vereinfachung im Folgenden ohne Klammer geschrieben wird. Liegen die Daten als Häufigkeitsverteilung vor, ist ihre Ordnung ebenfalls möglich. Anders verhält es sich bei klassierten Daten, bei denen die Verteilung der Beobachtungen innerhalb der Klassen meist unbekannt ist. Da Klassierung von Daten zudem mit dem Zweck der Informationsverdichtung, also Konzentration von vielen Daten auf nur wenige Klassen erfolgt, ist es nicht sinnvoll, hierfür die absolute Konzentration ermitteln zu wollen.

Die Merkmalssumme des Datensatzes beträgt: $\sum\limits_{j=1}^{n} x_j = n\bar{x}$; der auf den j-ten Merkmalsträger entfallende Anteil c_j der Merkmalssumme ergibt sich als $c_j = \frac{x_j}{n\bar{x}}$. Addiert man die Merkmalsanteile der j Merkmalsträger mit den größten Anteilen, erhält man ihren Merkmalssummenanteil C_j:

$$C_j = \sum_{r=1}^{j} c_r, \quad j = 1, \ldots, n.$$

C_j bezeichnet man als **Konzentrationsrate (–koeffizient)**. Für diesen gilt:

$$(1) \quad C_j = \sum_{r=1}^{j-1} c_r + c_j \quad \text{und} \quad (2) \quad C_n = \sum_{r=1}^{n} c_r = 1.$$

Die Konzentrationsrate kann bereits als einfaches Konzentrationsmaß angesehen werden. Sie gibt den Anteil an der gesamten Merkmalssumme an, der auf die Merkmalsträger mit den j größten Ausprägungen entfällt. Maximale Konzentration liegt für $C_1 = 1$ vor. Von Nachteil ist, dass die Konzentrationsrate nur für bestimmte, willkürlich festgelegte $j < n$ berechnet wird und daher die in der Verteilung enthaltene Information nicht voll ausschöpft.

Für jedes j erhält man eine Konzentrationsrate C_j. Damit ergeben sich n Zahlenpaare (j, C_j), die als Punkte in ein kartesische Koordinatensystem mit j an der Abszisse und C_j an der Ordinate übertragen werden können. Verbindet man aufeinander folgende Punkte, beginnend mit dem Koordinatenursprung, durch Geraden, entsteht ein Polygon, das man **Konzentrationskurve** nennt. In der Arbeitstabelle 4.9 sind die einzelnen Schritte zur Berechnung der Konzentrationsraten an einem willkürlichen extensiven Merkmal zusammengefasst. An der Tabelle lässt sich die Konzentration ablesen. So entfallen auf die drei anteilsgrößten Merkmalsträger 80% ($C_3 = 0,8$) der Merkmalssumme. Die aus den Daten der Tabelle 4.9 resultierende Konzentrationskurve ist in Abbildung 4.9 dargestellt.

Wegen der Ordnung der Beobachtungen nach abnehmender Größe verläuft die Konzentrationskurve bei Konzentration immer konkav zur Abszisse; sie liegt stets oberhalb der Diagonalen OD. Weisen alle n Merkmalsträger die gleiche positive Merkmalsausprägung $x > 0$ auf, beträgt ihr Anteil c an der Merkmalssumme : $c = \frac{x}{nx} = \frac{1}{n}$. Für die Konzentrationsraten gilt dann $C_j = \sum_{r=1}^{j} \frac{1}{n} = \frac{j}{n}$ für $j = 1, \ldots, n$. Die Konzentrationskurve entspricht

Tabelle 4.9: Willkürliches extensives Merkmal

(j)	x_j	c_j	C_j
1	40	0,40	0,40
2	20	0,20	0,60
3	20	0,20	0,80
4	15	0,15	0,95
5	5	0,05	1,00
$n\bar{x} = 100$			

Abb. 4.9 : Konzentrationskurve

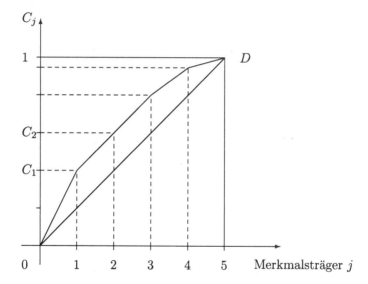

jetzt der Diagonalen OD. Da konstante Anteilswerte für alle Merkmalsträger bei großer Anzahl n das Fehlen von Konzentration definieren, entspricht bei Nichtkonzentration die Konzentrationskurve immer der Diagonalen OD, die deshalb auch **Gleichverteilungsgerade** heißt. Die Umkehrung dieser Aussage gilt jedoch nicht. Je weiter nach oben die Konzentrationskurve von der Gleichverteilungsgeraden abweicht, desto größer ist die absolute Konzentration. Als (nicht normiertes) Maß für die Konzentration könnte daher die Fläche zwischen Konzentrationskurve und Diagonalen herangezogen werden.

Liegen häufigkeitsverteilte Daten vor, kann nach ihrer Transformation in einen Datensatz mit Einzelbeobachtungen genauso wie oben dargestellt vorgegangen werden. Jedoch führt dies bei großen Datensätzen mit nur wenigen Ausprägungen x_i, $i = 1, \ldots, m$ zu einem erheblichen Rechenmehraufwand. Um den zu vermeiden, ordnet man die Merkmalsausprägungen nach abnehmender Größe, wobei die Indizes wieder Platzierungsnummern darstellen: $x_1 > x_2 > \ldots > x_m$. Der Anteil, der auf die n_1 Merkmalsträger mit der größten Merkmalsauprägung x_1 entfällt, beträgt: $c_1 = \frac{n_1 x_1}{n\bar{x}}$; der Anteil, der auf die n_2 Merkmalsträger mit der zweitgrößten Merkmalsausprägung x_2 entfällt, beträgt: $c_2 = \frac{n_2 x_2}{n\bar{x}}$ usw. Die Konzentrationsrate $C_{s(i)}$ ergibt sich jetzt als: $C_{s(i)} = \frac{\sum\limits_{r=1}^{i} n_r x_r}{n\bar{x}}$ mit $s(i) = \sum\limits_{r=1}^{i} n_r$, $i = 1, \ldots, m$. Die m Zahlenpaare $[s(i), C_{s(i)}]$ bestimmen die Konzentrationskurve für häufigkeitsverteilte Daten. Sie ist in der Abbildung 4.10 dargestellt.

Abb. 4.10 : Konzentrationskurve bei häufigkeitsverteilten Daten

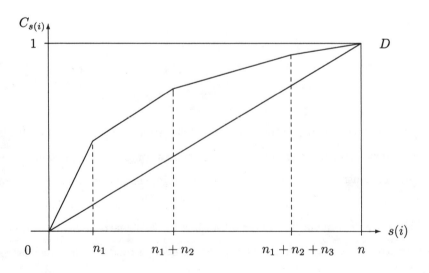

Die Indexfunktion $s(i)$ bewirkt, dass die Konzentrationsraten bei häufigkeits-verteilten Daten der entsprechenden Anzahl an Merkmalsträgern zugeordnet wird. Die Werte an der Abszisse ergeben sich somit für $i = 1, 2, \ldots, m$.

4.5.2.2 Herfindahl-, Exponential-, Rosenbluth–Index und Entropie

Ein einfacher, absoluter Konzentrationsparameter ist der **Herfindahl–Index** C_H. Er ist definiert als Summe der quadrierten Anteilswerte c_j:

$$C_H = \sum_{j=1}^{n} c_j^2. \tag{4.54}$$

Bei maximaler Konzentration nimmt er den Wert eins an, da dann gilt: $c_1 = 1$ und $c_j = 0$ für $j = 2, \ldots, n$. Liegt Gleichverteilung vor, stimmen alle c_j überein und betragen: $c_j = \frac{1}{n}$; für C_H erhält man dann:

$$C_H = \sum_{j=1}^{n} \frac{1}{n^2} = \frac{n}{n^2} = \frac{1}{n}.$$

Damit ist das Werteintervall für C_H mit $\frac{1}{n} \leq C_H \leq 1$ gefunden. Strebt die Anzahl der Merkmalsträger gegen unendlich, wird bei Gleichverteilung die Konzentration immer geringer und C_H konvergiert gegen null. Schreibt man das Quadrat in der Definitionsgleichung von C_H als Produkt $c_j c_j$, wird wegen $0 \leq c_j \leq 1$ und $\sum_{j=1}^{n} c_j = 1$ deutlich, dass der Herfindahl–Index ein gewogenes arithmetisches Mittel der Merkmalssummenanteile c_j ist, wobei die Gewichte mit den Daten übereinstimmen. Bei dieser Selbstgewichtung der Daten muss bei der Interpretation des Indexes beachtet werden, dass bis auf $c_j = 1$ gilt: $c_j^2 < c_j$. Der Herfindahl–Index fällt daher klein aus. Die Konzentration wird bei $C_H < 0,10$ als gering, bei $C_H > 0,18$ bereits als hoch eingeschätzt. Diese Faustregel gilt auch bei wenigen Merkmalsträgern mit gleichen Anteilen. Bei $n = 5$, wie in Tabelle 4.9, wäre der Herfindahl–Index bei Gleichverteilung 0,2; da er jetzt schon größer als der Faustregelwert 0,18 ist, muss wegen der geringen Anzahl auch bei anteilsgleichen Merkmalsträgern auf eine hohe

Konzentration geschlossen werden. Für die Daten der Tabelle 4.9 beträgt der Herfindahl–Index 0,265 und zeigt damit eine starke Konzentration an.

Der Herfindahl–Index kann in Abhängigkeit des Variationskoeffizienten v (vgl. Gleichung 4.40) geschrieben werden. Die Definitionsgleichung (4.54) geht nach Substitution der Anteilswerte über in:

$$C_H = \sum_{j=1}^{n} c_j^2 = \sum_{j=1}^{n} \left(\frac{x_j}{n\bar{x}}\right)^2 = \frac{\sum\limits_{j=1}^{n} x_j^2}{n^2 \bar{x}^2}.$$

Da aus dem speziellen Verschiebungssatz (4.29) folgt: $\sum\limits_{j=1}^{n} x_j^2 = n(s^2 + \bar{x}^2)$, lässt C_H sich umformen zu:

$$C_H = \frac{n(s^2 + \bar{x}^2)}{n^2 \bar{x}^2} = \frac{\frac{s^2}{\bar{x}^2} + 1}{n}$$

$$\text{oder:} \quad C_H = \frac{v^2 + 1}{n}. \tag{4.55}$$

Der Zusammenhang (4.55) ist für praktische Arbeiten vorteilhaft, da für die meisten Datensätze arithmetisches Mittel und Varianz berechnet werden. Auch zeigt Gleichung (4.55), dass der Variationskoeffizient als Konzentrationsparameter geeignet ist. Deshalb bewertet die Monopolkommission absolute Konzentration oft mit dieser Maßzahl.

Auf der Grundidee des Herfindahl–Indexes, den Konzentrationsparameter als gewogenes Mittel zu entwickeln, basiert auch die nächste Parameterkonstruktion. Wegen $0 \le c_j \le 1$ und $\sum\limits_{j=1}^{n} c_j = 1$ ist für die Anteilswerte c_j auch das gewogene geometrische Mittel definiert, das als **Exponentialindex** C_E Verwendung findet:

$$C_E = \prod_{j=1}^{n} c_j^{c_j} \quad , \Pi : \text{ Produktoperator.} \tag{4.56}$$

Bei maximaler Konzentration nimmt C_E wegen $c_1 = 1$, $c_j = 0$ für $j = 2, \ldots, n$ und $0^0 = 1$ den Wert 1 an; bei einer Gleichverteilung der Anteilswerte $c_j = \frac{1}{n}$ erhält man für C_E:

$$C_E = \prod_{j=1}^{n} \left(\frac{1}{n}\right)^{\frac{1}{n}} = \left[\left(\frac{1}{n}\right)^{\frac{1}{n}}\right]^{n} = \frac{1}{n}.$$

Der Exponentialindex liegt im selben Intervall wie der Herfindahl–Index; wegen der Cauchy'schen Ungleichung (s. S. 84) fällt er tendenziell kleiner als C_H aus: $C_E \leq C_H$. Die für den Herfindahl–Index gültige Faustregel kann deshalb nicht uneingeschränkt auf den Exponentialindex übertragen werden. Ist C_E aber größer als 0,18, so ist dies auch C_H. Es ist deshalb legitim, auch für $C_E > 0,18$ eine starke Konzentration zu diagnostizieren. Die Daten der Tabelle 4.9 führen zu einem Exponentialindex $C_E = 0,2358$, der zwar kleiner als $C_H = 0,265$ ist, aber genau wie C_H eine starke Konzentration anzeigt.

Das Ausmaß der Konzentration lässt sich parametrisch auch mit Bezug auf die Konzentrationskurve und ihre Verlagerung bei zunehmender Konzentration erfassen. Von dieser Möglichkeit macht der **Rosenbluth–Index** Gebrauch, dessen Logik und Entwicklung anhand der Abbildung 4.11 nachvollzogen werden kann.

Für den Rosenbluth–Index ist die schraffierte Fläche A, die im Rechteck $(0nD1)$ der Abbildung 4.11a über der Konzentrationskurve liegt, die entscheidende Größe. Zunehmende Konzentration verschiebt die Konzentrationskurve nach oben, bis sie den in Abbildung 4.11b dargestellten Verlauf aufweist. Die Fläche A wird dabei immer kleiner. Von dem größten Wert $A = \frac{n}{2}$ bei Gleichverteilung (Flächeninhalt des Dreieckes $(0D1)$) in Abb. 4.11a nimmt sie bis zu dem Wert $A = \frac{1}{2}$ (Flächeninhalt des Dreieckes $(0B1)$) in Abb. 4.11b ab. Damit der zu entwickelnde Index mit zunehmender Konzentration wächst und Werte desselben Intervalls wie die beiden vorangegangenen Indizes durchläuft, verwendet man den reziproken Wert des doppelten Flächeninhalts. Der Rosenbluth–Index C_R ist somit gefunden: $C_R = (2A)^{-1}$. Die Berechnung der Fläche A erfolgt mit den Anteilen c_j. Hierzu wird A vollständig in Trapezflächen F_j so zerlegt, dass gilt: $A = \sum_{j=1}^{n} F_j$. Auch das bei dieser Zerlegung entstehende rechtwinklige Dreieck als erste Fläche (Dreieck $(0BC_{j-1})$

Abb. 4.11: Grafiken zum Rosenbluth–Index

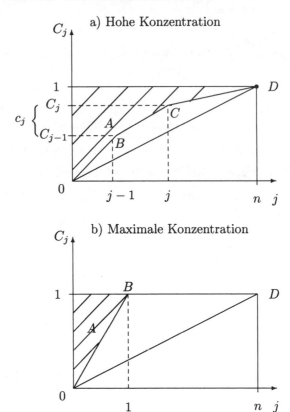

a) Hohe Konzentration

b) Maximale Konzentration

in Abb. 4.11a gehört zur Klasse der Trapeze, da es als spezielles Trapez, bei dem eine der gegenüberliegenden parallelen Seiten die Länge null hat, aufgefasst werden kann. Den Flächeninhalt F_j des Trapezes mit den Eckpunkten (C_{j-1}, B, C, C_j) in Abbildung 4.11a erhält man als:

$$F_j = \frac{1}{2}(\overrightarrow{C_{j-1}B} + \overrightarrow{C_jC}) \cdot (\overrightarrow{C_{j-1}C_j}),$$

wobei ein Pfeil Strecken mit entsprechenden Endpunkten kennzeichnet. Da bei diesem Trapez gilt: $\overrightarrow{C_{j-1}B} = j-1$, $\overrightarrow{C_jC} = j$ und $\overrightarrow{C_{j-1}C_j} = c_j$, beträgt seine Fläche: $F_j = \frac{1}{2}(2j-1)c_j$. Damit ergibt sich für A:

$$A = \sum_{j=1}^{n} F_j = \frac{1}{2}\sum_{j=1}^{n}(2j-1)c_j = \frac{1}{2}\sum_{j=1}^{n}2jc_j - \frac{1}{2}\sum_{j=1}^{n}c_j = \sum_{j=1}^{n}jc_j - \frac{1}{2}.$$

Der Rosenbluth–Index in Abhängigkeit der Anteile c_j lautet nun:

$$C_R = (2\sum_{j=1}^{n} jc_j - 1)^{-1}\ , \quad \frac{1}{n} \le C_R \le 1. \tag{4.57}$$

Wegen der in Abschnitt 4.3.3 dargestellten Eigenschaften eignen sich die entropie-orientierten Streuungsmaße (4.41) und (4.43) auch zur Messung der Konzentration. In Gleichung (4.41) wird h_i einfach durch c_j ersetzt und der Laufindex entsprechend geändert. Die so geänderte Gleichung (4.41) misst jetzt die Streuung der Anteilswerte c_j und damit die Konzentration der Merkmalssumme. Da die Entropie den Wert null annimmt, wenn sich die gesamte Merkmalssumme auf einen Merkmalsträger vereint (keine Streuung) und den maximalen Wert bei Gleichverteilung (größte Streuung) erreicht, sinkt die Entropie mit steigender Konzentration. Die Entropie als Konzentrationsmaß kann auch direkt anhand der Beobachtungen x_j berechnet werden. Hierzu formt man die entsprechend geänderte Gleichung (4.41) wie folgt um:

$$E = -\sum_{j=1}^{n} c_j \ln c_j = -\sum_{j=1}^{n} c_j(\ln x_j - \ln n\bar{x}) = \ln n\bar{x}\sum_{j=1}^{n} c_j - \sum_{j=1}^{n} c_j \ln x_j$$

$$= \ln n\bar{x} - \sum_{j=1}^{n} \frac{x_j}{n\bar{x}} \ln x_j\ , \quad \text{oder:}$$

$$E = \ln n\bar{x} - \frac{1}{n\bar{x}}\sum_{j=1}^{n} x_j \ln x_j. \tag{4.58}$$

Mit Gleichung (4.58) wird die Berechnung von Anteilswerten überflüssig.

4.5.3 Relative Konzentration (Disparität)

4.5.3.1 Die Lorenzkurve

Relative Konzentration setzt Anteile der Merkmalssumme zu Anteilen der Merkmalsträger in Beziehung; sie kann daher auch für klassierte Daten ermittelt werden. Bei klassierten Daten liegen die Beobachtungen wegen der Klassenbildung $(x'_{k-1}, x'_k]$ in aufsteigender Größe vor. Um eine einheitliche

Behandlung klassierter und nicht klassierter Daten zu erreichen, werden jetzt nicht klassierte Daten nicht nach abnehmender, sondern nach aufsteigender Größe geordnet.

Die Lorenzkurve wird zunächst für Einzelbeobachtungen entwickelt. Wie schon bei der Konzentrationskurve, sind häufigkeitsverteilte Daten als Einzelbeobachtungen zu notieren. Die geordneten Beobachtungen $x_1 \leq x_2 \leq \ldots \leq x_n$ werden in Anteile c_j an der Merkmalssumme $n\bar{x}$ überführt. Die Größe $C_j = \sum_{r=1}^{j} c_r$, $j = 1, \ldots, n$ stellt jetzt den kumulierten Anteil der j Merkmalsträger mit den kleinsten Merkmalssummenanteilen dar. Der kumulierte Anteil H_j dieser j Merkmalsträger an ihrer Gesamtanzahl beträgt $H_j = \frac{j}{n}$, $j = 1, \ldots, n$. Damit erhält man wieder Zahlenpaare (H_j, C_j) mit $H_n = C_n = 1$, deren Koordinaten auch als Prozentzahlen angegeben werden können. Überträgt man diese Zahlenpaare in ein kartesisches Koordinatensystem mit H_j an der Abszisse und C_j an der Ordinate und verbindet die so entstandenen Punkte, beginnend mit dem Ursprung, nacheinander durch Geraden, entsteht ein Polygon, das **Lorenzkurve** heißt. Die Koordinaten der für die Lorenzkurve relevanten Punkte gewinnt man leicht mit einer Arbeitstabelle. Für die Daten der Tabelle 4.9 ergibt sich die Arbeitstabelle 4.10, deren Werte zu der in Abbildung 4.12 dargestellten Lorenzkurve führen.

Tabelle 4.10: Arbeitstabelle zur Lorenzkurve

(j)	x_j	c_j	C_j	$H_j = \dfrac{j}{n}$
1	5	0,05	0,05	0,2
2	15	0,15	0,20	0,4
3	20	0,20	0,40	0,6
4	20	0,20	0,60	0,8
5	40	0,40	1,00	1,0

Abb. 4.12: Lorenzkurve zur Tabelle 4.10

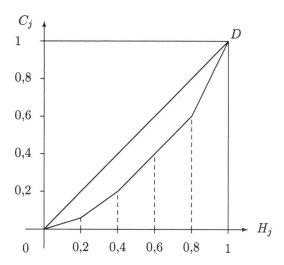

Da sich die Anzahl der Merkmalsträger diskret verändert, können strenggenommen nur die Punkte (H_j, C_j), $j = 1, \ldots, n$ inhaltlich interpretiert werden. Der Punkt mit den Koordinaten $(0,40; 0,20)$ bedeutet, dass auf 40% der kleinsten Merkmalsträger nur 20%, auf die übrigen 60% hingegen 80% der Merkmalssumme entfallen. Liegen die Daten als Häufigkeitsverteilung vor, lässt sich die Lorenzkurve analog zur Entwicklung der Konzentrationskurve für diese Datenlage gewinnen. Die kumulierten Anteile C_i an der Merkmalssumme erhält man jetzt als: $C_i = \sum\limits_{r=1}^{i} n_r x_r / n\bar{x}$, die kumulierten Anteile der Merkmalsträger an ihrer Gesamtzahl als: $H_i = \sum\limits_{r=1}^{i} n_r / n$. Damit erzeugen jetzt die Punkte (H_i, C_i) die Lorenzkurve. Die weitere Vorgehensweise entspricht vollständig der oben dargestellten, wie das nachstehende Beispiel verdeutlicht. Die absolute Häufigkeitsverteilung des Merkmals X: Pkw-Bestand pro Haushalt ist in den Spalten (1) und (2) der Arbeitstabelle 4.11 festgehalten; die übrigen Spalten geben die Rechenschritte an, die zur Ermittlung der Koordinaten H_i und C_i notwendig sind. In der Spalte (4) stehen die Einzelanteile an der Merkmalssumme $\sum\limits_{i=1}^{m} n_i x_i = n\bar{x}$, in Spalte (6) die relativen Häufigkeiten $h_i = \frac{n_i}{n}$.

Tabelle 4.11: Pkw – Bestand pro Haushalt

x_i	n_i	$n_i x_i$	c_i	C_i	h_i	H_i
(1)	(2)	(3)	(4)	(5)	(6)	(7)
1	95	95	0,2375	0,2375	0,475	0,475
2	40	80	0,2000	0,4375	0,200	0,675
3	35	105	0,2625	0,7000	0,175	0,850
4	30	120	0,3000	1,0000	0,150	1,000
	200	400				

Den Graph der Lorenzkurve gibt Abbildung 4.13 wieder.

Abb. 4.13: Lorenzkurve zur Tabelle 4.11

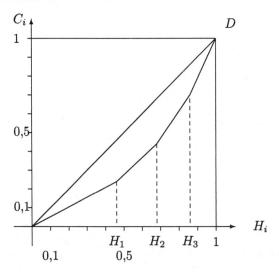

Bei klassierten Daten geht man formal analog zu den beiden dargestellten Fällen vor. Die für die Lorenzkurve benötigten Größen werden jetzt hinsichtlich der Klassierung definiert. Die kumulierten Anteile H_k der Merkmalsträger an ihrer Gesamtheit n erhält man als: $H_k = \frac{1}{n} \sum_{r=1}^{k} n_r$, $k = 1, \ldots, K$. Der Anteil der Messwerte aller Merkmalsträger der k-ten Klasse an der Merkmalssumme wird mit c_k bezeichnet; der kumulierte Anteil C_k ist dann:

$C_k = \sum\limits_{r=1}^{k} c_r$, $k = 1, \ldots, K$. Wegen der Ordnung der Daten nach aufsteigender Größe ist C_k der jeweiligen Klassenobergrenze zuzuordnen. Für jede Klassenobergrenze k ergeben sich Zahlenpaare (H_k, C_k), mit denen nach Übertragung in ein kartesisches Koordinatensystem die Lorenzkurve auf die geschilderte Weise gebildet wird.

Die aus statistischer Sicht ungünstigste Datenlage liegt vor, wenn nur die Klassenhäufigkeiten n_k bekannt sind. Wie bei dieser Datenlage vorzugehen ist, zeigt das folgende Beispiel, dem die Daten der Tabelle 4.2 (Nettohaushaltseinkommen) zugrunde liegen. Die in Tabelle 4.2 angegebene Häufigkeitsverteilung und die kumulierten Häufigkeiten sind in der Arbeitstabelle 4.12 in den Spalten (1), (2) und (3) wieder aufgeführt, die übrigen Spalten beziehen sich auf die einzelnen Rechenschritte zur Erstellung der Lorenzkurve.

Tabelle 4.12: Arbeitstabelle zur Lorenzkurve bei klassierten Daten

Einkommensklasse	n_k	H_k	m_k	$n_k m_k$	$\hat{c}_k$	$\hat{C}_k$
(1)	(2)	(3)	(4)	(5)	(6)	(7)
(0–1500]	315	0,15	750	236250	0,029	0,029
(1500–2500]	504	0,39	2000	1008000	0,125	0,154
(2500–3500]	567	0,66	3000	1701000	0,210	0,364
(3500–4500]	315	0,81	4000	1260000	0,156	0,520
(4500–15000]	399	1,00	9750	3890250	0,485	1,000
	2100			8095500		
				$\hat{=} n\bar{x}$		

Um die gesamte Merkmalssumme zu ermitteln, müssen zunächst die arithmetischen Klassenmittel durch die jeweiligen Klassenmitten m_k approximiert werden. Die Merkmalssumme der k-ten Klasse beträgt dann angenähert: $n_k m_k$, $k = 1, \ldots, K$. Die Addition aller K Produkte liefert eine Approximation der gesamten Merkmalssumme: $n\bar{x} \hat{=} \sum\limits_{k=1}^{K} n_k m_k$ mit $n = \sum\limits_{k=1}^{K} n_k$. Damit sind jetzt die Klassenenanteile und ihren kumulierten Werte berechenbar, die wegen der Approximation mit $\hat{c}_k$ bzw. $\hat{C}_k$ bezeichnet werden.

In Abbildung 4.14 ist die Lorenzkurve gezeichnet. Durch Klassierung der

Abb. 4.14 : Lorenzkurve zur Tabelle 4.12

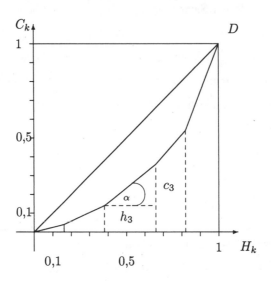

Daten geht ein diskretes in ein quasistetiges Merkmal über. Daher kann jetzt jeder Punkt der Lorenzkurve inhaltlich interpretiert werden. Dabei ist jedoch zu beachten, dass die Lorenzkurve von einer Gleichverteilung der Ausprägungen innerhalb der Klassen ausgeht. Ist diese Annahme falsch, weist sie bei klassierten Daten eine geringere Konzentration als in Wirklichkeit aus. Dieser Effekt steigt mit zunehmender Klassenbreite.

Aus Tabelle 4.12 kann man ablesen, dass 39% der Haushalte mit den geringsten Nettoeinkommen nur 15,4% des gesamten Einkommens auf sich vereinen; aus der Abbildung 4.14 lässt sich ermitteln, dass auf 50% der einkommensschwächsten Haushalte in etwa 23% der Einkommenssumme entfallen. Dieser Wert kann genauer bestimmt werden, wenn man die Funktion der Teilgeraden $C = a_k + b_k H$ der k Einkommensklassen kennt. Die Funktion der Teilgeraden der z.B. dritten Klasse erhält man, indem zunächst ihre Steigung berechnet wird. Für diese gilt (vgl. Abb. 4.14): $b_3 = \tan \alpha = \frac{c_3}{h_3} = \frac{0,21}{0,27} \approx 0,78$. Da die Gerade durch den Punkt (0,39; 0,154) verläuft, folgt a_3 nach Lösen der Gleichung $0,154 = a_3 + 0,78 \cdot 0,39$ als $a_3 = -0,1502$. Die Funktion der Teilgeraden für $k = 3$ lautet: $C = -0,1502 + 0,78H$; für $H = 0,5$ erhält man: $C = 0,2398$, was einem Einkommensanteil von 23,98% entspricht.

Die Steigung der Lorenzkurve lässt sich auf das arithmetische Mittel zurückführen. Es seien bei klassierten Daten $\bar{x}$ und $\bar{x}_k$ bekannt. Die Steigung der Lorenzkurve $\tan \alpha = \frac{c_k}{h_k}$ ergibt sich nach Substitution als: $\frac{c_k}{h_k} = \frac{n_k \bar{x}_k}{n \bar{x}} : \frac{n_k}{n} = \frac{\bar{x}_k}{\bar{x}}$. Liegen die Daten als Häufigkeitsverteilung vor, erhält man: $\tan \alpha = \frac{n_i x_i}{n \bar{x}} : \frac{n_i}{n} = \frac{x_i}{\bar{x}}$, bei Einzelbeobachtungen folgt: $\tan \alpha = \frac{x_j}{n \bar{x}} : \frac{1}{n} = \frac{x_j}{\bar{x}}$. Wegen $x_j \geq 0$ ist die Steigung der Lorenzkurve nie negativ. Im Falle der Gleichverteilung der Merkmalssumme auf die Merkmalsträger hat sie die Steigung eins; sie entspricht dann der 45°- Geraden vom Ursprung bis zum Punkt D mit den Koordinaten (1,1).

Abb. 4.15: Grenzlagen der Lorenzkurve

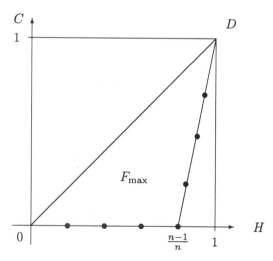

Liegt keine Gleichverteilung vor, hat die Lorenzkurve wegen der Ordnung der Daten nach aufsteigender Größe einen zur Abszisse konvexen Verlauf. Bei vollkommener Ungleichheit gibt es nur einen Merkmalsträger, dessen Merkmalsausprägung größer als null ist und der die gesamte Merkmalssumme auf sich vereint. Es gilt dann: $C_j = 0$ für $j = 1, \cdots, n - 1$ und $C_n = 1$. Die Lorenzkurve verläuft bis zur Stelle $\frac{n-1}{n}$ auf der Abszisse und von da zum Punkt D. Die beiden Grenzlagen der Lorenzkurve bei Gleichverteilung (durchgezogene Diagonale) und vollkommener Ungleichheit (Linie mit Punkten) sind in Abbildung 4.15 gegenübergestellt; man nutzt sie bei der Konstruktion von relativen Konzentrationsmaßen.

4.5.3.2 Der Gini-Koeffizient

Das bekannteste Maß zur Messung der relativen Konzentration ist der Gini-Koeffizient, der wegen seines Bezugs zur Lorenzkurve auch Lorenz'sches Konzentrationsmaß heißt. Je ungleicher sich eine Merkmalssumme auf die Merkmalsträger verteilt, desto größer ist in Abbildung 4.16 die schraffierte Fläche F zwischen Lorenzkurve und der 45°-Gerade OD. Man bezeichnet sie auch als **Konzentrationsfläche**. Ihr maximaler Wert $F_{\max}$ lässt sich anhand der Abbildung 4.15 leicht berechnen. Die Fläche des Dreiecks $(0, 1, D)$ beträgt $\frac{1}{2}$; die des Dreiecks $(\frac{n-1}{n}, 1, D)$ ergibt sich als $\frac{1}{2n}$. Die maximale Fläche $F_{\max}$ ist dann: $F_{\max} = \frac{1}{2} - \frac{1}{2n} = \frac{1}{2}(1 - \frac{1}{n}) < \frac{1}{2}$. Für die Konstruktion eines Konzentrationsmaßes mit Werten des Intervalls [0,1] gibt es zwei Möglichkeiten. Entweder man bezieht F auf $\frac{1}{2}$ (Fläche des Dreiecks $(0,1,D)$) oder auf $F_{\max}$. Beide Quotienten bezeichnet man als **Gini-Koeffizienten**. Die erste Vorgehensweise liefert den Gini-Koeffizienten $D_G : D_G = 2F$, dessen maximalen Wert man für $F = F_{\max}$ als $D_{G,\max} = 1 - \frac{1}{n} < 1$ erhält. Die zweite Vorgehensweise führt zu dem Gini-Koeffizienten D_G^*, der wie die Umformung zeigt, proportional zu D_G ist:

$$D_G^* = \frac{F}{F_{\max}} = \frac{2F}{1 - \frac{1}{n}} = \frac{n}{n-1} D_G.$$

Da D_G^* bei vollkommener relativer Konzentration ($F = F_{\max}$) im Gegensatz zu D_G den Wert eins annimmt, bezeichnet man ihn auch als **normierten Gini-Koeffizienten**.

Beide Gini-Koeffizienten können je nach Datenlage aus den Werten der Arbeitstabelle 4.10, 4.11 oder 4.12 berechnet werden. Hierzu ist lediglich die Konzentrationsfläche F zu bestimmen. Die Vorgehensweise erfolgt für Einzelbeobachtungen, häufigkeitsverteilte und klassierte Daten getrennt, da sich Unterschiede bei der Berechnung ergeben. In allen drei Fällen wird zunächst, analog zum Rosenbluth-Index, die über der Lorenzkurve liegende Fläche vollständig in Trapeze zerlegt. Liegen Einzelbeobachtungen vor, ergibt sich die Fläche F_j des Trapezes (ABC_jC_{j-1}) als:

$$F_j = \frac{1}{2}(\overrightarrow{C_{j-1}A} + \overrightarrow{C_jB})(\overrightarrow{C_{j-1}C_j}),$$

wobei die Pfeile wieder Strecken mit den entsprechenden Endpunkten kennzeichnen (siehe Abb. 4.16).

Abb. 4.16: Grafik zur Berechnung des Gini–Koeffizienten

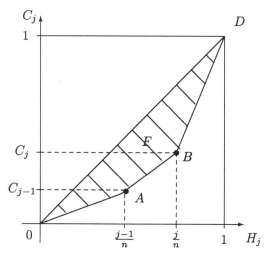

Nach Substitution folgt:

$$F_j = \frac{1}{2}(\frac{j-1}{n} + \frac{j}{n})c_j = \frac{2j-1}{2n}c_j \ , \ c_j = C_j - C_{j-1}.$$

Addiert man alle Trapezflächen F_j und subtrahiert hiervon den Flächeninhalt des Dreiecks über der Geraden OD, erhält man die Konzentrationsfläche F : $F = \sum\limits_{j=1}^{n} F_j - \frac{1}{2}$. Substitution von F_j durch die obige Beziehung ergibt:

$$F = \sum_{j=1}^{n} \frac{2j-1}{2n}c_j - \frac{1}{2} = \frac{2\sum\limits_{j=1}^{n} jc_j - \sum\limits_{j=1}^{n} c_j}{2n} - \frac{1}{2} = \frac{2\sum\limits_{j=1}^{n} jc_j - 1}{2n} - \frac{1}{2},$$

weil gilt: $\sum\limits_{j=1}^{n} c_j = 1$. Der Gini-Koeffizient $D_G = 2F$ ist dann:

$$D_G = \frac{2\sum\limits_{j=1}^{n} jc_j - 1}{n} - 1. \tag{4.59}$$

Da c_j bereits zur Anfertigung der Lorenzkurve benötigt wird, lässt sich D_G leicht aus den Daten der dritten Spalte der Arbeitstabelle 4.10 gewinnen. Gleichung (4.59) kann aber weiter so umgeformt werden, dass D_G direkt aus den Einzelbeobachtungen x_j folgt. Dies ist dann von Vorteil, wenn die Lorenzkurve nicht erstellt werden soll. Schreibt man: $1 = \frac{n}{n}$ und $c_j = \frac{x_j}{n\bar{x}}$, geht Gleichung (4.59) über in:

$$D_G = \frac{\frac{2\sum\limits_{j=1}^{n} jx_j}{n\bar{x}} - (1+n)}{n} = \frac{2\sum\limits_{j=1}^{n} jx_j - (1+n)\sum\limits_{j=1}^{n} x_j}{n\sum\limits_{j=1}^{n} x_j}, \tag{4.60}$$

weil $n\bar{x} = \sum\limits_{j=1}^{n} x_j$.

Liegen die Daten als Häufigkeitsverteilung vor, ändern sich nur die Seiten der durch Zerlegung gewonnenen Trapeze. Jetzt gilt für die Fläche F_i des i-ten Trapezes:

$$F_i = \frac{1}{2}(H_{i-1} + H_i)c_i = \frac{1}{2}(H_{i-1} + H_i)\frac{n_i x_i}{n\bar{x}},$$

und für die Konzentrationsfläche F:

$$F = \sum_{i=1}^{m} F_i - \frac{1}{2} = \frac{\sum_{i=1}^{m}(H_{i-1} + H_i)n_i x_i}{2n\bar{x}} - \frac{1}{2}.$$

Als Formel für den Gini-Koeffizienten erhält man:

$$D_G = \frac{\sum_{i=1}^{m}(H_{i-1} + H_i)n_i x_i}{n\bar{x}} - 1, \qquad (4.61a)$$

oder wegen $n_i x_i / n\bar{x} = c_i$:

$$D_G = \sum_{i=1}^{m}(H_{i-1} + H_i)c_i - 1. \qquad (4.61b)$$

Der Gini-Koeffizient für klassierte Daten folgt aus den Gleichungen (4.61a) und (4.61b) nach Substitution des Indexes i durch k und x_i durch $\bar{x}_k$:

$$D_G = \frac{\sum_{k=1}^{K}(H_{k-1} + H_k)n_k \bar{x}_k}{n\bar{x}} - 1, \qquad (4.62a)$$

oder wegen $n_k \bar{x}_k / n\bar{x} = c_k$:

$$D_G = \sum_{k=1}^{K}(H_{k-1} + H_k)c_k - 1. \qquad (4.62b)$$

Sind die arithmetischen Klassenmittel $\bar{x}_k$ nicht bekannt, verwendet man in Gleichung (4.62a) die Klassenmitten m_k als Approximation für $\bar{x}_k$. Aus den Gleichungen (4.59) bis (4.62) folgen wegen der Proportionalität nach Multiplikation mit $n/(n-1)$ die entsprechenden Formeln des normierten Gini-Koeffizienten D_G^*. Bei großen Datensätzen unterscheiden sich beide Koeffizienten kaum, da mit $n \to \infty$ der Quotient $n/(n-1)$ gegen eins strebt.

Abschließend wird der Gini-Koeffizient für die in der Arbeitstabelle 4.12 enthaltenen klassierten Daten berechnet. Der Nenner von Gleichung (4.62a) ist mit $n\bar{x}\hat{=}8095500$ in der Arbeitstabelle 4.12 bereits ermittelt; den Zähler gewinnt man anhand der nachstehenden Arbeitstabelle 4.13, wobei die Werte der 2. Spalte die Approximationen $n_k m_k$ aus der 5. Spalte der Arbeitstabelle 4.12 bei unbekanntem Klassenmittel sind.

Tabelle 4.13 : Gini–Koeffizient

k	$n_k \bar{x}_k$	$H_{k-1} + H_k$	Produkt $(2) \cdot (3)$
(1)	(2)	(3)	(4)
1	236250	0,15	35437,5
2	1008000	0,54	544320,0
3	1701000	1,05	1786050,0
4	1260000	1,47	1852200,0
5	3890250	1,81	7041352,5
			11259 360,0

Damit beträgt D_G:

$$D_G = \frac{11259360}{8095500} - 1 = 1,3908 - 1 = 0,3908.$$

Die Anzahl $n = 2100$ der Merkmalsträger ist hier so groß, dass sich D_G und D_G^* kaum unterscheiden. Der gefundene Wert zeigt eine mittlere Konzentration der Nettoeinkommensverteilung an. Da die Lorenzkurve und damit auch der Gini-Koeffizient bei klassierten Daten die Konzentration tendenziell unterzeichnen, dürfte sie in der Urliste größer als hier berechnet sein.

Übungsaufgaben zu 4.5

4.5.1 In der Stadt E existieren fünf Tageszeitungen mit folgenden Marktanteilen:

Zeitung	A	B	C	D	E
Marktanteil (in %)	15	10	25	20	30

a) Was versteht man unter absoluter und relativer Konzentration?

b) (i) Erstellen Sie die (absolute) Konzentrationskurve!

    (ii) Berechnen Sie alle Ihnen bekannten absoluten Konzentrationsmaße, und beurteilen Sie diese für den gegebenen Sachverhalt!

(iii) Zeichnen Sie die Lorenzkurve!

(iv) Berechnen Sie den Gini - Koeffizienten für den betrachteten Zeitungsmarkt!

4.5.2 Zweihundert Unternehmen einer Branche wurden hinsichtlich ihrer Beschäftigtenzahl wie folgt klassiert:

	n_k
(0,10]	110
(10,20]	40
(20,50]	30
(50,100]	16
(100,u.m)	4

(a) Die durchschnittliche Beschäftigtenzahl betrug 21. Berechnen Sie Klassenmitte und Klassenobergrenze der offenen Klasse (100,u.m)!

(b) Betrachten Sie die 26 Unternehmen mit den größten Beschäftigtenzahlen! Wieviele Beschäftigte hat das kleinste Unternehmen dieser Gruppe?

(c) Zeichnen Sie die Lorenzkurve!

(d) Berechnen Sie den Gini - Koeffizienten!

4.5.3 Für die Umsatzzahlen im Großhandel (in Millionen DM) und die Anzahl der Großhandelsunternehmen wurden im Jahre 1992 folgende Daten beobachtet:

Größenklasse (in Mio. DM)	Steuerbare Umsätze	Anzahl der Unternehmen
(0-1]	23404	69203
(1-10]	166860	49710
(10-100]	366153	13578
(100-250]	155100	1005
(250-1000*]	518794	539
* fiktive Klassengrenze		

Quelle: IFO (1994), Spiegel der
Wirtschaft 1994/95, München.

Beurteilen Sie die Konzentration im Großhandel anhand des Gini - Koeffizienten!

4.5.4 Zeigen Sie, dass bei Einzelbeobachtungen für den Gini - Koeffizienten auch gilt:

$$D_G = 1 - \frac{1}{n} \sum_{j=1}^{n} (C_{j-1} + C_j).$$

Gehen Sie bei Ihrem Nachweis von den Trapezen unterhalb der Lorenzkurve aus!

4.5.5 Ein Datensatz bestehe

a) aus nur zwei Merkmalsträgern mit den Beobachtungen $x_1 \neq x_2$,

b) aus zwei verschiedenen Merkmalsausprägungen mit den Häufigkeiten n_1 und n_2,

c) aus zwei Klassen.

Zeigen Sie, dass in allen drei Fällen für den Gini - Koeffizienten gilt: $D_G = h_1 - c_1$.

4.5.6 Sechs Personen beziehen ein monatliches Bruttoeinkommen X in Höhe von: 500, 600, 700, 900, 1600, 1700 EUR. Das Einkommem nach Steuern erhält man mit folgender Funktion: $y_j = x_j - \frac{2}{5}(x_j - 400)$. Berechnen Sie den Gini-Koeffizienten vor und nach der Einkommensbesteuerung!

5 Zweidimensionale Datensätze

5.1 Häufigkeitstabelle, Randverteilung, bedingte Verteilung und empirische Unabhängigkeit

Werden bei n Merkmalsträgern $\omega_1, \ldots, \omega_n$ einer statistischen Masse zwei Merkmale (statistische Variablen) X und Y erfasst, erhält man einen **bivariaten Datensatz**. Die Urliste besteht hier aus geordneten Zahlenpaaren $(x_1, y_1), \ldots, (x_n, y_n)$, die in einer bivariaten Beobachtungsmatrix wiedergegeben werden können. Aus der bivariaten Beobachtungsmatrix gewinnt man

Tabelle 5.1: Bivariate Beobachtungsmatrix

Merkmalsträger	X	Y
ω_1	x_1	y_1
ω_2	x_2	y_2
$\vdots$	$\vdots$	$\vdots$
ω_n	x_n	y_n

eine **zweidimensionale Häufigkeitstabelle** (vgl. Tabelle 5.2) nach folgendem Schema: Der Index i kennzeichnet wie zuvor die unterschiedlichen Ausprägungen der statistischen Variablen X in Datensatz: $i = 1, \ldots, m$; der Index j bezeichnet jetzt abweichend von seiner Verwendung bei univariaten Datensätzen nicht mehr die Beobachtungen, sondern die verschiedenen Ausprägungen der statistischen Variablen $Y : j = 1, \ldots, l$. Die Werte n_{ij} geben die (absolute) Anzahl an, wie oft die Ausprägungskombination (x_i, y_j) in der Urliste vorkommt, d.h. wieviele Merkmalsträger sowohl die Ausprägung x_i als auch die Ausprägung y_j aufweisen. Es gilt: $n_{ij} \geq 0$ und $\sum_{j=1}^{l} \sum_{i=1}^{m} n_{ij} = n$.

Tabelle 5.2: Zweidimensionale Häufigkeitstabelle

$\diagdown{}^{Y}_{X}$	y_1	y_2	$\cdots$	y_l	$n_{i\cdot}$
x_1	n_{11}	n_{12}		n_{1l}	$n_{1\cdot}$
x_2	n_{21}	n_{22}		n_{2l}	$n_{2\cdot}$
$\vdots$	$\vdots$	$\vdots$	$\vdots$	$\vdots$	$\vdots$
x_m	n_{m1}	n_{m2}		n_{ml}	$n_{m\cdot}$
$n_{\cdot j}$	$n_{\cdot 1}$	$n_{\cdot 2}$		$n_{\cdot l}$	n

$$n_{\cdot j} = \sum_{i=1}^{m} n_{ij}, \quad n_{i\cdot} = \sum_{j=1}^{l} n_{ij}.$$

Die Häufigkeitstabelle 5.2 wird auch $(m \times l)$**-Feldertafel** genannt. Bei kardinal skalierten Merkmalen X und Y bezeichnet man sie oft als **Korrelationstabelle**; sind beide Variablen ordinal skaliert, heißt sie **Kontingenztabelle**. In der neueren Literatur geht man immer häufiger dazu über, jede Feldertafel unabhängig vom Skalenniveau der statistischen Variablen als Kontingenztabelle zu bezeichnen.

Die Elemente n_{ij} bilden die **absolute bivariate Häufigkeitsverteilung**. Anstelle der absoluten hätten auch die **relativen bivariaten Häufigkeiten** $h_{ij} = \frac{n_{ij}}{n}$ in die Felder der Häufigkeitstabelle eingetragen werden können. Genau wie bei univariaten Datensätzen heißen die beiden Funktionen:

$$n(X = x_i, Y = y_j) = n_{ij} \quad (5.1a) \quad \text{bzw.} \quad h(X = x_i, Y = y_j) = h_{ij}, \quad (5.1b)$$

$$i = 1, \ldots, m \quad \text{und} \quad j = 1, \ldots, l$$

absolute bzw. **relative bivariate Häufigkeitsfunktion**.

Sind die beiden Merkmale X und Y mindestens ordinal skaliert, können durch Kumulation aus den bivariaten Häufigkeitsfunktionen (5.1a) und (5.1b) absolute und relative gemeinsame bzw. bivariate Häufigkeitssummenfunktionen gewonnen werden. Die kumulierten absoluten bzw. relativen gemeinsamen Häufigkeiten erhält man im bivariaten Fall als:

$$N(X \leq x, Y \leq y) = N(x,y) = \sum_{\substack{j \text{ mit} \\ y_j \leq y}} \sum_{\substack{i \text{ mit} \\ x_i \leq x}} n_{ij}, \qquad (5.2)$$

bzw.

$$H(X \leq x, Y \leq y) = H(x,y) = \sum_{\substack{j \text{ mit} \\ y_j \leq y}} \sum_{\substack{i \text{ mit} \\ x_i \leq x}} h_{ij}. \qquad (5.3)$$

Die **absolute gemeinsame Häufigkeitssummenfunktion** ist dann definiert als:

$$N(x,y) = \begin{cases} 0 & , \text{für } x < x_{i=1} \text{ oder } y < y_{j=1} \\ N(x_i, y_j) & , \text{für } x_i \leq x < x_{i+1}, y_j \leq y < y_{j+1} \\ n & , \text{für } x \geq x_m \text{ und } y \geq y_l \end{cases} .$$

Die **relative gemeinsame Häufigkeitssummenfunktion**, die weiter empirische Verteilungsfunktion genannt wird, erhält man analog hierzu als:

$$H(x,y) = \begin{cases} 0 & , \text{für } x < x_{i=1} \text{ oder } y < y_{j=1} \\ H(x_i, y_j) & , \text{für } x_i \leq x < x_{i+1}, y_j \leq y < y_{j+1} \\ 1 & , \text{für } x \geq x_m \text{ und } y \geq y_l \end{cases} .$$

Aus der Kontingenztabelle lassen sich die Häufigkeiten der Merkmalsausprägungen von X und Y auch getrennt gewinnen. Um zu ermitteln, wie häufig die Merkmalsausprägung x_i im bivariaten Datensatz vorkommt, addiert man die Häufigkeit n_{ij} bzw. h_{ij} für festes i über j. Die so gebildete Summe heißt **absolute** bzw. **relative Randhäufigkeit** und wird mit n_i. bzw. h_i. bezeichnet:

$$n_{i\cdot} = \sum_{j=1}^{l} n_{ij} \quad \text{und} \quad h_{i\cdot} = \sum_{j=1}^{l} h_{ij}.$$

Alle $n_{i\cdot}$ bzw. $h_{i\cdot}$ bilden die absolute bzw. relative **Randhäufigkeitsverteilung** von X. Entsprechend hierzu ergeben sich die Randhäufigkeiten des Merkmals Y als:

$$n_{\cdot j} = \sum_{i=1}^{m} n_{ij} \quad \text{und} \quad h_{\cdot j} = \sum_{i=1}^{m} h_{ij}.$$

Ein einfaches Beispiel soll die neu eingeführten Begriffe verdeutlichen. Die beiden diskreten, metrischen Variablen X und Y nehmen die Ausprägungen $x_1 < x_2 < x_3 < x_4$ und $y_1 < y_2 < y_3$ an. Die absoluten bivariaten Häufigkeiten n_{ij} sind in der Kontingenztabelle 5.3 wiedergegeben, die absolute bivariate Häufigkeitsverteilung ist in Abbildung 5.1 dargestellt. In Abbildung 5.1

Tabelle 5.3: Kontingenztabelle

X \ Y	y_1	y_2	y_3	$n_{i\cdot}$
x_1	1	3	1	5
x_2	4	5	3	12
x_3	2	5	3	10
x_4	4	4	7	15
$n_{\cdot j}$	11	17	14	$n = 42$

sind lediglich aus optischen Gründen die Abstände zwischen den Ausprägungen gleich groß gewählt; die Zahlen am oberen Stabende geben die absoluten bivariaten Häufigkeiten der 12 Ausprägungskombinationen (x_i, y_j) an. Die

Abb. 5.1: Absolute bivariate Häufigkeitsverteilung

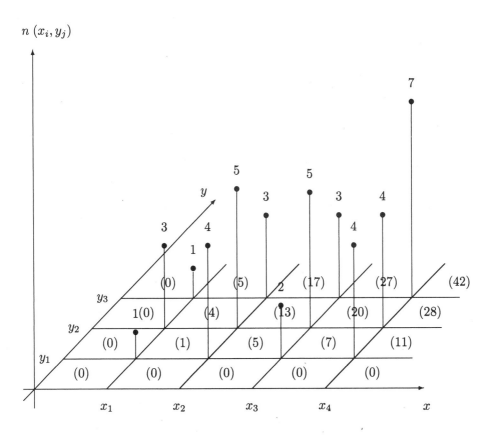

Berechnung der absoluten gemeinsamen Häufigkeitssummen geschieht nach Gleichung (5.2); für $X = x_3$ und $Y = y_2$ z.B. ergibt sich:

$$N(x_3, y_2) = \sum_{j=1}^{2}\sum_{i=1}^{3} n_{ij} = n_{11} + n_{21} + n_{31} + n_{12} + n_{22} + n_{32}$$

$$= 1 + 4 + 2 + 3 + 5 + 5 = 20.$$

Für alle Werte x und y mit $x_3 \leq x < x_4$ und $y_2 \leq y < y_3$ bleibt die Häufigkeitssummenfunktion auf dem Wert 20. Daher ist der Graph der absoluten gemeinsamen Häufigkeitssummenfunktion über dem Rechteck $x_3 \leq x < x_4$ und $y_2 \leq y < y_3$ eine zur (X,Y)-Ebene im Abstand von 20 liegende parallele

Fläche. In Abbildung 5.1 sind die gemeinsamen Häufigkeitssummen als Zahlen in Klammern den durch die Ausprägungen in der (x, y)-Ebene erzeugten Rechtecken zugeordnet. Der Graph der absoluten gemeinsamen Häufigkeitssummenfunktion ist in Abbildung 5.2 dargestellt.

Abb. 5.2: Absolute, gemeinsame Häufigkeitssummenfunktion

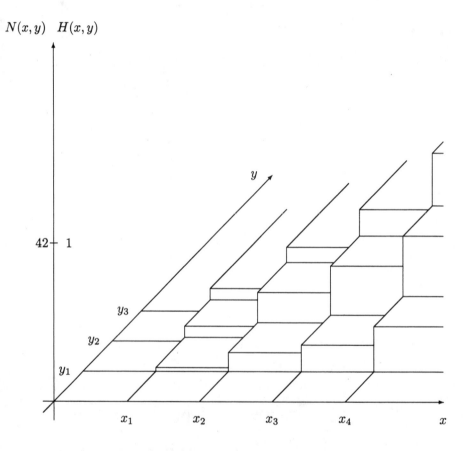

Der Graph der gemeinsamen, empirischen Verteilungsfunktion entspricht bis auf den Maßstab an der Ordinate dem der absoluten gemeinsamen Häufigkeitssummenfunktion. Da anstelle der absoluten die relativen Häufigkeiten h_{ij} kumuliert werden, beträgt der maximale Wert der gemeinsamen empirischen Verteilungsfunktion: $H(X \geq x_m, Y \geq y_l) = 1$.

Die Randverteilung beider Merkmale X und Y lässt sich mit den Parametern für univariate Datensätze weiter charakterisieren. Die beiden gebräuchlichsten Parameter, arithmetisches Mittel und Varianz, ergeben sich aus den Daten einer bivariaten Häufigkeitsverteilung für X als:

$$\bar{x} = \sum_{i=1}^{m} x_i h_{i.} = \sum_{i=1}^{m} x_i \sum_{j=1}^{l} h_{ij} = \sum_{j=1}^{l} \sum_{i=1}^{m} x_i h_{ij} = \frac{1}{n} \sum_{j=1}^{l} \sum_{i=1}^{m} x_i n_{ij},$$

$$s_x^2 = \sum_{i=1}^{m} x_i^2 h_{i.} - \bar{x}^2.$$

Entsprechend erhält man die beiden Parameter für die Randverteilung von Y als:

$$\bar{y} = \sum_{j=1}^{l} y_j h_{.j} = \sum_{j=1}^{l} y_j \sum_{i=1}^{m} h_{ij} = \sum_{i=1}^{m} \sum_{j=1}^{l} y_j h_{ij} = \frac{1}{n} \sum_{i=1}^{m} \sum_{j=1}^{l} y_j n_{ij},$$

$$s_y^2 = \sum_{j=1}^{l} y_j^2 h_{.j} - \bar{y}^2.$$

Bei klassierten Daten gibt die Kopfzeile der Häufigkeitstabelle 5.2 die Klassierung von Y wieder, während die Vorspalte die Klassen für X enthält. Zur Vereinfachung der Symbolik kennzeichnen die beiden Indizes i und j jetzt die Klassen; die Breite der i-ten Klasse von X wird mit $\Delta_i x$, die der j-ten Klasse von Y mit $\Delta_j y$ bezeichnet. Die Häufigkeiten n_{ij} bzw. h_{ij} geben die Anzahl bzw. den Anteil der Merkmalsträger an, deren Merkmalsausprägungen für X in die i-te, für Y in die j-te Klasse fallen. Um bivariate Häufigkeitsverteilungen klassierter Daten graphisch wiederzugeben, verwendet man analog zur Vorgehensweise bei univariaten Daten die absoluten oder relativen bivariaten Häufigkeitsdichten. Diese sind jetzt definiert als:

$$n_{ij}^* = \frac{n_{ij}}{\Delta_i x \Delta_j y}, \quad \text{bzw.:} \quad h_{ij}^* = \frac{n_{ij}}{n \Delta_i x \Delta_j y}.$$

Über der (i,j)-ten Klasse werden nun Quader so errichtet, dass sich ihre Volumen zueinander wie die Klassenhäufigkeiten n_{ij} bzw. h_{ij} verhalten. Abbildung 5.3 verdeutlicht dies für die Klasse mit $(x_{i-1}, x_i]$ und $(y_{j-1}, y_j]$.

Das Volumen V des Quaders beträgt: $V = n_{ij}^* \Delta_i x \Delta_j y = n_{ij}$. Analoges gilt, wenn anstelle n_{ij}^* die relative bivariate Häufigkeitsdichte h_{ij}^* verwendet wird. Um die gemeinsame Häufigkeitssummenfunktion bei klassierten Daten aufzustellen, geht man wie beim nicht klassierten Fall vor. Auf die jetzt umständlich analytische Darstellung sei hier verzichtet. Jedoch weist Abbildung 5.3 darauf hin, dass der Graph der absoluten und relativen gemeinsamen Häufigkeitssummenfunktion bei klassierten Daten ähnlich dem in Abbildung 5.2 dargestellten sein muss.

Abb. 5.3: Bivariate Klassendichte

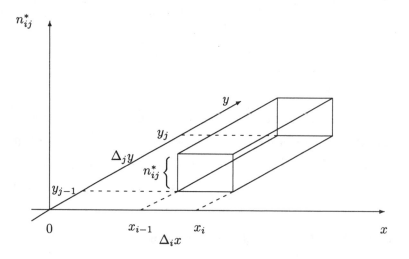

Neben der gemeinsamen Verteilung der Variablen X und Y und ihren Randverteilungen lassen sich noch weitere Verteilungen definieren, die wichtige Information über die Struktur bivariater Datensätze liefern. Betrachtet man z.B. die absoluten Häufigkeiten einer beliebigen Zeile i der Kontingenztabelle 5.3, so geben diese Werte an, wie häufig die einzelnen Ausprägungen von Y bei denjenigen Merkmalsträgern vorkommen, die gleichzeitig für X die Ausprägung x_i aufweisen. Analog geben die Häufigkeiten einer beliebigen Spalte j an, wie sich diejenigen Merkmalsträger, an denen die Ausprägung

y_j beobachtet wurde, auf die einzelnen Ausprägungen der statistischen Variablen X aufteilen. Diese Verteilungen, die von der Vorgabe abhängen, heißen **bedingte Verteilungen**. Zur Kennzeichnung der Bedingung wird sie in formalen Zusammenhängen rechts von einem senkrechten Strich aufgeführt.

Die weiteren Ausführungen beziehen sich auf die bedingten Verteilungen des Merkmals Y; sie gelten natürlich analog auch für das Merkmal X. Die Funktion $n_y(y_j \mid X = x_i)$ ordnet jedem Merkmal y_j die Anzahl der Merkmalsträger zu, bei denen für X die Ausprägung x_i vorliegt. Diese Häufigkeiten werden mit $n_{j|i}$ symbolisiert: $n_y(y_j \mid X = x_i) = n_{j|i}$ und heißen **bedingte absolute Häufigkeiten**. Sie liegen mit der Kontingenztabelle vor. Lautet die Bedingung z.B. $X = x_2$, erhält man die bedingten absoluten Häufigkeiten aus der zweiten Zeile als: $n_{1|2} = n_{21}, n_{2|2} = n_{22}, \ldots, n_{l|2} = n_{2l}$. Die geordneten Zahlenpaare $(y_j, n_{j|i}), j = 1, \ldots, l$ stellen die **bedingte Häufigkeitsverteilung** dar. Für jede mögliche Bedingung x_i existiert eine bedingte Verteilung; da jede Ausprägung x_i im Datensatz mit ihrer Randhäufigkeit $n_{i\cdot}$ vorkommt, gilt bei jeder bedingten Verteilung: $\sum\limits_{j=1}^{l} n_{j|i} = n_{i\cdot}, i = 1, \ldots, m$. Würden alle Randhäufigkeiten $n_{i\cdot}$ gleich groß sein, ließen sich die bedingten Verteilungen für Y untereinander direkt vergleichen. Da dies in den meisten empirischen Untersuchungen nicht der Fall sein wird, müssen die bedingten absoluten in **bedingte relative Häufigkeiten** überführt werden. Diese erhält man, indem die bedingten absoluten Häufigkeiten $n_{j|i}$ durch die Anzahl ihrer Beobachtungen, also durch $n_{i\cdot}$ (und nicht durch n!) dividiert werden:

$$h_{j|i} = \frac{n_{j|i}}{n_{i\cdot}} = \frac{n_{ij}}{n_{i\cdot}} \quad \text{für } i\text{: fest und } j\text{: variabel.}$$

Die Größe $h_{j|i}$ stellt die relative Häufigkeit von y_j unter der Bedingung $X = x_i$ dar; man schreibt dafür auch $h_y(y_j \mid X = x_i) = h_{j|i}$. Für $h_{j|i}$ gilt:

$$h_{j|i} = \frac{\frac{n_{ij}}{n}}{\frac{n_{i\cdot}}{n}} = \frac{h_{ij}}{h_{i\cdot}} \quad \text{und} \quad \sum_{j=1}^{l} h_{j|i} = 1.$$

Die Menge der geordneten Zahlenpaare $\{(y_j, h_{j|i}), j = 1, \ldots, l\}$ ergibt die bedingte relative Häufigkeitsverteilung von Y für $X = x_i$.

Auf gleiche Weise wie für Y lassen sich bedingte Verteilungen für X entwickeln. Die bedingten absoluten und bedingten relativen Häufigkeiten werden jetzt mit $n_{i|j}$ und $h_{i|j}$, die durch sie festgelegten Häufigkeitsfunktionen mit $n_x(x_i \mid Y = y_j)$ und $h_x(x_i \mid Y = y_j)$ für $i = 1, \dots, m$ bezeichnet.

Das arithmetische Mittel der bedingten Verteilungen (bedingtes arithmetisches Mittel) erhält man als:

$$\bar{x} \mid y_j = \frac{1}{n_{\cdot j}} \sum_{i=1}^{m} x_i n_{i|j} = \sum_{i=1}^{m} x_i h_{i|j}$$

und

$$\bar{y} \mid x_i = \frac{1}{n_{i \cdot}} \sum_{j=1}^{l} y_j n_{j|i} = \sum_{j=1}^{l} y_j h_{j|i} \, ;$$

für die bedingten Varianzen gilt:

$$s_{x|y}^2 = \frac{1}{n_{\cdot j}} \sum_{i=1}^{m} (x_i - \bar{x} \mid y_j)^2 n_{i|j} = \sum_{i=1}^{m} (x_i - \bar{x} \mid y_j)^2 h_{i|j} = \sum_{i=1}^{m} x_i^2 h_{i|j} - (\bar{x} \mid y_j)^2$$

und

$$s_{y|x}^2 = \frac{1}{n_{i \cdot}} \sum_{j=1}^{l} (y_j - \bar{y} \mid x_i)^2 n_{j|i} = \sum_{j=1}^{l} (y_j - \bar{y} \mid x_i)^2 h_{j|i} = \sum_{j=1}^{l} y_j^2 h_{j|i} - (\bar{y} \mid x_i)^2.$$

Sind die m bedingten relativen Häufigkeitsfunktionen $h_y(y_j \mid X = x_i)$ für alle $i = 1, \dots, m$ gleich, dann ist die Verteilung von Y unabhängig von dem Wert, den die Bedingung X annimmt. Die m bedingten relativen Verteilungen müssen dann auch mit der relativen Randverteilung $h_{\cdot j}$ von Y übereinstimmen: $h_{j|1} = h_{j|2} = \dots = h_{j|m} = h_{\cdot j}$ für $j = 1, \dots, l$. Aus $h_{j|i} = h_{ij}/h_{i \cdot}$ folgt bei Unabhängigkeit der statistischen Variablen Y von X:

$$h_{j|i} = \frac{h_{ij}}{h_{i \cdot}} = h_{\cdot j} \text{ und hieraus:}$$

$$h_{ij} = h_{i \cdot} . h_{\cdot j} \, . \tag{5.4}$$

Ist Y von X unabhängig, gilt auch die Umkehrung. Die bedingten relativen Häufigkeiten von X stimmen überein: $h_{i|1} = h_{i|2} = \dots = h_{i|l} = h_{i \cdot}$ für

$i = 1, \ldots, m$. Diese Gleichheit lässt sich aus Gleichung (5.4) ableiten. Es gilt: $\frac{h_{ij}}{h_{.j}} = h_{i.}$. Da $\frac{h_{ij}}{h_{.j}} = h_{i|j}$ ist, folgt: $h_{i|j} = h_{i.}$ für alle $i = 1, \ldots, m$. Die Merkmale X und Y beeinflussen sich nicht wechselseitig, man bezeichnet sie deshalb als **empirisch** bzw. **statistisch unabhängig**. Bei Unabhängigkeit für X und Y ist die ganze Information, die eine bivariate Kontingenztabelle speichert, bereits in den beiden Randverteilungen enthalten.

Mit Beziehung (5.4) kann die Unabhängigkeit zweier Merkmale überprüft werden. Lassen sich alle relativen bivariaten Häufigkeiten h_{ij} als Produkt der entsprechenden relativen Randhäufigkeiten darstellen, gilt also: $h_{ij} = h_{i.}h_{.j}$, dann sind X und Y **empirisch unabhängig**. Gelingt dies für mindestens ein h_{ij} nicht, liegt **empirische Abhängigkeit** vor.

Empirische Unabhängigkeit zeigt sich auch bei absoluten bivariaten Häufigkeiten. Wegen $h_{j|i} = \frac{n_{ij}}{n_{i.}} = \frac{n_{.j}}{n}$ geht Gleichung (5.4) nach entsprechenden Substitutionen über in:

$$n_{ij} = \frac{n_{i.}n_{.j}}{n}. \tag{5.5}$$

Mit Gleichung (5.5) wird die Unabhängigkeit der beiden Merkmale X und Y geprüft, wenn ihre Kontingenztabelle absolute bivariate Häufigkeiten enthält. Liegt für die beiden Merkmale X und Y der Kontingenztabelle 5.3 Unabhängigkeit vor, muss z.B. für n_{11} gelten:

$$n_{11} = \frac{n_{1.}n_{.1}}{n} = \frac{5 \cdot 11}{42} \approx 1,31.$$

Da der empirische Wert $n_{11} = 1$ beträgt, hat man bereits jetzt schon nachgewiesen, dass X und Y abhängig sind. Abhängigkeit lässt sich aber auch an den bedingten arithmetischen Mitteln und den bedingten Varianzen erkennen, die jetzt mit der Bedingung variieren.

Übungsaufgaben zu 5.1

5.1.1 Zeigen Sie, dass gilt:

a) $\displaystyle\sum_{j=1}^{l}\sum_{i=1}^{m} n_{ij} = \sum_{i=1}^{m}\sum_{j=1}^{l} n_{ij} = n$ b) $\displaystyle\sum_{j=1}^{l}\sum_{i=1}^{m} n_{i.}n_{.j} = n^2$!

158

5.1.2 Vervollständigen Sie die zweidimensionale Häufigkeitstabelle, in der die *Erwerbstätigen nach ihrer Stellung im Beruf (X)* und ihrem *Nettoeinkommen (Y)* im Jahre 1993 enthalten sind:

X	Y	y_1 [0,1000)	y_2 [1000,1800)	y_3 [1800,3000)	y_4 [3000,u.m.)	$h_i.$
Selbst.	x_1	1	1,1	2,9	6	
Beamte	x_2	0,6	0,5	2,4	4,5	
Angest.	x_3	5	8,1	17,1	14,8	
Arbeiter	x_4	4,3	6,5	20,5	4,7	
	$h_{.j}$					
relative Häufigkeiten in %						

a) Weisen die Werte der relativen bivariaten Häufigkeitsverteilung auf statistische Unabhängigkeit der Merkmale X und Y hin?

b) Berechnen Sie Mittelwert und Standardabweichung der Randverteilung von Y (Klassenobergrenze der letzten Klasse sei 7000)!

c) Berechnen Sie das bedingte arithmetische Mittel sowie die bedingte Standardabweichung für Y, wenn $X = x_4$!

5.2 Zusammenhangsmaße

5.2.1 Empirische Formen des Zusammenhangs

Die Analyse des Zusammenhangs bzw. der Abhängigkeit zweier Merkmale X und Y umfasst zwei Bereiche. Zum einen muss geklärt werden, welche Art des Zusammenhangs zwischen X und Y vorliegt, zum anderen sind Maßzahlen zur Messung seiner Stärke zu entwickeln. In empirischen Wissenschaften können zwischen zwei Merkmalen X und Y vielfältige Formen des Zusammenhangs existieren. Einen ersten Eindruck hiervon vermittelt ein **Streudiagramm (scatter plot)**, das entsteht, indem man die Beobachtungen $(x_r, y_r), r = 1, \ldots, n$ als Punkte in ein kartesisches Koordinatensystem mit X an der Abszisse und Y an der Ordinate überträgt. Die Punkte insgesamt bilden eine Punktwolke, in der sie mehr oder weniger stark streuen. Trotzdem lassen sich in vielen Fällen Zusammenhänge erkennen, für die einige typische Formen in Abbildung 5.4 a) bis f) dargestellt sind. Jedes Kreuzchen entspricht einer Beobachtung (x_r, y_r); aus Platzgründen liegen alle Punktwolken im ersten Quadranten.

Bis auf die Punktwolke in Diagramm f) deuten die übrigen auf einen Zusammenhang zwischen X und Y hin. In den Grafiken a) und b) stellt sich der Zusammenhang annähernd linear dar, in Abbildung c) und d) ist er hyperbelartig bzw. parabolisch, und beim Graph e) kreisförmig.

Abb. 5.4: Streudiagramme

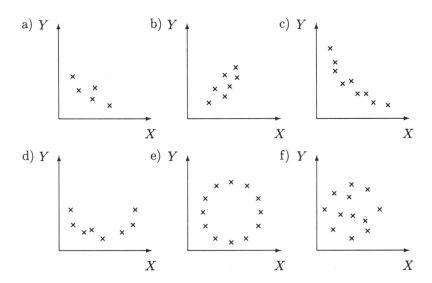

Einen über das Streudiagramm hinausgehenden Eindruck über den — insbesondere linearen — Zusammenhang zwischen X und Y liefert die **empirische Regressionslinie**. Diese erhält man, indem die bedingten arithmetischen Mittel der jeweiligen Bedingung zugeordnet und als Punkte in ein Koordinatensystem übertragen werden. Verbindet man die Punkte $(x_i, \bar{y} \mid x_i), i = 1, \ldots, m$ durch Teilgeraden, resultiert die empirische Regressionslinie von Y auf X; die lineare Verbindung der Punkte $(y_j, \bar{x} \mid y_j), j = 1, \ldots, l$ ergibt die empirische Regressionslinie von X auf Y. Unabhängigkeit führt dazu, dass die Regressionslinie parallel zu der Achse verläuft, an der die Variable, die die Bedingung darstellt, abgetragen ist. Alle anderen Verläufe zeigen Abhängigkeit an.

Obwohl es theoretisch möglich ist, für jede Form des Zusammenhangs eine spezielle Maßzahl zu entwickeln, reichen Maßzahlen zur Messung der Stärke eines linearen Zusammenhangs meist aus. Zwei Gründe lassen sich hierfür anführen: Nicht lineare Zusammenhänge sind häufig in den Daten nur schwach ausgeprägt, so dass sie durch lineare gut approximiert werden können. Zum Zweiten kann jeder nicht lineare (funktionale) Zusammenhang zwischen X und Y durch eine Variablentransformation für X linearisiert werden. Lägen z.B. in Abbildung 5.4c alle Beobachtungen (x_r, y_r) auf einer Hyperbel, muss gelten: $y_r = 1/x_r$. Nimmt x_r die Werte $\frac{1}{2}, 1, 2, 3$ an, ergibt sich für y_r : $2, 1, \frac{1}{2}, \frac{1}{3}$. Verwendet man anstelle der Beobachtungen x_r die transformierten Werte $x_r^* = \frac{1}{x_r}$, resultieren für x_r^* dieselben Werte wie für y_r: Der Zusammenhang zwischen x_r^* und y_r ist jetzt exakt linear.

Exakte Abhängigkeiten zweier Merkmale stellen in der Empirie die Ausnahme dar. Lässt sich am Streudiagramm erkennen, dass Y tendenziell mit X zunimmt, spricht man unabhängig von der Skalierung der Variablen von positiver, im umgekehrten Fall von negativer **Korrelation**. Zur Messung der Stärke solcher Zusammenhänge sind besondere Maßzahlen entwickelt worden, die jedoch von der Skalierung beider Merkmale abhängen. Bei nominal skalierten Merkmalen kommen **Assoziationsmaße** zur Anwendung, bei allen anderen Skalierungen **Korrelationskoeffizienten**. Ein Problem tritt auf, wenn beide Merkmale verschiedene Skalen besitzen. Ordnet man die Skalen nach den Anforderungen, die ein Merkmal erfüllen muss, ergibt sich für die **Skalenhierarchie**, beginnend mit der Skala, die die wenigsten Voraussetzungen verlangt, folgende Reihung: Nominal-, Ordinal- und Kardinalskala.

Bei unterschiedlichen Skalen für X und Y ist bei der Wahl des Zusammenhangsmaßes die höhere auf die niedrigere Skala abzuwerten, sofern nicht eine Maßzahl existiert, die für die spezielle Skalenkombination entwickelt wurde. Maßzahlen, die für statistische Variablen mit bestimmter Skalierung gültig sind, lassen sich auf alle Merkmale mit ranghöheren Skalenniveaus anwenden, nicht aber umgekehrt. So können z.B. Assoziationsmaße auch für metrische Merkmale berechnet werden, nicht aber Korrelationskoeffizienten für nominal skalierte Variablen.

Es ist insbesonders für die Vergleichbarkeit empirischer Resultate vorteilhaft, dass Korrelations- und Assoziationsmaße auf dasselbe Zahlenintervall $[-1, 1]$ normiert sind. Da diese Maße den linearen funktionalen Zusammenhang erfassen, nehmen sie den Wert 1 bei positivem und exakt linearem, den Wert -1 bei negativem und exakt linearem Zusammenhang an. Je geringer der lineare Zusammenhang in den Daten ausfällt, desto näher liegt der Betrag der Maßzahl bei null. Ein Wert von null bedeutet jedoch nicht, dass zwischen X und Y kein Zusammenhang existiert, sondern nur, dass dieser nicht linear ist. Die in den nächsten Abschnitten behandelten Zusammenhangsmaße nehmen, sofern sie auf eine Datenlage anwendbar sind, wie sie in den Abbildungen 5.4e und 5.4f vorliegt, den Wert null an, obwohl in Grafik 5.4e offensichtlich ein nicht linearer Zusammenhang zwischen X und Y gegeben ist.

5.2.2 Korrelations- und Assoziationsmaße

5.2.2.1 Kovarianz und Korrelationskoeffizient von Bravais - Pearson

Sind zwei Merkmale X und Y metrisch skaliert und nicht unabhängig, können Richtung und Stärke ihrer Abhängigkeit mit der Korrelationsrechnung quantifiziert werden. Erster Anhaltspunkt über ihren Zusammenhang liefert eine

162

Untersuchung, ob im bivariaten Datensatz $(x_r, y_r), r = 1, \ldots, n$ die Ausprägungen beider Variablen zusammen variieren. Es ist naheliegend, hierzu die Abweichungen $(x_r - \bar{x})$ und $(y_r - \bar{y})$ jedes Beobachtungspaares (x_r, y_r) heranzuziehen. Die Logik der Vorgehensweise verdeutlicht Abbildung 5.5, die das Streudiagramm von sechs Beobachtungen $(x_1, y_1), \ldots, (x_6, y_6)$ wiedergibt. Zwecks Vereinfachung liegt die Punktwolke wieder ganz im ersten Quadranten. Der Punkt mit den Koordinaten $(\bar{x}, \bar{y})$ ist Ursprung eines Hilfs-

Abb. 5.5: Streudiagramm

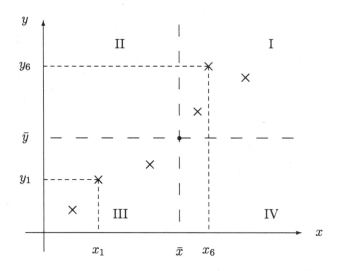

koordinatensystems mit den Quadranten I bis IV. Korrelieren die Variablen X und Y positiv, liegen die Beobachtungen (x_r, y_r) überwiegend im I. und III. Quadranten, d.h.: die Abweichungen $(x_r - \bar{x})$ und $(y_r - \bar{y})$ haben gleiches Vorzeichen und ihr Produkt ist positiv (vgl. die Beobachtungen (x_1, y_1) und (x_6, y_6) in Abbildung 5.5). Bei negativer Korrelation müssen die Beobachtungen überwiegend im II. und IV. Quadranten liegen; die Abweichungen $(x_r - \bar{x})$ und $(y_r - \bar{y})$ haben verschiedene Vorzeichen, ihr Produkt ist daher negativ. Abweichungsprodukte für Punkte auf den Achsen des Hilfskoordinatensystems haben den Wert null. Diesen Zusammenhang nutzt man bei der Konstruktion einer neuen Maßzahl, der **(empirischen) Kovarianz**, die definiert ist als:

$$s_{xy} = \frac{1}{n} \sum_{r=1}^{n} (x_r - \bar{x})(y_r - \bar{y}). \tag{5.6}$$

Gleichen sich positive und negative Abweichungsprodukte genau aus oder liegen alle Beobachtungspunkte auf den Achsen des Hilfskoordinatensystems, wird die Kovarianz s_{xy} null. Sie nimmt positive (negative) Werte an, wenn die Abweichungsprodukte im I. und III. Quadranten diejenigen des II. und IV. Quadranten über- (unter-)kompensieren. Die Kovarianz wird umso größer (kleiner), je stärker diejenigen Wertepaare überwiegen, bei denen große x-Werte mit großen (kleinen) y-Werten einhergehen. Somit lassen sich die Formen des Zusammenhangs zwischen den beiden Variablen X und Y präzisieren. Bei positiver (negativer) Kovarianz heißen X und Y **positiv (negativ) korreliert**; nimmt s_{xy} den Wert null an, sind beide Merkmale **unkorreliert**.

Werden die Daten durch eine Kontingenztabelle gegeben, ist die Kovarianz unter Verwendung der absoluten oder relativen bivariaten Häufigkeiten zu berechnen:

$$s_{xy} = \frac{1}{n} \sum_{i=1}^{m} \sum_{j=1}^{l} (x_i - \bar{x})(y_j - \bar{y}) n_{ij} = \sum_{i=1}^{m} \sum_{j=1}^{l} (x_i - \bar{x})(y_j - \bar{y}) h_{ij}. \tag{5.7}$$

Bei klassierten Daten kommt ebenfalls Gleichung (5.7) zur Anwendung, nachdem x_i und y_j durch die jeweiligen Klassenmittel $\bar{x}_i$ und $\bar{y}_j$, oder falls diese unbekannt sind, durch die Klassenmitten m_i und m_j ersetzt wurden. Entsprechend sind dann n_{ij} bzw. h_{ij} als Klassenhäufigkeiten zu interpretieren.

In vielen Fällen erweist sich bei der praktischen Berechnung der Kovarianz eine Formel geeigneter, die man aus den Gleichungen (5.6) und (5.7) durch Umformung gewinnt. Aus Gleichung (5.6) folgt:

$$s_{xy} = \frac{1}{n} \sum_{r=1}^{n} [x_r(y_r - \bar{y}) - \bar{x}(y_r - \bar{y})] = \frac{1}{n} \sum_{r=1}^{n} x_r(y_r - \bar{y}) - \bar{x}\frac{1}{n} \sum_{r=1}^{n} (y_r - \bar{y}).$$

Wegen der Schwerpunkteigenschaft gilt: $\sum_{r=1}^{n}(y_r - \bar{y}) = 0$ und daher:

$$s_{xy} = \frac{1}{n}\sum_{r=1}^{n}x_r y_r - \bar{y}\frac{1}{n}\sum_{r=1}^{n}x_r = \frac{1}{n}\sum_{r=1}^{n}x_r y_r - \bar{x}\bar{y}. \qquad (5.8)$$

Analog hierzu erhält man aus Gleichung (5.7):

$$s_{xy} = \frac{1}{n}\sum_{i=1}^{m}\sum_{j=1}^{l}x_i y_j n_{ij} - \bar{x}\bar{y} = \sum_{i=1}^{m}\sum_{j=1}^{l}x_i y_j h_{ij} - \bar{x}\bar{y}. \qquad (5.9)$$

Die Gleichungen (5.8) und (5.9) heißen in der Literatur **Zerlegungsformeln der Kovarianz**. Vergleicht man beide Gleichungen mit Gleichung (4.28), können sie wegen formaler Analogie als spezielle Verschiebungssätze der Kovarianz interpretiert werden.

Gehen Datenpaare (z_r, v_r) durch Lineartransformationen $z_r = a + bx_r$ und $v_r = c + dy_r$ aus (x_r, y_r) hervor, gilt für die Kovarianz der Variablen Z und V:

$$s_{zv} = bd\, s_{xy}. \qquad (5.10)$$

Gleichung (5.10) lässt sich leicht beweisen. Wegen $\bar{z} = a + b\bar{x}$ und $\bar{v} = c + d\bar{y}$ folgt aus Gleichung (5.6):

$$s_{zv} = \frac{1}{n}\sum_{r=1}^{n}(z_r - \bar{z})(v_r - \bar{v}) = \frac{1}{n}\sum_{r=1}^{n}b(x_r - \bar{x})d(y_r - \bar{y}) = bd\, s_{xy}.$$

Sind die beiden Merkmalen X und Y (empirisch) unabhängig, dann gilt wegen Gleichung (5.5): $n_{ij} = (n_{i.}n_{.j})/n$. Nach Substitution folgt aus Gleichung (5.7):

$$s_{xy} = \frac{1}{n}\sum_{i=1}^{m}\sum_{j=1}^{l}(x_i - \bar{x})(y_j - \bar{y})\frac{n_{i.}n_{.j}}{n} = \frac{1}{n^2}\sum_{i=1}^{m}(x_i - \bar{x})n_{i.}\sum_{j=1}^{l}(y_j - \bar{y})n_{.j} = 0,$$

weil die beiden Summen der letzten Umformung wegen der Schwerpunkteigenschaft null ergeben. Unabhängigkeit führt zu einer Kovarianz null, d.h. X und Y sind unkorreliert.

Diese Eigenschaft der Kovarianz bei Unabhängigkeit kann von Bedeutung sein, wenn wegen sachlogischer Beziehungen durch Summation der beiden

Merkmale X und Y ein neues Merkmal Z entsteht, wie dies z.B. bei der Addition des Konsums (X) und der Nettoinvestitionen (Y) einer Volkswirtschaft zum Nettoinlandsprodukt (Z) der Fall ist. Die empirische Varianz der Variablen $Z = X + Y$ erhält man als:

$$s_z^2 = \frac{1}{n} \sum_{r=1}^{n} (z_r - \bar{z})^2 = \frac{1}{n} \sum_{r=1}^{n} [(x_r - \bar{x}) + (y_r - \bar{y})]^2$$

$$= \frac{1}{n} \sum_{r=1}^{n} (x_r - \bar{x})^2 + \frac{2}{n} \sum_{r=1}^{n} (x_r - \bar{x})(y_r - \bar{y}) + \frac{1}{n} \sum_{r=1}^{n} (y_r - \bar{y})^2,$$

oder:

$$s_z^2 = s_x^2 + s_y^2 + 2s_{xy}. \tag{5.11}$$

Gleichung (5.11) ist der **Additionssatz für Varianzen abhängiger Variablen**. Bei Unabhängigkeit reduziert er sich wegen $s_{xy} = 0$ zu: $s_z^2 = s_x^2 + s_y^2$.

Mit der Kovarianz ist ein Parameter entwickelt, der den Zusammenhang zweier Merkmale zwar quantifiziert, nicht aber normiert: Der Betrag der Kovarianz kann beliebig wachsen. Bei jedem Datensatz existiert aber für den Betrag der Kovarianz eine obere Schranke. Mit Hilfe der Regressionsanalyse kann man zeigen (siehe Aufg. 5.3.3), dass für $s_y^2 > 0$ immer die Ungleichung

$$0 \leq \frac{1}{n} \sum_{r=1}^{n} [(x_r - \bar{x}) - \frac{s_{xy}}{s_y^2}(y_r - \bar{y})]^2$$

erfüllt ist. Hieraus folgt nach Auflösen des Quadrats:

$$0 \leq \underbrace{\frac{1}{n} \sum_{r=1}^{n} (x_r - \bar{x})^2}_{s_x^2} - 2\frac{s_{xy}}{s_y^2} \underbrace{\frac{1}{n} \sum_{r=1}^{n} (x_r - \bar{x})(y_r - \bar{y})}_{s_{xy}} + \frac{s_{xy}^2}{s_y^4} \underbrace{\frac{1}{n} \sum_{r=1}^{n} (y_r - \bar{y})^2}_{s_y^2}, \text{ oder:}$$

$$0 \leq s_x^2 - 2\frac{s_{xy}^2}{s_y^2} + \frac{s_{xy}^2}{s_y^2} = s_x^2 - \frac{s_{xy}^2}{s_y^2}.$$

Somit gilt: $0 \leq s_{xy}^2 \leq s_x^2 s_y^2$. Diese Beschränkung der Kovarianz ist in der Literatur als **Schwarz'sche** oder **Cauchy-Schwarz'sche Ungleichung** bekannt. Aus ihr ergibt sich für den Betrag der Kovarianz: $\mid s_{xy} \mid \leq s_x s_y$, oder: $-s_x s_y \leq s_{xy} \leq s_x s_y$. Mit der Cauchy-Schwarz'schen Ungleichung lässt sich die Kovarianz in eine dimensionslose Maßzahl überführen, die nur Werte des geschlossenen Intervalls $[-1, 1]$ annimmt. Dividiert man s_{xy} durch $s_x s_y$, erhält man als Quotient den **Korrelationskoeffizienten** r_{xy} nach Bravais-Pearson, der in der Literatur auch Produktmoment-Korrelationskoeffizient oder kurz Korrelationskoeffizient heißt:

$$
r_{xy} = \frac{s_{xy}}{s_x s_y} = \frac{\sum\limits_{r=1}^{n} (x_r - \bar{x})(y_r - \bar{y})}{\sqrt{\sum\limits_{r=1}^{n} (x_r - \bar{x})^2} \sqrt{\sum\limits_{r=1}^{n} (y_r - \bar{y})^2}}, \quad -1 \leq r_{xy} \leq 1. \quad (5.12)
$$

Das Vorzeichen des Korrelationskoeffizienten gibt die Richtung, sein Betrag die Stärke des Zusammenhangs zwischen X und Y an. Sind beide Merkmale unabhängig, folgt wegen $s_{xy} = 0$ immer auch: $r_{xy} = 0$. Jedoch darf umgekehrt bei einem Korrelationskoeffizienten bzw. einer Kovarianz von null nicht immer auf Unabhängigkeit geschlossen werden. Den größten Wert 1 nimmt r_{xy} an, wenn alle Punkte (x_r, y_r) auf einer Geraden mit positiver Steigung liegen; den kleinsten Wert -1 erreicht er, wenn sich alle Punkte auf einer Geraden mit negativer Steigung befinden. Zwischen den Beobachtungen y_r und x_r existiert dann die lineare Beziehung: $y_r = a + b x_r, b \neq 0$. Wegen $\bar{y} = a + b \bar{x}$ erhält man: $y_r - \bar{y} = b(x_r - \bar{x})$. Dies in Gleichung (5.12) eingesetzt ergibt:

$$
r_{xy} = \frac{b \sum\limits_{r=1}^{n} (x_r - \bar{x})^2}{\sqrt{\sum\limits_{r=1}^{n} (x_r - \bar{x})^2} \sqrt{b^2 \sum\limits_{r=1}^{n} (x_r - \bar{x})^2}} = \frac{b \sum\limits_{r=1}^{n} (x_r - \bar{x})^2}{|b| \sum\limits_{r=1}^{n} (x_r - \bar{x})^2} = \frac{b}{|b|}.
$$

Für $b < 0$ ist: $r_{xy} = -1$, für $b > 0$ folgt: $r_{xy} = 1$.

Ein Korrelationskoeffizient nahe bei null weist nur darauf hin, dass beim vorliegenden bivariaten Datensatz ein linearer Zusammenhang zwischen X und Y nur schwach ausfällt. Andere Formen des Zusammenhangs, z.B. parabolische oder kreisförmige, können hingegen sehr stark ausgeprägt sein.

Die Stärke der Korrelation ist invariant gegenüber einer linearen Transformation der Variablen X und Y. Gilt: $z_r = a + b x_r$ und $v_r = c + d y_r$, erhält man den Korrelationskoeffizienten für Z und V wegen der Gleichungen (4.37) und (5.10) als:

$$r_{zv} = \frac{bds_{xy}}{\mid b \mid s_x \mid d \mid s_y} = \frac{bd}{\mid b \mid\mid d \mid} r_{xy}.$$

Ist $bd > 0$, stimmen beide Korrelationskoeffizienten überein: $r_{xy} = r_{zv}$; gilt $bd < 0$, erhält man: $r_{zv} = -r_{xy}$; die Richtung des Zusammenhangs kehrt sich um.

Je nach Datenlage existieren neben der Gleichung (5.12) noch weitere Formeln zur Berechnung des Korrelationskoeffizienten. Bei Einzelbeobachtungen ist es günstig, die Kovarianz nach der Zerlegungsformel (5.8) und die Varianzen nach dem speziellen Verschiebungssatz (4.27) zu ermitteln. Nach einfachen Umformungen erhält man r_{xy} als:

$$r_{xy} = \frac{\sum\limits_{r=1}^{n} x_r y_r - n\bar{x}\bar{y}}{\sqrt{(\sum\limits_{r=1}^{n} x_r^2 - n\bar{x}^2)(\sum\limits_{r=1}^{n} y_r^2 - n\bar{y}^2)}}. \tag{5.13}$$

Liegen die Daten in einer Kontingenztabelle oder klassiert vor, kommt zur Berechnung von r_{xy} Gleichung (5.14) zur Anwendung, wobei bei Klassierung x_i und y_j durch die Klassenmitten m_i und m_j zu ersetzen sind, falls die Klassenmittel $\bar{x}_i$ und $\bar{y}_j$ nicht vorliegen:

$$r_{xy} = \frac{\sum\limits_{i=1}^{m} \sum\limits_{j=1}^{l} x_i y_j n_{ij} - n\bar{x}\bar{y}}{\sqrt{(\sum\limits_{i=1}^{m} x_i^2 n_{i.} - n\bar{x}^2)(\sum\limits_{j=1}^{l} y_j^2 n_{.j} - n\bar{y}^2)}}. \tag{5.14}$$

Die Berechnung des Korrelationskoeffizienten verlangt mehrere Rechenschritte, so dass eine Arbeitstabelle hilfreich ist. Die Vorgehensweise zeigt Tabelle 5.4, die in den Spalten (2) und (3) die Anzahl eingeschriebener Studierender X (in Tsd) und die durchschnittliche Studiendauer Y (in Semester) an zehn Fachbereichen der Wirtschaftswissenschaften enthält. Einen ersten Eindruck über den Zusammenhang zwischen X und Y gewinnt man aus dem Streudiagramm (vgl. Abbildung 5.6); da beide Merkmale metrisch skaliert sind, kann der Zusammenhang mit dem Korrelationskoeffzienten quantifiziert werden.

Tabelle 5.4: Arbeitstabelle zur Berechnug von r_{xy}

r	x_r	y_r	$x_r - \bar{x}$	$y_r - \bar{y}$	$(4) \cdot (5)$	$(x_r - \bar{x})^2$	$(y_r - \bar{y})^2$
(1)	(2)	(3)	(4)	(5)	(6)	(7)	(8)
1	3,5	11,0	0,3	0	0,0	0,09	0,00
2	2,4	9,5	-0,8	-1,5	1,2	0,64	2,25
3	3,0	11,0	-0,2	0	0,0	0,04	0,00
4	2,1	10,0	-1,1	-1,0	1,1	1,21	1,00
5	1,6	9,5	-1,6	-1,5	2,4	2,56	2,25
6	3,2	11,5	0	0,5	0,0	0,00	0,25
7	0,8	10,0	-2,4	-1,0	2,4	5,76	1,00
8	4,0	14,0	0,8	3,0	2,4	0,64	9,00
9	0,5	9,0	-2,7	-2,0	5,4	7,29	4,00
10	10,9	14,5	7,7	2,5	26,95	59,29	12,25
$\sum$	32	110,0	0	0	41,85	77,52	32,00

$\bar{x} = 3,2 \qquad \bar{y} = 11$

Auch ohne Berücksichtigung des statistischen Ausreißers (x_{10}, y_{10}) zeigt das Streudiagramm eine positive Korrelation zwischen Studierendenzahl und durchschnittlicher Studiendauer. Wegen der Datenlage kann dieser Zusammenhang mit der Gleichung (5.12) berechnet werden. Die für den Korrelationskoeffizienten benötigten Summen entnimmt man den Spalten (6), (7) und (8) der Arbeitstabelle 5.4. Somit gilt:

$$r_{xy} = \frac{41,85}{\sqrt{77,52}\sqrt{32}} = 0,8403.$$

Der hohe Wert für r_{xy} weist auf einen stark ausgeprägten linearen Zusammenhang zwischen X und Y hin. Ohne zusätzliche Information sollte eine weitere — insbesondere kausale— Interpretation der Korrelation unterbleiben. Eine

Abb. 5.6: Streudiagramm

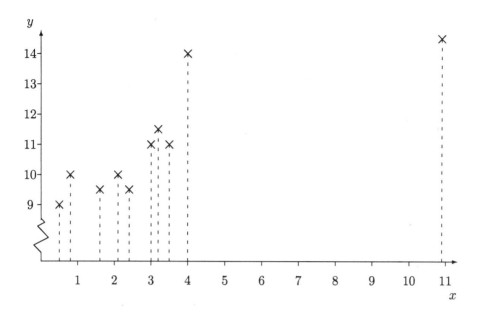

große Korrelation kann vorliegen, wenn X Ursache von Y, oder Y Ursache von X oder wenn beide Variablen von einer dritten Größe abhängen (**Scheinkorrelation**). Auch lässt sich oft nicht ausschließen, dass die Korrelation zufällig entstanden ist. Eine kausale Interpretation der statistischen Abhängigkeit ist nur in Verbindung mit einer Theorie über die sachlogische Beziehung der beiden Variablen möglich. Kann keine sachlogische Begründung angeführt werden, wurde wahrscheinlich eine sogenannte **Nonsens-Korrelation** ermittelt.

5.2.2.2 Der Rangkorrelationskoeffizient von Spearman und Kendall's τ

Liegen ordinal skalierte Merkmale vor, kann der Bravais-Pearson'sche Korrelationskoeffizient nicht berechnet werden. Da bei solchen Merkmalen nur die Rangordnung, nicht aber der Abstand zwischen zwei Ausprägungen von Bedeutung ist, weist man den Beobachtungen x_r und y_r in aufsteigender

Größe Rangnummern zu, beginnend mit eins für den kleinsten und endend mit n für den größten Wert. Zum Beispiel erhält die Beobachtung x_r die Rangnummer i, falls x_r an i-ter Stelle der Rangordnung platziert ist: $R(x_r) = i$. Genau so verfährt man mit den Beobachtungen y_r. Anstelle nach zunehmender Größe wäre auch eine Zuweisung von Rangnummern nach abnehmender Größe möglich. Wichtig ist nur, dass die Platzierung beider Merkmale nach demselben Prinzip geschieht. Kommen Werte mehrmals vor, spricht man von **Bindung**. In diesem Fall werden mittlere Rangnummern vergeben. Sind z.B. die Ränge 5 und 6 mit denselben Werten besetzt, erhalten beide die Rangnummer 5,5. Anstelle der ursprünglich ordinalen Wertepaare $(x_r, y_r), r = 1, \ldots, n$ liegen nun Rangnummernpaare $[R(x_1), R(y_1)], \ldots, [R(x_n), R(y_n)]$ vor. Für das metrische Hilfsmerkmal „Rangnummer" kann der Korrelationskoeffizient nach Bravais-Pearson berechnet werden, der jetzt **Rangkorrelationskoeffizient nach Spearman** heißt und mit r_s bezeichnet wird:

$$r_s = \frac{\sum\limits_{r=1}^{n} [R(x_r) - \bar{R}(x)][R(y_r) - \bar{R}(y)]}{\sqrt{\sum\limits_{r=1}^{n} [R(x_r) - \bar{R}(x)]^2 \sum\limits_{r=1}^{n} [R(y_r) - \bar{R}(y)]^2}}, \tag{5.15}$$

wobei $\bar{R}(\cdot)$ das arithmetische Mittel der Rangnummern von X bzw. Y kennzeichnet.

Liegen keine Bindungen vor, d.h.: alle Werte x_r und y_r sind verschieden, kann die Berechnung des Rangkorrelationskoeffizienten unter Ausnutzung bestimmter Summeneigenschaften der natürlichen Zahlen vereinfacht werden. Da sowohl für x_r als auch für y_r die Rangnummern 1 bis n vergeben werden, müssen die arithmetischen Mittel der Rangnummern übereinstimmen: $\bar{R}(x_r) = \bar{R}(y_r) = \frac{1}{n} \sum\limits_{(r)=1}^{n} (r) = \frac{n+1}{2}$, wobei (r) die Rangnummer ist. Die Übereinstimmung gilt auch für die Varianzen der Rangnummern. Daraus folgt: $\sum\limits_{r=1}^{n} [R(x_r) - \bar{R}(x)]^2 = \sum\limits_{r=1}^{n} [R(y_r) - \bar{R}(y)]^2$. Unter Beachtung dieser Zusammenhänge kann der Rangkorrelationskoeffizient gemäß Gleichung (5.13) nach Substitution von x_r durch $R(x_r)$ und y_r durch $R(y_r)$ geschrieben werden:

$$r_s = \frac{\sum\limits_{r=1}^{n} R(x_r)R(y_r) - n\bar{R}(x)\bar{R}(y)}{\sqrt{[\sum\limits_{r=1}^{n} R^2(x_r) - n\bar{R}^2(x)][\sum\limits_{r=1}^{n} R^2(y_r) - n\bar{R}^2(y)]}}$$

$$= \frac{\sum\limits_{r=1}^{n} R(x_r)R(y_r) - n\bar{R}^2(x)}{\sum\limits_{r=1}^{n} R^2(x_r) - n\bar{R}^2(x)}.$$

Fügt man im Zähler der letzten Umformung die Nullergänzung: $\sum\limits_{r=1}^{n} R^2(x_r) - \sum\limits_{r=1}^{n} R^2(x_r)$ hinzu, ändert sich der Bruch nicht, erlaubt jedoch nach Umstellen der Terme eine weitere Vereinfachung:

$$r_s = \frac{\sum\limits_{r=1}^{n} R^2(x_r) - n\bar{R}^2(x) + \sum\limits_{r=1}^{n} R(x_r)R(y_r) - \sum\limits_{r=1}^{n} R^2(x_r)}{\sum\limits_{r=1}^{n} R^2(x_r) - n\bar{R}^2(x)}$$

$$= 1 - \frac{\sum\limits_{r=1}^{n} R^2(x_r) - \sum\limits_{r=1}^{n} R(x_r)R(y_r)}{\sum\limits_{r=1}^{n} R^2(x_r) - n\bar{R}^2(x)}.$$

Für die beiden Terme im Nenner des letzten Bruches gilt:

$$\sum\limits_{r=1}^{n} R^2(x_r) = \sum\limits_{(r)=1}^{n} (r)^2 = \frac{n(n+1)(2n+1)}{6} \text{ und } n\bar{R}^2(x) = \frac{n(n+1)^2}{4}.$$

Somit kann geschrieben werden:

$$\sum\limits_{r=1}^{n} R^2(x_r) - n\bar{R}^2(x) = \frac{n(n+1)(2n+1)}{6} - \frac{n(n+1)^2}{4} = \frac{n(n-1)(n+1)}{12}.$$

Daher lautet r_s jetzt:

$$r_s = 1 - \frac{12[\sum\limits_{r=1}^{n} R^2(x_r) - \sum\limits_{r=1}^{n} R(x_r)R(y_r)]}{n(n-1)(n+1)}$$

$$= 1 - \frac{6[2\sum\limits_{r=1}^{n} R^2(x_r) - 2\sum\limits_{r=1}^{n} R(x_r)R(y_r)]}{n(n^2-1)}.$$

Wegen der Gleichheit $\sum\limits_{r=1}^{n} R^2(x_r) = \sum\limits_{r=1}^{n} R^2(y_r)$ gilt:

$$2\sum_{r=1}^{n} R^2(x_r) = \sum_{r=1}^{n} R^2(x_r) + \sum_{r=1}^{n} R^2(y_r);$$

der Zähler des letzten Bruches ist die zweite binomische Formel und kann daher kompakt geschrieben werden als:

$$\sum_{r=1}^{n} [R(x_r) - R(y_r)]^2 = \sum_{r=1}^{n} d_r^2, \text{ mit } d_r = R(x_r) - R(y_r).$$

Liegen keine Bindungen vor, gilt für den Rangkorrelationskoeffizienten nach Spearman:

$$r_s = 1 - \frac{6\sum\limits_{r=1}^{n} d_r^2}{n(n^2 - 1)}. \tag{5.16}$$

An Gleichung (5.16) lässt sich erkennen, dass r_s bereits dann den Wert eins annimmt, wenn die Rangnummern $R(x_r)$ und $R(y_r)$ für alle r übereinstimmen, wenn also x_r und y_r streng monoton steigen. Damit gilt nicht nur bei positivem linearem Zusammenhang $r_s = 1$. Dies steht im Einklang mit einer ordinalen Skalierung, denn dabei spielen die Abstände zwischen den Ausprägungen keine Rolle und dürfen daher auch keine Auswirkungen auf das Korrelationsmaß haben. Ist der Zusammenhang zwischen x_r und y_r streng monoton fallend, besitzt Y eine Rangordnung, die sich exakt invers zu der von X verhält. Ordnet man die Beobachtungen (x_r, y_r) nach aufsteigender Größe von X, gilt für $d_{(r)}$:

$$d_{(1)} = 1 - n, d_{(2)} = 2 - (n-1) = 3 - n, \ldots, d_{(r)} = 2r - 1 - n, \ldots, d_{(n)} = n - 1.$$

Als Summe der Quadrate erhält man: $\sum\limits_{(r)=1}^{n} d_{(r)}^2 = \sum\limits_{(r)=1}^{n} (2r-1-n)^2 = \frac{n(n^2-1)}{3}$.

Der Rangkorrelationskoeffizient beträgt dann: $r_s = 1 - \frac{2n(n^2-1)}{n(n^2-1)} = -1$.

Wegen seiner einfachen Berechnung wird der Rangkorrelationskoeffizient ohne Bindung in der Praxis auch bei Bindung angewendet. Der sich einstellende Fehler ist bei wenigen Bindungen vernachlässigbar klein. Kommen

Bindungen jedoch in sehr großer Anzahl vor, sollte r_s nach Gleichung (5.15) berechnet werden.

Die entwickelten Formeln für den Rangkorrelationskoeffizienten können analog zu der Vorgehensweise beim Korrelationskoeffizienten nach Bravais-Pearson den speziellen Datenlagen angepasst werden. Liegen die Daten in einer Kontingenztabelle vor, muss für $n_{ij} > 1$ auch Bindung vorliegen. Bei der Berechnung des Rangkorrelationskoeffizienten kann die Kontingenztabelle in eine Arbeitstabelle umgewandelt werden, wie das folgende Beispiel zeigt. Das Ergebnis einer Befragung von 20 Studierenden über Lernintensität und erzielter Note in einer Statistikklausur gibt die Kontingenztabelle 5.5 wieder.

Tabelle 5.5: Lernintensität und Note

$R(x_r)$ \ $R(y_r)$	$\begin{matrix}Y\\X\end{matrix}$	3 intensiv	10,5 durchschnittl.	18 schwach	$n_{i\cdot}$	$\sum d_{ij}^2 n_{ij}$
1,5	1	2 (4,5)			2	4,5
4,5	2	2 (4,5)	2 (72)		4	76,5
10,0	3	1 (49)	5 (1,25)	1 (64)	7	114,25
15,5	4		2 (50)	2 (12,5)	4	62,5
19	5		1 (72,25)	2 (2)	3	74,25
	$n_{\cdot j}$	5	10	5	20	332

Die Note (X) hat die Ausprägungen 1 bis 5, die Lernintensität (Y) die Ausprägungen: „intensiv", „durchschnittlich" und „schwach". Da die Note „sehr gut" numerisch zwar die kleinste Ausprägung, inhaltlich jedoch die größte Leistung darstellt, werden X und Y in der Kontingenztabelle nach abnehmender Größe geordnet. Zwei Studierende erzielten die Note 1; ihr wird daher die mittlere Rangnummer 1,5 zugeordnet. Die Note 2 wurde von $n_2. = 4$ Studierenden erreicht; sie nimmt daher die Plazierungen 3 bis 6 ein und erhält die Rangnummer 4,5; entsprechend ermittelt man die übrigen Rangnummern der ersten Spalte. Die Rangnummern für Y stehen in der ersten Zeile. Die Ausprägung „intensiv" kommt bei 5 Studierenden vor, ihre mittlere Rangnummer ist 3. Analog hierzu ergeben sich die zwei weiteren Rangnummern. Bildet man z.B. für $r = 1$ die Differenz $d_1 = R(x_1) - R(y_1)$, erhält man: $d_1 = 1,5 - 3 = -1,5$; quadriert und multipliziert mit $n_{11} = 2$ ergibt: 4,5. Diese Werte stehen für alle besetzten Felder in Klammern neben den gemeinsamen Häufigkeiten; ihre zeilenweise gebildete Summe steht in der letzten Spalte. Obwohl Bindung vorliegt, soll der Rangkorrelationskoeffizient zunächst mit Gleichung (5.16) berechnet werden. Man erhält:

$$r_s = 1 - \frac{6 \cdot 332}{20 \cdot 399} = 0,7504.$$

Mit der bei Bindung angemessenen, aber rechenaufwendigeren Formel (5.15) ergibt sich: $r_s = 0,7213$. Beide Ergebnisse zeigen, dass zwischen Lernintensität und Klausurleistung eine große positive Korrelation besteht.

Ebenfalls auf Rangnummern basiert das von Kendall entwickelte Korrelationsmaß, das mit τ symbolisiert wird und daher kurz **Kendall's τ** heißt. Nach Ordnen der Paare (x_r, y_r) in aufsteigender Größe von X wird für jede Rangnummer $R(y_r)$ eines Paares (x_r, y_r) die Anzahl der Paare gezählt, die dem Paar (x_r, y_r) folgen und deren Rangnummer für Y kleiner oder gleich $R(y_r)$ ist. Diese Anzahl wird mit D_r bezeichnet. Liegt keine Bindung vor, erhält man Kendall's τ als:

$$\tau = 1 - \frac{4 \sum\limits_{r=1}^{n} D_r}{n(n-1)}, \quad -1 \leq \tau \leq 1. \tag{5.17}$$

Auch hier ist eine Arbeitstabelle hilfreich. Es seien 8 Beobachtungen (x_r, y_r) gegeben, deren Ordnung nach aufsteigender Größe von X Tabelle 5.6 wiedergibt. Für die dritte geordnete Beobachtung (28,84) gilt: $R(y_{(3)}) = 6$.

Tabelle 5.6: Arbeitstabelle zu Kendalls τ

$R(x_r)$	$x_{(r)}$	$y_{(r)}$	$R(y_r)$	D_r
1	25	32	1	0
2	26	108	8	6
3	28	84	6	4
4	37	68	4	2
5	41	67	3	1
6	53	100	7	2
7	69	59	2	0
8	90	79	5	0
				15

Da nach diesem Paar noch 4 weitere mit einer kleineren Rangnummer als $R(y_{(3)}) = 6$ kommen, gilt $D_3 = 4$. Kendall's τ ergibt sich für diesen Datensatz als: $\tau = 1 - \frac{4 \cdot 15}{56} = -0,0714$. Dies lässt die Interpretation zu, dass zwischen X und Y keine Korrelation vorliegt.

5.2.2.3 Kontingenzkoeffizient von Pearson

Auch für nominal skalierte Merkmale lassen sich Maßzahlen zur Quantifizierung ihres Zusammenhangs entwickeln. Ein häufig verwendetes Maß ist der Kontingenzkoeffizient von Pearson. Die Beobachtungen $(x_r, y_r), r = 1, \ldots, n$ werden in eine Kontingenztabelle überführt, deren Felderbesetzung n_{ij} die empirische, absolute bivariate Häufigkeit für $X = x_i$ und $Y = y_j$ angibt. Aus den beiden Randverteilungen errechnet sich die theoretische Feldbesetzung $\tilde{n}_{ij}$ bei Unabhängigkeit der Merkmale X und Y gemäß Gleichung (5.5) als:

$\tilde{n}_{ij} = (n_{i.}n_{.j})/n$. Um die Stärke des Zusammenhangs zwischen X und Y zu quantifizieren, ermittelt man zunächst die relativen Differenzen zwischen den empirischen, absoluten bivariaten Häufigkeiten n_{ij} und den theoretischen Werten $\tilde{n}_{ij}$ bei Unabhängigkeit: $(n_{ij}-\tilde{n}_{ij})/\tilde{n}_{ij}$. Je größer der Unterschied zwischen n_{ij} und $\tilde{n}_{ij}$ ausfällt, desto stärker muss der Zusammenhang zwischen X und Y sein. Um sämtliche Information im Datensatz auszunutzen, summiert man die relativen Differenzen. Damit sich positive und negative Summanden nicht kompensieren, werden die Differenzen $(n_{ij} - \tilde{n}_{ij})$ zuvor quadriert. Die so gebildete Summe heißt **quadratische Kontingenz** und wird mit χ^2 (gelesen: chi-quadrat) bezeichnet:

$$\chi^2 = \sum_{i=1}^{m}\sum_{j=1}^{l} \frac{(n_{ij} - \tilde{n}_{ij})^2}{\tilde{n}_{ij}} = n\sum_{i=1}^{m}\sum_{j=1}^{l} \frac{(n_{ij} - \tilde{n}_{ij})^2}{n_{i.}n_{.j}}. \tag{5.18}$$

Sind X und Y unabhängig, gilt: $n_{ij} = \tilde{n}_{ij}$ und daher: $\chi^2 = 0$. Bei Abhängigkeit ist χ^2 größer als null. An der letzten Umformung der Gleichung (5.18) sieht man, dass χ^2 mit n unbegrenzt wächst. Dieser Effekt ist eliminiert, wenn χ^2 durch n dividiert wird. Der resultierende Quotient χ^2/n heißt **mittlere quadratische Kontingenz**.

Den maximalen Wert erreicht die quadratische Kontingenz bei gegebener Anzahl n an Beobachtungen $(x_r, y_r), r = 1, \ldots, n$, wenn für $m < l$ jeder Ausprägung von X eineindeutig eine Ausprägung von Y und für $l < m$ jeder Ausprägung von Y eineindeutig eine Ausprägung von X zugeordnet ist. Es liegt dann die größte Abhängigkeit zwischen X und Y vor und das Maximum von χ^2 beträgt:

$$\chi^2_{\max} = n\lambda - n, \quad \text{mit} \quad \lambda := \min(l, m).$$

Die maximale quadratische Kontingenz ist somit von der Zeilenzahl m oder der Spaltenzahl l und der Beobachtungsanzahl n abhängig. Man normiert daher die quadratische Kontingenz, indem χ^2 durch $(\chi^2 + n)$ dividiert wird. Zieht man aus diesem Quotient die Wurzel, erhält man den **Kontingenzkoeffizienten K von Pearson:**

$$K = \sqrt{\frac{\chi^2}{\chi^2 + n}}. \tag{5.19}$$

Der Koeffizient K nimmt bei Unabhängigkeit wie gewünscht den Wert null an; mit zunehmender Abhängigkeit der beiden Variablen strebt er gegen eins. Sein maximaler Wert $K_{\max}$ ist durch das Maximum von χ^2 determiniert, hängt aber wegen der Normierung nicht mehr von n ab:

$$K_{\max} = \sqrt{\frac{n\lambda - n}{(n\lambda - n) + n}} = \sqrt{\frac{\lambda - 1}{\lambda}} < 1, \quad \lambda := \min(l, m).$$

Soll der Kontingenzkoeffizient den Wert eins bei größter Abhängigkeit der Variablen X und Y annehmen, ist K einfach durch $K_{\max}$ zu dividieren. Man bezeichnet diesen Quotienten als **korrigierten Kontingenzkoeffizienten** $K^* = K/K_{\max}$, dessen Maximalwert nun eins beträgt. Es bleibt dem Leser als Übung überlassen zu zeigen, dass χ^2 auch mit den relativen bivariaten Häufigkeiten berechnet werden kann:

$$\chi^2 = n \sum_{i=1}^{m} \sum_{j=1}^{l} \frac{(h_{ij} - \tilde{h}_{ij})^2}{\tilde{h}_{ij}}, \tag{5.20}$$

wobei $\tilde{h}_{ij}$ die relativen bivariaten Häufigkeiten bei Unabhängigkeit kennzeichnet.

Die Berechnung des korrigierten Kontingenzkoeffizienten besteht zusammengefasst aus drei Arbeitsschritten:

1. Berechnung des χ^2-Wertes,

2. Berechnung des Kontingenzkoeffizienten und seines maximalen Wertes,

3. Berechnung des Quotienten $K^* = K/K_{\max}$.

Diese Arbeitsschritte werden mit den Daten der Tabelle 5.7 durchgeführt, die aus einer Befragung von 100 Frauen und 100 Männern im Alter zwischen 30 und 40 Jahren nach einem Hochschulabschluss resultieren. Das nominale

Tabelle 5.7: Kontingenztabelle "Hochschulabschluss"

X \ Y	y_1 Abschluss	y_2 kein Abschluss	$n_i.$
x_1 = weiblich	7	93	100
x_2 = männlich	28	72	100
$n._j$	35	165	200

Merkmal X ist als Geschlecht, das nominale Merkmal Y als Hochschulabschluss definiert. Für den ersten Schritt benötigt man zunächst die theoretischen bivariaten Häufigkeiten $\tilde{n}_{ij}$. Diese betragen: $\tilde{n}_{11} = \tilde{n}_{21} = 17,5$ und $\tilde{n}_{12} = \tilde{n}_{22} = 82,5$. Als χ^2 erhält man dann:

$$\chi^2 = \frac{(7 - 17,5)^2}{17,5} + \frac{(93 - 82,5)^2}{82,5} + \frac{(28 - 17,5)^2}{17,5} + \frac{(72 - 82,5)^2}{82,5}$$
$$= 15,\overline{27}.$$

Der Kontingenzkoeffizient beträgt: $K = \sqrt{\frac{15,\overline{27}}{215,\overline{27}}} = 0,2664$; sein maximaler Wert ergibt sich für $\lambda = 2$ als : $K_{\max} = 1/\sqrt{2} = 0,7071$. Der korrigierte Kontingenzkoeffizient hat somit den Wert: $K^* = \frac{0,2664}{0.7071} = 0,3768$. Dieser Wert zeigt an, dass zwischen Geschlecht und Hochschulabschluss ein Zusammenhang besteht, der jedoch nicht sehr ausgeprägt ist.

5.2.2.4 Assoziationskoeffizient von Yule

Mit dem Assoziationskoeffizient von Yule lässt sich der Zusammenhang zwischen zwei nominal skalierten Variablen quantifizieren, die jeweils nur zwei Merkmalsausprägungen annehmen können. Die Kontingenztabelle reduziert sich dann zu einer **Vierfeldertafel**, die als Tabelle 5.8 dargestellt ist.

Tabelle 5.8: Vierfeldertafel

$\begin{matrix}Y\\X\end{matrix}$	y_1	y_2	$n_i.$
x_1	n_{11}	n_{12}	$n_1.$
x_2	n_{21}	n_{22}	$n_2.$
$n._j$	$n._1$	$n._2$	n

Der **Yule'sche Assoziationskoeffizient** A_{xy} ist definiert als:

$$A_{xy} = \frac{n_{11}n_{22} - n_{21}n_{12}}{n_{11}n_{22} + n_{21}n_{12}}. \tag{5.21a}$$

Bei Verwendung relativer bivariater Häufigkeiten geht A_{xy} über in:

$$A_{xy} = \frac{h_{11}h_{22} - h_{21}h_{12}}{h_{11}h_{22} + h_{21}h_{12}}. \tag{5.21b}$$

Liegt Unabhängigkeit für X und Y vor, gilt nach Gleichung (5.4): $h_{21} = h_2.h._1$ und $h_{12} = h_1.h._2$. Somit folgt: $h_{21}h_{12} = h_2.h._1 h_1.h._2 = h_1.h._1 h_2.h._2 = h_{11}h_{22}$. Der Zähler von Gleichung (5.21b) und damit auch A_{xy} werden bei Unabhängigkeit null. Größte Abhängigkeit liegt vor, wenn nur die Ausprägungskombinationen (x_1, y_1) und (x_2, y_2) oder (x_1, y_2) und (x_2, y_1) im Datensatz vorkommen. In der Vierfeldertafel sind daher entweder nur die Hauptdiagonalfelder oder nur die Nebendiagonalfelder von null verschieden. A_{xy} nimmt im ersten Fall der Wert 1, im zweiten Fall den Wert -1 an.

$$A_{xy} = \begin{cases} 1 & \text{, für } n_{ij} = h_{ij} = 0, \quad i \neq j \\ -1 & \text{, für } n_{ij} = h_{ij} = 0, \quad i = j \end{cases}, \quad -1 \leq A_{xy} \leq 1. \tag{5.22}$$

Eine Schwäche des Yule'schen Assoziationsmaßes liegt darin, dass es die beiden Werte -1 und 1 bereits dann annimmt, wenn nur eine Ausprägungskombination im Datensatz nicht vorkommt. Für ein n_{ij} bzw. h_{ij} gilt dann: $n_{ij} = h_{ij} = 0$, i und j fest. Deswegen überzeichnet der Yule'sche Assoziationskoeffizient die Stärke eines Zusammenhangs.

Vertauscht man in der Vierfeldertafel die beiden Spalten (oder die beiden Zeilen), ändert sich wegen Bedingung (5.22) das Vorzeichen des Yule'schen Assoziationskoeffizienten. Das Vorzeichen und damit die Richtung des Zusammenhangs zwischen X und Y ist nur in Verbindung mit der Vierfeldertafel zu interpretieren. Dies lässt sich an den Daten der Tabelle 5.7 nachvollziehen. Der Assoziationskoeffizient beträgt:

$$A_{xy} = \frac{7 \cdot 72 - 28 \cdot 93}{7 \cdot 72 + 28 \cdot 93} = -0,6757.$$

Er zeigt an, dass zwischen Geschlecht und Hochschulabschluss eine Korrelation besteht. Sein negatives Vorzeichen resultiert aus der inhaltlichen Festlegung der Ausprägungen y_1 und y_2. Da mehr Männer als Frauen einen Hochschulabschluss besitzen, muss A_{xy} bei der in Tabelle 5.7 getroffenen Zuordnung negativ sein. Vertauscht man die beiden Spalten, was inhaltlich bedeutet, dass y_1 jetzt die Ausprägung: „kein Abschluss" und y_2 die Ausprägung „Abschluss" repräsentiert, ist A_{xy} positiv. Auch der Yule'sche Assoziationskoeffizient zeigt einen Zusammenhang zwischen den Merkmalen X und Y an, der jedoch deutlich stärker als mit dem Kontingenzkoeffizienten von Pearson ausgewiesen wird. Während man mit dem Kontingenzkoeffizienten eher eine schwache Korrelation diagnostizieren würde, lässt der Assoziationskoeffizient den Schluss auf große Korrelation zu. Dieser Unterschied legt Zurückhaltung nahe, wenn Zusammenhänge, die mit unterschiedlichen Maßzahlen quantifiziert wurden, vergleichend interpretiert werden sollen.

Übungsaufgaben zu 5.2

5.2.1 Für den Jahresdurchschnittswert saisonbereinigter Umsatzindizes (Y) und der Beurteilung der Geschäftslage (X) ergaben sich folgende Jahresdaten:

Jahr	Beurteilung	Umsatz
	X	Y
1984	-19,3	104,8
1985	-19,5	107,2
1986	-13,5	100,2
1987	-15,7	98,1
1988	-6,5	103,5
1989	0,7	110,9
1990	18,5	117,6
1991	20,1	126,0
1992	-7,5	124,6
1993	-23,8	121,3

Quelle: IFO (1994), Spiegel der Wirtschaft 1994/95, München, eigene Berechnungen.

Berechnen Sie den Rangkorrelationskoeffizienten nach Spearman und Kendall's τ!

5.2.2 Die Jahresänderungsraten der Lohnstückkosten (Y) und des Preisindexes des Bruttoinlandsproduktes (X) von 1985 bis 1994 gibt die folgende Tabelle wieder:

Y	1,9	2,9	2,7	0,2	1,1	2,3	3,5	4,9	3,3	-1,0
X	2,1	3,3	1,9	1,5	2,6	3,1	3,9	4,4	3,2	2,0

Quelle: IFO (1994), Spiegel der Wirtschaft 1994/95, München.

Berechnen Sie den Korrelationskoeffizienten nach Bravais - Pearson! Welche Schlussfolgerung lässt dieses Ergebnis zu?

5.2.3 Geben Sie für die in Aufgabe 5.1.2 dargestellte zweidimensionale Häufigkeitsverteilung ein geeignetes Maß zur Quantifizierung des Zusammenhangs zwischen *Erwerbstätige nach Stellung im Beruf* und *Nettoeinkommen* an, und berechnen Sie dieses auf 3 Stellen hinter dem Komma! Es wurden 29782 Erwerbstätige befragt.

5.2.4 Nachstehende Vierfeldertafel erfasst die Organisationsstruktur von Angestellten und Arbeitern im Jahr 1993 (Quelle: IW (1995), Zahlen zur wirtschaftlichen Entwicklung der Bundesrepublik Deutschland; Köln. Eigene Berechnungen):

in 1000	Arbeiter	Angestellte
organisiert	6595	3871
nicht organisiert	6864	12887

Berechnen Sie das Assoziationsmaß von Yule, und vergleichen Sie dieses mit dem Kontingenzkoeffizienten von Pearson!

5.2.5 Die geschlechtsspezifische Aufteilung Studierender der Wirtschaftswissenschaften und Germanistik im Jahr 1991 ist in der folgenden Vierfeldertafel enthalten. (Quelle: IW (1995), Zahlen zur wirtschaftlichen Entwicklung der Bundesrepublik Deutschland; Köln.)

	Wirtschaft	Germanistik
männlich	116073	21372
weiblich	53407	50158

Gibt es einen Zusammenhang zwischen Geschlecht und der Wahl des Studienganges? Verwenden Sie ein „einfaches" Maß!

5.2.6 Beweisen Sie für $m = l$, dass gilt: $\chi^2_{max} = nl - n$. Hinweis: Gehen Sie davon aus, dass nur die Hauptdiagonalfelder besetzt sind!

5.3 Regressionsanalyse

5.3.1 Die Regressionsfunktion

Mit der Korrelationsanalyse werden nur Stärke und Richtung eines Zusammenhangs zwischen X und Y, nicht jedoch die kausale Abhängigkeit statistisch ermittelt. Die erzielten Korrelationsergebnisse lassen deshalb keine Schlüsse auf die Art der Kausalstruktur zu. Es bleibt offen, welche der beiden Variablen Ursache und welche Wirkung ist oder ob beide wechselseitig (interdependent) voneinander abhängen.

Ziel empirischer Wissenschaften ist es aber gerade, Kausalstrukturen für empirische Phänomene aus allgemeinen Annahmen abzuleiten, indem einer beobachtbaren Wirkung die vermuteten, ebenfalls beobachtbaren Ursachen zugeordnet werden. Das Merkmal, das erklärt werden soll und deshalb in der Kausalstruktur die Wirkung darstellt, wird mit Y symbolisiert und heißt **zu erklärende**, oder **abhängige** oder **endogene Variable**. Die als Ursachen aufgefassten Merkmale nennt man **erklärende** oder **unabhängige** oder **exogene Variablen**. Diese werden mit $X_k, k = 1, \ldots, K$ bezeichnet, wobei hier der Index k keine Klassen, sondern Ursachen unterscheidet. Die substanzwissenschaftlich begründete Kausalstruktur wird durch die Angabe einer Funktion formalisiert:

$$Y = f(X_1, \ldots, X_K). \tag{5.23}$$

Obwohl alle in der Funktion (5.23) enthaltenen Variablen beobachtbar sind, ist sie für eine statistische Analyse noch zu allgemein. Hierzu muss die Funktion f spezifiziert werden. Kann man davon ausgehen, dass f eine lineare Funktion repräsentiert, erhält man für Gleichung (5.23) die Linearspezifikation:

$$Y = \alpha_1 X_1 + \alpha_2 X_2 + \ldots + \alpha_K X_K. \tag{5.24}$$

Die Parameter $\alpha_k, k = 1, \ldots, K$ sind unbekannt und müssen aus gegebenen Beobachtungen ermittelt werden. Die Beobachtungen der Urliste stellt man in einer $n \times (K + 1)$-dimensionalen **Beobachtungsmatrix** übersichtlich zusammen (siehe Tabelle 5.9).

Da jede Theorie von vernachlässigbar kleinen Ursachen abstrahiert und da die Daten mit Messfehlern behaftet sein können, kann nicht erwartet werden, dass Gleichung (5.24) bei konstanten Parametern α_k für jedes Beobachtungstupel $(y_r, x_{r1}, \ldots, x_{rK})$, für $r = 1, \ldots, n$ exakt erfüllt ist. Um exakte Übereinstimmung für jedes r zu erreichen, wird Gleichung (5.24) mit einer nicht direkt beobachtbaren Variablen U erweitert, die **latente Variable** heißt. Für jedes r gilt jetzt:

Tabelle 5.9: Beobachtungsmatrix

Y	X_1	X_2	$\cdots$	X_K	
y_1	x_{11}	x_{12}		x_{1K}	$\leftarrow$ Beobachtungstupel
y_2	x_{21}	x_{22}		x_{2K}	
$\vdots$	$\vdots$	$\vdots$		$\vdots$	
$\vdots$	$\vdots$	$\vdots$		$\vdots$	
y_n	x_{n1}	x_{n2}		x_{nK}	

$$y_r = \alpha_1 x_{r1} + \alpha_2 x_{r2} + \cdots + \alpha_K x_{rK} + u_r, \quad r = 1, \ldots, n. \tag{5.25}$$

Gleichung (5.25) heißt **multiple** oder **multivariate lineare Regressionsfunktion** bzw. **-gleichung**. Linearität bedeutet hier, dass sowohl die Variablen als auch die Parameter linear in die Funktion eingehen. Lässt sich theoretisch begründen, dass f eine nicht lineare Funktion sein muss, geht Gleichung (5.23) nach entsprechender Spezifikation in eine nicht lineare, multiple Regressionsfunktion über.

Aufgabe der Regressionsanalyse ist es, aus den vorliegenden Beobachtungen die numerisch unbekannten Parameter α_k zu quantifizieren. Obwohl dies auch bei nicht metrisch skalierten Merkmalen möglich ist, soll angenommen werden, dass alle Variablen der Regressionsfunktion metrisch skaliert sind. Um sich von der inhaltlichen Spezifikation zu lösen, erhalten die Variablen im Rahmen der Regressionsanalyse neue Bezeichnungen. Die endogene Variable Y wird mit **Regressand**, die exogenen Variablen $X_k, k = 1, \ldots, K$ werden mit **Regressoren** und die Parameter α_k mit **Regressionskoeffizienten** bezeichnet. Soll die Regressionsfunktion einen Achsenabschnitt enthalten, also **inhomogen** sein, nimmt ein beliebiger Regressor, meistens X_1, für alle r den Wert eins an: $x_{11} = \ldots = x_{n1} = 1$. Jedes Element der zweiten Spalte der Beobachtungsmatrix (Tabelle 5.9) hat dann den Wert eins, und α_1 ist der Achsenabschnitt.

Sind die Regressionskoeffizienten anhand der Daten quantifiziert, bezeichnet man die berechneten Werte als **Regressionskoeffizientenschätzungen** oder, wenn keine Verwechslung möglich ist, auch kurz als **Schätzungen.** Die Schätzung der Koeffizienten einer multiplen Regressionsfunktion ist wegen der Anzahl an Regressoren und Beobachtungen aufwendig. Sie stellt ein klassisches Gebiet der **Ökonometrie** dar und wird deshalb hier nicht weiter verfolgt. Die Vorgehensweise vereinfacht sich, wenn eine **univariate** bzw. **einfache lineare Regressionsfunktion** vorliegt. Diese lässt sich als Spezialfall für $x_{r1} \equiv 1, r = 1, \ldots, n$ und $\alpha_k = 0$ für $3 \leq k \leq K$ aus Gleichung (5.25) gewinnen. Die einfache lineare Regressionsfunktion lautet: $y_r = \alpha_1 + \alpha_2 x_{r2} + u_r$, die zwecks Vereinfachung geschrieben wird:

$$y_r = \alpha + \beta x_r + u_r, \quad r = 1, \ldots, n. \tag{5.26}$$

Da viele Beziehungen **monokausal** sind, also nur eine Ursache aufweisen, besitzt die einfache Regression ein breites Anwendungsspektrum.

5.3.2 Die Methode der kleinsten Quadrate

Bei der einfachen linearen Regression stellen die Beobachtungstupel Zahlenpaare (x_r, y_r) dar, die nach Übertragung in ein kartesisches Koordinatensystem ein Streudiagramm ergeben (vgl. Abbildung 5.7). Weist die Punktwolke auf einen linearen Zusammenhang zwischen den Variablen Y und X hin, wird eine Gerade $\hat{y} = \alpha + \beta x$ so in die Punktwolke angepasst, dass sie den empirischen Zusammenhang möglichst gut erfasst.

Der zu jedem x_r gehörende Funktionswert $\hat{y}_r$ heißt **Regresswert** oder **berechneter (theoretischer) Wert.** Die vertikalen Abstände u_r ergeben sich als $u_r = y_r - \hat{y}_r$. Aus der unendlichen Anzahl möglicher Geraden, die an die Punktwolke angepasst werden könnten, wählt man diejenige, von der die Beobachtungspunkte am geringsten abweichen. Als Maß für die Abweichung

Abb. 5.7: Streudiagramm zur einfachen, linearen Regression

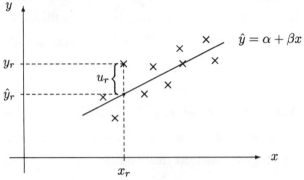

nimmt man die Summe S der Abstandsquadrate u_r^2.

$$S = \sum_{r=1}^{n} u_r^2 = \sum_{r=1}^{n} (y_r - \alpha - \beta x_r)^2.$$

Die Summe S ist bezüglich der Parameter α und β zu minimieren. Man bezeichnet diese Vorgehensweise als die „**Methode der kleinsten Quadrate" (KQ-Methode)** oder als „**ordinary least squares"(OLS)-Methode**. Diejenigen Werte für α und β, die zu einem Minimum von S führen, sind dann die geschätzten Regressionskoeffizienten a und b. Da es sich bei S um eine nicht negative, quadratische Funktion handelt, muss der stationäre Wert, falls er existiert, ein Minimum sein. Das Nullsetzen der beiden partiellen Ableitungen erster Ordnung nach α und β ist somit hier hinreichend für ein Minimum. Da S endlich ist, bildet man die beiden partiellen Ableitungen ungeachtet des Summenoperators:

$$\frac{\partial S}{\partial \alpha} = -2 \sum_{r=1}^{n} (y_r - \alpha - \beta x_r) \quad \text{und} \quad \frac{\partial S}{\partial \beta} = -2 \sum_{r=1}^{n} x_r (y_r - \alpha - \beta x_r).$$

Nullsetzen der beiden partiellen Ableitungen ergibt:

$$\sum_{r=1}^{n} (y_r - a - b x_r) = 0 \quad (5.27) \quad \text{und} \quad \sum_{r=1}^{n} x_r (y_r - a - b x_r) = 0. \quad (5.28)$$

Hieraus folgen nach einfachen Umformungen die beiden **Normalgleichungen:**

$$\sum_{r=1}^{n} y_r = na + b\sum_{r=1}^{n} x_r \quad (5.29) \quad \text{und} \quad \sum_{r=1}^{n} y_r x_r = a\sum_{r=1}^{n} x_r + b\sum_{r=1}^{n} x_r^2. \quad (5.30)$$

Löst man die beiden Gleichungen nach a und b auf, erhält man die Schätzungen a und b für α und β:

$$a = \bar{y} - b\bar{x}, \tag{5.31}$$

$$b = \frac{\sum\limits_{r=1}^{n} y_r x_r - n\bar{y}\bar{x}}{\sum\limits_{r=1}^{n} x_r^2 - n\bar{x}^2} = \frac{\sum\limits_{r=1}^{n}(y_r - \bar{y})(x_r - \bar{x})}{\sum\limits_{r=1}^{n}(x_r - \bar{x})^2} = \frac{s_{xy}}{s_x^2}. \tag{5.32}$$

Die geschätzte Regressionsgerade lautet: $\hat{y}_r = a + bx_r$; die Differenz $\hat{u}_r = y_r - (a + bx_r)$ heißt (empirisches) **Residuum**.

Die geschätzte Regressionsgerade hat bestimmte Eigenschaften. Es lässt sich zeigen, dass sie immer durch den Schwerpunkt $(\bar{x}, \bar{y})$ der Punktwolke verläuft. Ersetzt man in der Regressionsgleichung den Koeffizienten a durch Gleichung (5.31), ergibt dies:

$$\hat{y}_r = (\bar{y} - b\bar{x}) + bx_r \quad \text{oder:} \quad \hat{y}_r = \bar{y} + b(x_r - \bar{x}).$$

Nimmt x_r den Wert $\bar{x}$ an, folgt: $\hat{y}_r = \bar{y}$.

Die Summe aller OLS-Residuen $\hat{u}_r$ ist null. Dies lässt sich leicht nachweisen. Definitionsgemäß gilt:

$$\sum_{r=1}^{n} \hat{u}_r = \sum_{r=1}^{n}(y_r - \hat{y}_r) = \sum_{r=1}^{n}(y_r - a - bx_r) = \sum_{r=1}^{n} y_r - na - b\sum_{r=1}^{n} x_r.$$

Substituiert man $\sum\limits_{r=1}^{n} y_r$ durch die Normalgleichung (5.29), wird der letzte Term null. Aus dieser Eigenschaft der Residuensumme folgt, dass stets auch gilt: $\sum\limits_{r=1}^{n} y_r = \sum\limits_{r=1}^{n} \hat{y}_r$ und daher: $\bar{y} = \bar{\hat{y}}$.

Schließlich lässt sich noch zeigen, dass die Residuen $\hat{u}_r$ weder mit dem Regressor x_r noch mit dem Regresswert $\hat{y}_r$ korrelieren, da die entsprechenden Kovarianzen null sind: $s_{x\hat{u}} = s_{\hat{y}\hat{u}} = 0$. Wegen $\sum\limits_{r=1}^{n} \hat{u}_r = 0$ und daher auch $\bar{\hat{u}} = 0$ kann die Kovarianz $s_{x\hat{u}}$ geschrieben werden als:

$$s_{x\hat{u}} = \frac{1}{n}\sum_{r=1}^{n}(x_r - \bar{x})\hat{u}_r = \frac{1}{n}\sum_{r=1}^{n}x_r\hat{u}_r = \frac{1}{n}\sum_{r=1}^{n}x_r(y_r - a - bx_r).$$

Nach Gleichung (5.28) ist die rechte Summe null, somit gilt: $s_{x\hat{u}} = 0$. Die Kovarianz zwischen $\hat{y}_r$ und $\hat{u}_r$ erhält man analog zu oben als:

$$s_{\hat{y}\hat{u}} = \frac{1}{n}\sum_{r=1}^{n}(\hat{y}_r - \bar{y})\hat{u}_r = \frac{1}{n}\sum_{r=1}^{n}\hat{y}_r\hat{u}_r.$$

Für die Summe gilt: $\sum_{r=1}^{n}\hat{y}_r\hat{u}_r = \sum_{r=1}^{n}(a + bx_r)\hat{u}_r = a\sum_{r=1}^{n}\hat{u}_r + b\sum_{r=1}^{n}x_r\hat{u}_r = 0$ und daher auch $s_{\hat{y}\hat{u}} = 0$.

Eine Regressionsanalyse kann auch mit Daten, die als Kontingenztabelle oder klassiert vorliegen, durchgeführt werden. Man schätzt den Koeffizienten β dann unter Verwendung der diesen Datenlagen entsprechenden Formeln für s_{xy} sowie s_x^2 und gewinnt über Gleichung (5.31) den Koeffizienten a.

Das folgende Beispiel veranschaulicht die Vorgehensweise bei der Regressionsanalyse. Aufgrund theoretischer Erwägungen wird zwischen gekaufter Gütermenge und Marktpreis ein negativer Zusammenhang vermutet, wobei der Preis X die Ursache, die gekaufte Gütermenge Y die Wirkung darstellen: $Y = f(X)$. In sechs Perioden wurden die in Tabelle 5.10 wiedergegebenen Preis-Mengen-Kombinationen beobachtet:

Tabelle 5.10: Preis–Mengen–Kombinationen

x_r (Preis in EUR)	5	8	10	12	6	7	$\sum = 48$
y_r (gekaufte Güter- mengen in Tsd.)	14	13	10	10	13	12	$\sum = 72$

Diese Daten führen zu einem Streudiagramm (vgl. Abb. 5.8), in dem ein negativer, linearer Zusammenhang $\hat{y} = \alpha + \beta x_r$, $\beta < 0$ hervortritt.

Die beiden arithmetischen Mittel betragen $\bar{x} = 8$ und $\bar{y} = 12$. Zur Schätzung des Koeffizienten β erstellt man die Arbeitstabelle 5.11. Für b erhält man

Abb. 5.8: Streudiagramm Nachfrage

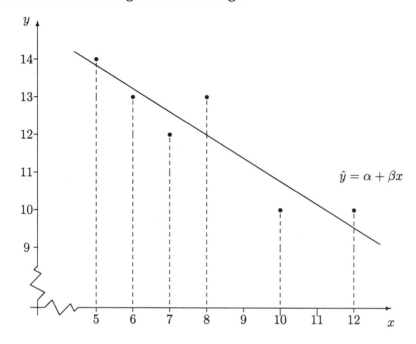

Tabelle 5.11: Arbeitstabelle zur Schätzung von β

r	$x_r - \bar{x}$	$y_r - \bar{y}$	$(y_r - \bar{y})(x_r - \bar{x})$	$(x_r - \bar{x})^2$
1	-3	2	-6	9
2	0	1	0	0
3	2	-2	-4	4
4	4	-2	-8	16
5	-2	1	-2	4
6	-1	0	0	1
$\sum$	0	0	-20	34

gemäß Gleichung (5.32): $b = \dfrac{\sum\limits_{r=1}^{n}(y_r - \bar{y})(x_r - \bar{x})}{\sum\limits_{r=1}^{n}(x_r - \bar{x})^2} = -\frac{10}{17}$. Aus Gleichung (5.31)

folgt a als: $a = 12 + \frac{10}{17} \cdot 8 = \frac{284}{17}$. Die geschätzte Regressionsgerade lautet:

$\hat{y}_r = \frac{284}{17} - \frac{10}{17}x_r$. Für $x_r = \bar{x} = 8$ folgt: $\hat{y}_r = 12 = \bar{y}$; der Schwerpunkt der Punktwolke liegt auf der Regressionsgeraden.

Ist die Kausalrichtung für X und Y nicht theoretisch vorgegeben, kann auch eine Regression von X auf Y sinnvoll sein. Man bezeichnet sie als **Umkehrregression**. Wegen der Anpassungsvorschrift: „Minimierung der Summe der vertikalen Abstandsquadrate" erhält man die Umkehrregression nicht einfach durch Auflösen der geschätzten Regressionsgeraden nach x_r. Es ist vielmehr die Umkehrregressionsfunktion $x_r = \alpha_1 + \beta_1 y_r + v_r$ mit der Methode der kleinsten Quadrate zu schätzen, wobei die vertikalen Abstände in einem Koordinatensystem mit y_r an der Abzisse und x_r an der Ordinate jetzt gegeben werden durch: $v_r = x_r - \alpha_1 - \beta_1 y_r$. Daher erhält man die Schätzung der Koeffizienten der Umkehrregression als:

$$a_1 = \bar{x} - b_1\bar{y} \quad (5.33) \quad \text{und} \quad b_1 = \frac{\sum\limits_{r=1}^{n}(x_r - \bar{x})(y_r - \bar{y})}{\sum\limits_{r=1}^{n}(y_r - \bar{y})^2} = \frac{s_{xy}}{s_y^2}. \quad (5.34)$$

Auch die Umkehrregression geht durch den Schwerpunkt der Punktwolke, der daher Schnittpunkt der beiden Regressionsgeraden ist. Bei einem Korrelationskoeffizienten von ± 1 fallen beide Regressionsgeraden im selben Koordinatensystem aufeinander, da bereits alle Beobachtungspaare auf einer Geraden mit positiver oder negativer Steigung liegen.

5.3.3 Varianzzerlegung und Bestimmtheitsmaß

Hat man die Regressionsgerade ermittelt, lässt sich prüfen, wie gut sie die Variationen der Beobachtungen y_r erfasst. Hierzu verwendet man das Bestimmtheitsmaß R^2, das auch Determinationskoeffizient genannt wird. Die Grundidee dieser Maßzahl ist einfach. Jede Beobachtung y_r kann in ihren Regresswert $\hat{y}_r$ und in das Residuum $\hat{u}_r$ zerlegt werden: $y_r = \hat{y}_r + \hat{u}_r$. Subtrahiert man auf beiden Seiten $\bar{y}$, quadriert und summiert, ergibt dies:

$$\sum_{r=1}^{n}(y_r - \bar{y})^2 = \sum_{r=1}^{n}(\hat{y}_r - \bar{y} + \hat{u}_r)^2 = \sum_{r=1}^{n}(\hat{y}_r - \bar{y})^2 + \sum_{r=1}^{n}\hat{u}_r^2 + 2\sum_{r=1}^{n}(\hat{y}_r - \bar{y})\hat{u}_r.$$

Der letzte Term der letzten Umformung ist null:

$$\sum_{r=1}^{n}(\hat{y}_r - \bar{y})\hat{u}_r = \sum_{r=1}^{n}\hat{y}_r\hat{u}_r = 0$$

(vgl. die Ausführungen zur Kovarianz $s_{\hat{y}\hat{u}}$ auf S.188). Damit ist die gesamte Quadratsumme $\sum_{r=1}^{n}(y_r - \bar{y})^2$, die aus der Streuung der Beobachtungen der Variablen Y um ihr arithmetisches Mittel $\bar{y}$ resultiert, in zwei Komponenten zerlegt worden:

$$\sum_{r=1}^{n}(y_r - \bar{y})^2 = \sum_{r=1}^{n}(\hat{y}_r - \bar{y})^2 + \sum_{r=1}^{n}\hat{u}_r^2. \tag{5.35}$$

Man bezeichnet Gleichung (5.35) als **Streuungszerlegungsformel**. Nach Division durch n erhält man:

$$s_y^2 = s_{\hat{y}}^2 + s_{\hat{u}}^2. \tag{5.36}$$

Gleichung (5.37) gibt die durch den Regressionsansatz erfolgte Zerlegung der Varianz des Regressanden wieder. Die erste Komponente $s_{\hat{y}}^2$ ist die Varianz, die entstehen würde, lägen alle Beobachtungstupel auf der Regressionsgeraden. Man nennt sie die **erklärte Varianz**, da ihre Höhe allein durch die lineare Beziehung zwischen y_r und x_r begründet ist. Die zweite Komponente $s_{\hat{u}}^2$ heißt durch die Regression nicht erklärte oder kurz **unerklärte Varianz**. Die Streuung der Beobachtungen (x_r, y_r) um die Regressionsgerade ist umso geringer, je größer der Anteil der erklärten Varianz $s_{\hat{y}}^2$ an der Gesamtvarianz s_y^2 ausfällt. Das **Bestimmtheitsmaß** ist daher definiert als:

$$R^2 = \frac{s_{\hat{y}}^2}{s_y^2} = \frac{\sum_{r=1}^{n}(\hat{y}_r - \bar{y})^2}{\sum_{r=1}^{n}(y_r - \bar{y})^2} \quad (5.37) \quad \text{oder:} \quad R^2 = 1 - \frac{\sum_{r=1}^{n}\hat{u}_r^2}{\sum_{r=1}^{n}(y_r - \bar{y})^2}. \tag{5.38}$$

Liegen alle Beobachtungen auf der Regressionsgeraden, stimmen Gesamt- und erklärte Varianz überein: das Bestimmtheitsmaß hat den Wert eins. Kann kein Anteil der Varianz von Y durch die Regressionsgerade erklärt werden, gilt $s_y^2 = s_u^2$ und das Bestimmtheitsmaß ist null.

Die erklärte Varianz $s_{\hat{y}}^2$ lässt sich auf die Varianz von X zurückführen. Wegen $\hat{y}_r = a + bx_r$ und $(\hat{y}_r - \bar{y}) = b(x_r - \bar{x})$ folgt für $s_{\hat{y}}^2$:

$$s_{\hat{y}}^2 = \frac{1}{n} \sum_{r=1}^{n} (\hat{y}_r - \bar{y})^2 = b^2 \frac{1}{n} \sum_{r=1}^{n} (x_r - \bar{x})^2 = b^2 s_x^2.$$

Substitution von b durch Gleichung (5.32) ergibt: $s_{\hat{y}}^2 = s_{xy}^2 / s_x^2$. Damit kann das Bestimmtheitsmaß geschrieben werden als:

$$R^2 = \frac{s_{xy}^2}{s_x^2 s_y^2} = r_{xy}^2 \quad \text{(vgl. Gleichung 5.12)}.$$

R^2 stimmt mit dem quadrierten Korrelationskoeffizienten nach Bravais-Pearson überein. Deshalb besitzen bei gleichem Datensatz Regression und Umkehrregression immer dasselbe Bestimmtheitsmaß.

Das Bestimmtheitsmaß ergibt sich auch als Produkt der Steigung b der Regressionsgeraden $\hat{y}_r$ und der Steigung b_1 der Umkehrregressionsgeraden $\hat{x}_r$: $R^2 = \frac{s_{xy}}{s_x^2} \frac{s_{xy}}{s_y^2} = bb_1$. In einem (x, y)-Koordinatensystem beträgt die Steigung der Umkehrregression b_1^{-1}. Aus $R^2 = \frac{b}{b_1^{-1}} = \frac{|b|}{|b_1^{-1}|}$ und $0 < R^2 \leq 1$ folgt: $|b_1^{-1}| \geq |b|$; d.h. in einem (x, y)-Koordinatensystem verläuft die Umkehrregressionsgerade $\hat{x}_r$ nie flacher als die Regressionsgerade $\hat{y}_r$.

Auch für das Bestimmtheitsmaß gilt, dass seine Berechnung bei häufigkeitsverteilten oder klassierten Daten gemäß der hierfür entwickelten Formeln für Varianz und Kovarianz erfolgt.

Abschließend wird das Bestimmtheitsmaß für die im vorangegangenen Abschnitt geschätzte Regressionsgerade berechnet. Die hierfür nötigen Schritte sind in Tabelle 5.12 festgehalten, deren zweite Spalte die gerundeten Regresswerte $\hat{y}_r, r = 1, \ldots, 6$ gemäß der Regressionsgeraden $\hat{y}_r = \frac{284}{17} - \frac{10}{17} x_r$ wiedergibt.

Tabelle 5.12: Arbeitstabelle für R^2

r	$\hat{y}_r$	$(\hat{y}_r - \bar{y})^2$	$(y_r - \bar{y})^2$
1	13,76	3,10	4
2	12,00	0,00	1
3	10,82	1,39	4
4	9,65	5,52	4
5	13,18	1,39	1
6	12,59	0,35	0
$\sum$		11,75	14,0

Als Bestimmtheitsmaß erhält man: $R^2 = 11,75/14 = 0,8393$; d.h.: $83,93\%$ der Varianz des Regressanden Y wird durch den Regressionsansatz erklärt, nur $16,07\%$ bleiben unerklärt.

Liegt R^2 vor, gewinnt man aus $R^2 = bb_1$ die Steigung der Umkehrregression als: $b_1 = 0,8393 : (-10/17) = -1,4268$. Der Betrag des reziproken Wertes lautet: $|b_1^{-1}| = 0,7009 > |b| = 0,5882$. In einem (x,y)- Koordinatensystem verläuft die Umkehrregressionsgerade steiler als die Regressionsgerade.

5.3.4 Nicht lineare Regression

Der Zusammenhang zwischen Y und X muss nicht immer zu einer linearen Funktion führen. Bei vielen (ökonomischen) Beziehungen besteht aufgrund ihrer theoretischen Fundierung eine nicht lineare Abhängigkeit zwischen beiden Variablen. Die Methode der kleinsten Quadrate lässt sich auch in solchen Fällen zur Schätzung der Parameter heranziehen, sofern die Normalgleichungen einer nicht linearen Regressionsfunktion linear in den Parametern sind, oder wenn die nicht lineare Regressionsfunktion in eine sowohl in den Parametern als auch in den Variablen lineare Schätzgleichung überführt werden kann. Die folgenden Beispiele zeigen die Vorgehensweise. Sind die Normalgleichungen linear in den Parametern, wie dies bei der nicht linearen Regressionsfunktion $y_r = \alpha + \beta x_r^n, n \in \mathbb{R}\backslash\{0\}$ der Fall ist, schätzt man α und β, nachdem der Regressor transformiert wurde: $y_r = \alpha + \beta x_r^*$ mit $x_r^* = x_r^n$. Lauten die Beobachtungen für x_r : $1, 2, 3, 4, \ldots$ und gilt: $n = 2$, werden die Werte der transformierten Variablen x_r^*, die auch **synthetische Variable** heißt, gegeben durch: $1, 4, 9, 16, \ldots$. Zur Schätzung der Koeffizienten verwendet man die Gleichungen (5.31) und (5.32), nachdem dort x_r durch x_r^* ersetzt wurde. Ist die nicht lineare Regressionsfunktion vom Typ: $y_r = \alpha x_r^\beta$, wird sie durch **logarithmische Transformation** linear in den beiden jetzt logarithmierten Variablen: $\ln y_r = \ln \alpha + \beta \ln x_r$. Man nennt sie deshalb doppelt logarithmische Funktion, die jedoch einen nicht linearen Koeffizienten $\ln \alpha$ enthält. Setzt man $y_r^* := \ln y_r$, $x_r^* := \ln x_r$ und $\alpha^* := \ln \alpha$, liegt eine in den Variablen und Koeffizienten lineare Schätzfunktion: $y_r^* = \alpha^* + \beta x_r^*$ vor. Die Schätzungen für α^* und β gewinnt man ebenfalls mit den Gleichungen (5.31) und (5.32) nach Substitution von x_r und y_r durch x_r^* und y_r^*. Aus der Schätzung a^* folgt die Schätzung a für α als: $a = e^{a^*}$. Schließlich kann die nicht lineare Beziehung zwischen Y und X durch $y_r = \alpha e^{\beta x_r}$ gegeben werden. Solche Funktionen verwendet man bei (stetigen) Wachstumsprozessen, wobei x_r dann die Zeit darstellt. Nach logarithmischer Transformation resultiert hier: $\ln y_r = \ln \alpha + \beta x_r$; die linearisierte Schätzgleichung lautet: $y_r^* = \alpha^* + \beta x_r$. Da nach der Transformation nur die links vom Gleichheitszeichen stehende Variable logarithmiert vorkommt, bezeichnet man die Schätzgleichung auch als links halblogarithmische Funktion. Ihre Schätzung wird analog zu der oben geschilderten Vorgehensweise durchgeführt.

Übungsaufgaben zu 5.3

5.3.1 Umsatz und Werbeaufwand von neun PC–Anbietern sind in nachstehender Tabelle angegeben:

Umsatz (in 100.000 EUR)	12	10	6	9	13	17	3	15	5
Werbeaufwand (in 1.000 EUR)	90	70	60	60	40	90	30	50	50

a) Erstellen Sie ein Streudiagramm!

b) Berechnen Sie die Kovarianz und die Korrelation zwischen Umsatz und Werbeaufwand!

c) Es wird vermutet, dass mit dem Werbeaufwand der Umsatz linear steigt. Schätzen Sie mit der OLS–Methode diesen Zusammenhang, und berechnen Sie hierfür das Bestimmtheitsmaß!

d) (i) Welcher Umsatz darf erwartet werden, wenn der Werbeaufwand 80 beträgt?

   (ii) Mit welchem Prozentsatz muss der Werbeaufwand gesteigert werden, um eine Umsatzsteigerung von 12 auf 16 zu erreichen?

e) Wie lautet die Umkehrregression?

5.3.2 Für die Funktion $y_r = \alpha + \beta x_r^2$ liegen 5 Beobachtungen vor:

x_r	2	3	4	5	6
y_r	12	14	18	23	28

Schätzen Sie die Parameter α und β mit der Methode der kleinsten Quadrate!

5.3.3 Zeigen Sie, dass für $s_y^2 > 0$ immer die Ungleichung $0 \leq s_{xy}^2 \leq s_x^2 s_y^2$ gilt! Gehen Sie bei dem Nachweis von der Umkehrregression $x_r = a + b y_r + \hat{v}_r$ aus, deren Koeffizienten mit der OLS–Methode geschätzt werden!

6 Elementare Zeitreihenanalyse

6.1 Grundlagen

Werden Beobachtungen eines Merkmals als Längsschnitt erhoben, bilden sie eine Zeitreihe $y_1, y_2, \ldots, y_T$ oder $y_t, t = 1, \ldots, T$. Eine **Zeitreihe** stellt immer eine zeitlich geordnete Folge von Beobachtungen für einen Merkmalsträger dar. Dabei kennzeichnet der Zeitindex t entweder Zeitpunkte, falls y_t eine Bestandsgröße oder Perioden, falls y_t eine Stromgröße repräsentiert. Ist der zeitliche Abstand zweier aufeinander folgender Beobachtungen stets gleich groß, liegt eine **äquidistante Zeitreihe** vor.

Aufgabe der **elementaren statistischen Zeitreihenanalyse** ist die Untersuchung zeitlich geordneter Daten hinsichtlich typischer Bewegungsmuster und Entwicklungstendenzen. Dabei kommen Methoden zum Einsatz, mit denen die Daten in einem deskriptiven Sinne aufbereitet werden. Die Analyse von Zeitreihen auf der Basis stochastischer Prozesse setzt Kenntnisse der mathematischen Statistik voraus und kann daher hier nicht verfolgt werden.

Erste Hinweise auf die Entwicklung einer Zeitreihe erhält man durch ein **Zeitreihendiagramm**, auch **Zeitreihenpolygon** genannt. In ein kartesisches Koordinatensystem mit der Zeit t an der Abszisse werden die Punkte (t, y_t) eingetragen und durch Geraden nachfolgend verbunden. Hat das Polygon wie in Abbildung 6.1a) annähernd lineare Form, entwickelt sich y_t über die Zeit mit fast konstanten Änderungen Δy_t. Nimmt der Graph der Zeitreihe erst bei Verwendung eines halblogarithmischen Maßstabs (an der Ordinate wird anstelle y_t der Logarithmus $\ln y_t$ abgetragen) lineare Gestalt an, liegt eine Zeitreihe mit nahezu konstanten Wachstumsraten vor. Nur selten weist das Zeitreihenpolygon eine so eindeutige Form wie in Abbildung 6.1a) auf; häufiger hat man Graphen mit auf den ersten Blick recht unregelmäßigen Verlaufsmustern, wie z.B. in Abbildung 6.1b).

198

Abb. 6.1: Zeitreihenpolygone

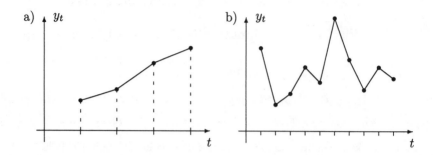

Bei der grafischen Auswertung ist jedoch zu beachten, dass die Stärke der Unregelmäßigkeit auch von der Einheit abhängt, in der die Zeit gemessen wurde: Schwankungen nehmen mit kleiner werdender Zeiteinheit tendenziell zu. Der Verlauf einer Zeitreihe mit Jahreswerten erscheint glatter als der Verlauf einer Zeitreihe mit Monatsdaten.

Die grafische Auswertung einer Zeitreihe kann nur ein erster Schritt sein, dem eine statistische Analyse folgen sollte. Hierzu muss ein Modell zur Erklärung der einzelnen Zeitreihenwerte entwickelt werden. Grundlegend ist dabei die Annahme, dass sich jede Beobachtung y_t aus bestimmten Komponenten zusammensetzt. Da diese mit dem Anwendungsbereich variieren, wird sich hier auf die bei der Analyse ökonomischer Zeitreihen relevanten Komponenten beschränkt. Bei entsprechender inhaltlicher Modifikation können die entwickelten Verfahren auch bei der Zeitreihenanalyse in anderen Wissensdisziplinen zur Anwendung kommen.

Allgemein lässt sich jeder Zeitreihenwert y_t in systematische und nicht systematische Komponenten zerlegen. **Systematische Komponenten** können die Zeitreihe auf monotone oder periodische Weise beeinflussen. Bei den meisten ökonomischen Zeitreihen, deren Beobachtungen für kürzere Zeiträume als ein Jahr erhoben werden, ist eine Zerlegung von y_t in drei systematische Komponenten und eine nicht systematische Komponente theoretisch gut fundiert. Man unterscheidet daher:

(1) eine **Trendkomponente** m_t, die eine langfristige, aus dem ökonomischen Wachstumsprozess resultierende Entwicklung erfasst;

(2) eine **zyklische** bzw. **konjunkturelle Komponente** k_t, die mehrjährige, quasiperiodische Schwankungen um den langfristigen Trend wiedergibt;

(3) eine kurzfristig wirkende **saisonale Komponente** s_t, die jahreszeitlich bedingte rhythmische Schwingungen in der Zeitreihe zum Ausdruck bringt

und als **nicht systematische Komponente**

(4) eine **Restkomponente** r_t, die alle Einflüsse, die nicht den genannten drei systematischen Komponenten zugerechnet werden können, also auch singuläre Einflüsse, einschließt.

Von der Restkomponente wird weiter angenommen, dass ihre Werte im Vergleich zu den anderen Komponenten klein ausfallen und regellos um den Wert null streuen. Man bezeichnet r_t daher auch als **Störkomponente** bzw. **Störvariable**.

Nach Spezifikation der Komponenten ist ihr Zusammenwirken bei der Erzeugung der Zeitreihenwerte y_t zu modellieren. Es lassen sich drei Erklärungsansätze unterscheiden:

(1) additives Modell: $y_t = m_t + k_t + s_t + r_t$,

(2) multiplikatives Modell: $y_t = m_t k_t s_t r_t$,

(3) gemischt additiv-multiplikatives Modell.

Kann man davon ausgehen, dass der Einfluss jeder einzelnen Komponente auf den Zeitreihenwert y_t unabhängig von dem Niveau der drei übrigen ist, verwendet man das **additive Modell**. Danach entsteht jeder beobachtete Zeitreihenwert y_t durch Addition der einzelnen Komponenten. Beeinflussen sich die Komponenten gegenseitig derart, dass der Einfluss einer Komponente auf y_t vom Niveau der anderen abhängt, ist das **multiplikative Modell** der adäquate Erklärungsansatz. Jeder Zeitreihenwert entspricht dem Produkt der einzelnen Komponenten. Da durch Logarithmieren das multiplikative in das additive Modell übergeht, ist eine getrennte Behandlung beider Modelle überflüssig. Beim gemischten Modell sind die Komponenten je nach Abhängigkeit untereinander sowohl additiv als auch multiplikativ verknüpft. So kann es durchaus vorkommen, dass Saisonschwankungen vom Niveau der Trend- und konjunkturellen Komponente abhängen, die Restschwankungen aber niveauunabhängig sind. Das gemischte Modell für diese Spezifikation lautet dann:

$$y_t = (m_t + k_t)s_t + r_t.$$

Die drei Komponentenmodelle sind jeweils den Erfordernissen des konkreten Zeitreihenproblems anzupassen. Liegt eine Zeitreihe mit Jahresdaten vor, kann die saisonale Entwicklung, die sich innerhalb eines Jahres vollzieht, nicht identifiziert werden. Die Modelle enthalten dann keine Saisonkomponente. Ist eine Trennung in Trend- und zyklische Komponente inhaltlich oder empirisch kaum möglich, werden beide zur **glatten Komponente** $g_t = m_t + k_t$ zusammengefasst. Dies mag bei vielen mikroökonomischen Zeitreihen angezeigt sein; bei makroökonomischen Zeitreihen kann theoretisch gut begründet zwischen Trend und Zyklus diskriminiert werden.

Ein Komponentenmodell bleibt ohne spezielle Annahmen über die einzelnen Komponenten unbestimmt. Man unterscheidet hinsichtlich der getroffenen Annahmen zwischen globalen und lokalen Komponentenmodellen. Bei **globalen Komponentenmodellen** geht man davon aus, dass die empirische Zeitreihe durch eine Struktur erzeugt wurde, deren Parameter über den gesamten Zeitraum konstant bleiben. Diese Modelle eignen sich besonders zur Quantifizierung der Trend- und glatten Komponente. Bei **lokalen**

Komponentenmodellen sind die Modellparameter nur für bestimmte Zeitabschnitte konstant, über den gesamten Beobachtungszeitraum also variabel. Daher lässt sich mit diesen Ansätzen die konjunkturelle, aber auch die glatte Komponente, falls diese Zyklen aufweist, schätzen. Sind Trend- und zyklische Komponente einzeln oder zusammen als glatte Komponente geschätzt, kann eine Bereinigung der Zeitreihe um die glatte Komponente vorgenommen werden. Die um die geschätzte glatte Komponente $\hat{g}_t$ bereinigte Zeitreihe $y_t - \hat{g}_t$ (beim additiven Modell bzw. nach Logarithmieren auch beim multiplikativen Modell) enthält jetzt nur noch Saison- und Restkomponente. Spezielle Annahmen über das Saisonmuster erlauben eine Schätzung der Saison- und Restkomponente. Damit ist jeder beobachtete Zeitreihenwert in seine geschätzten Komponenten zerlegbar: $y_t = \hat{g}_t + \hat{s}_t + \hat{r}_t$ bzw. $y_t = \hat{m}_t + \hat{k}_t + \hat{s}_t + \hat{r}_t$; je nach Problemlage kann jetzt eine Bereinigung der Originalreihe, z.B. eine **Trendelimination** usw. durch Substraktion der entsprechenden geschätzten Komponente erfolgen.

6.2 Ermittlung der glatten Komponente und ihre Zerlegung in Trend und Zyklus

Um die glatte Komponente g_t mit einem globalen Komponentenmodell zu ermitteln, ist g_t als Funktion der Zeit t zu formulieren. Hier werden nur einfache funktionale Spezifikationen behandelt, die jedoch bei empirischen Analysen oft hilfreich sind und die zudem nur zwei, über den gesamten Beobachtungszeitraum konstante Parameter enthalten. Diese können mit der Methode der kleinsten Quadrate (OLS-Methode) geschätzt werden.

Zur Schätzung der glatten Komponente ist es zweckmäßig, Saison- und Restkomponente zu einer Variablen u_t zusammenzufassen. Das additive Komponentenmodell lautet dann: $y_t = g_t + u_t$, $t = 1, \ldots, T$. Die einfachste Abhängigkeit der glatten Komponente g_t von der Zeit t wird durch eine lineare Funktion gegeben: $g_t = \alpha + \beta t$. Für diese Linearspezifikation lautet das Komponentenmodell:

$$y_t = \alpha + \beta t + u_t, \qquad t = 1, \ldots, T. \tag{6.1}$$

Es stimmt jetzt formal mit der einfachen linearen Regressionsfunktion (5.26) überein. Die unbekannten Parameter α und β können daher mit der OLS-Methode geschätzt werden. Nach Substitution von x_r durch t und n durch T erhält man aus den Gleichungen (5.31) und (5.32) die Schätzungen a und b als:

$$a = \bar{y} - b\bar{t} \quad (6.2) \quad \text{und} \quad b = \frac{\sum\limits_{t=1}^{T} t y_t - T\bar{y}\bar{t}}{\sum\limits_{t=1}^{T} t^2 - T(\bar{t})^2}. \tag{6.3}$$

Die Summeneigenschaften der natürlichen Zahlen, die auch schon für Umformungen des Rangkorrelationskoeffizienten ohne Bindung nutzbar gemacht wurden, vereinfachen Gleichung (6.3). Da gilt:

$$\sum_{t=1}^{T} t = \frac{T}{2}(T+1), \quad \bar{t} = \frac{1}{T}\sum_{t=1}^{T} t = \frac{T+1}{2} \quad \text{und} \quad \sum_{t=1}^{T} t^2 = \frac{T(T+1)(2T+1)}{6},$$

erhält man b als:

$$b = \frac{12\sum\limits_{t=1}^{T} t y_t - 6(T+1)\sum\limits_{t=1}^{T} y_t}{T(T^2-1)}. \tag{6.4}$$

Mit a und b ist die glatte Komponente geschätzt: $\hat{g}_t = a + bt$.

Entwickelt sich g_t nach einer Potenz- oder Wurzelfunktion, setzt man: $g_t = \alpha t^\beta$ mit $\beta \neq 0$ und $\beta \neq 1$. Dieser Ansatz modelliert für $\beta \in \mathbb{N}\backslash\{1\}$ (Potenzfunktion) überproportionale, für $0 < \beta < 1$ (Wurzelfunktion) unterproportionale Veränderungen der Zeitreihenwerte. Zur Schätzung der Parameter der glatten Komponente ist jetzt das multiplikative Komponentenmodell heranzuziehen, das nach Substitution von g_t durch die gewählte funktionale Spezifikation lautet: $y_t = \alpha t^\beta u_t$. Logarithmische Transformation, Neudefinition der Variablen und eines Parameters liefern die lineare Regressionsfunktion (6.5):

$$y_t^* = \alpha^* + \beta t^* + u_t^*, \quad \text{mit}: \tag{6.5}$$

$$y_t^* := \ln y_t, \ t^* := \ln t, \ u_t^* := \ln u_t \text{ und } \alpha^* := \ln \alpha.$$

Die Schätzung der unbekannten Parameter α^* und β erfolgt nach den Gleichungen (6.2) und (6.4), wobei nicht die ursprünglichen Variablenwerte, sondern ihre Logarithmen zu verwenden sind. Während der Parameter β mit b direkt geschätzt wird, erhält man die Schätzung a erst durch $a = e^{a^*}$. Liegen a priori Kenntnisse über den Exponenten β vor, so dass er bei der Spezifikation der glatten Komponente als numerisch bekannt anzusehen ist, kann der Ansatz: $g_t = \alpha + \gamma t^\beta$, mit β : bekannt, verwendet werden. In das additive Modell eingesetzt ergibt die Regressionsfunktion $y_t = \alpha + \gamma t^\beta + u_t$, die nach der Variablentransformation $t^* = t^\beta$ mit der OLS-Methode auf bereits geschilderte Weise geschätzt wird.

Lässt sich, wie z.B. bei makroökonomischen Wachstumsprozessen, theoretisch begründen, dass sich die glatte Komponente einer Zeitreihe mit konstanten Wachstumsraten entwickelt, ist eine Exponentialfunktion heranzuziehen: $g_t = e^{\alpha + \beta t}, \beta \neq 0$. Obwohl man Wachstumsprozesse meist mit einem positiven Exponenten β in Verbindung bringt, kann er auch negativ sein. Man spricht dann von Wachstumsprozessen mit negativer Wachstumsrate oder von **exponentiellem Verfall**. Da der Startwert einer solchen Entwicklung für $t = 0$ mit $g_0 = e^\alpha$ vorliegt, schreibt man die Exponentialfunktion als: $g_t = g_0 e^{\beta t}$. Damit die Schätzung auch bei dieser Spezifikation mit der OLS-Methode möglich bleibt, muss ein **log-lineares Komponentenmodell** zugrunde gelegt werden:

$$y_t = e^{(\alpha + \beta t + u_t)} = \exp(\alpha + \beta t + u_t), \tag{6.6}$$

wobei $\exp(a)$ immer e^a bedeutet. Logarithmiert man beide Seiten der Gleichung (6.6), ergibt:

$$\ln y_t = \alpha + \beta t + u_t, \tag{6.7}$$

d.h. die logarithmierten Zeitreihenwerte hängen linear von der glatten Komponente ab, was zur Bezeichnung log-linear führt. Die Regressionsgleichung (6.7) lässt sich ohne Schwierigkeiten mit der OLS-Methode schätzen.

Bei den bis jetzt eingeführten Spezifikationen ist unbegrenztes Wachstum theoretisch möglich. Sie eignen sich daher nicht zur Modellierung von Wachstumsprozessen, die sich einer Sättigungsgrenze nähern. Solche Entwicklungen sind aber gerade im mikroökonomischen Bereich, z.B. bei der Ausstattung der Haushalte mit bestimmten Gütern, zu erwarten. Die für solche Entwicklungen einfachste funktionale Spezifikation kann mit der exponentiellen Verfallfunktion erreicht werden, indem man sie von der Sättigungsgrenze G substrahiert:

$$g_t = G - e^{\alpha + \beta t}, \quad G > 0, \ \beta < 0. \tag{6.8}$$

Gleichung (6.8) heißt **modifizierte Exponentialfunktion**; sie und die Verfallfunktion sind in Abbildung 6.2 dargestellt.

Abb. 6.2: Modifizierte Exponential– und Verfallfunktion

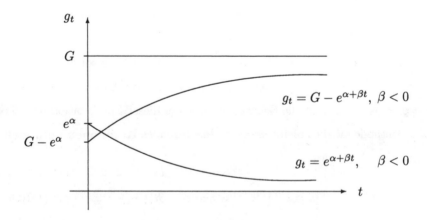

Das Komponentenmodell lautet für Wachstumsprozesse mit Sättigungsgrenze: $y_t = G - e^{\alpha + \beta t + u_t}$, das zwecks Linearisierung umgeformt wird zu:

$G - y_t = e^{\alpha + \beta t + u_t}$, $\beta < 0$. Hieraus erhält man die **log-lineare Regressionsgleichung** (6.9):

$$\ln(G - y_t) = \alpha + \beta t + u_t, \qquad \beta < 0. \tag{6.9}$$

Ist die Sättigungsgrenze G bekannt, kann Gleichung (6.9) auf die übliche Weise mit der OLS-Methode geschätzt werden. Informationen über G gewinnt man oft durch substanzwissenschaftliche Überlegungen. Handelt es sich bei y_t z.B. um die Ausstattung von Haushalten mit einem bestimmten Gut, legt die Anzahl der Haushalte den Wert G fest.

Die Schätzungen der glatten Komponente mit der OLS-Methode können durch das Bestimmtheitsmaß ergänzt werden. Dieses zeigt hier an, welcher Anteil der Gesamtstreuung in der Zeitreihe bereits durch die glatte Komponente erklärt wird.

Nach den behandelten globalen Komponentenmodellen entwickelt sich die glatte Komponente ohne Schwankungen. Ist diese Voraussetzung nicht zutreffend, muss für g_t eine Spezifikation gewählt werden, die Schwankungen zulässt. Erste Hinweise auf wiederkehrende Schwankungen gewinnt man aus dem Zeitreihenpolygon, das sowohl bei Jahresdaten als auch unterjährigen Beobachtungen (Monats-, Quartalsdaten) dann jahresrhythmische Zyklen aufweisen müßte. Ignoriert man regelmäßige Schwankungen durch die Modellierung einer schwankungsfreien glatten Komponente, würden diese fälschlicherweise der Restkomponente zugerechnet.

Die Ermittlung einer zyklischen glatten Komponente erfolgt mit lokalen Komponentenmodellen. Aus der großen Anzahl mathematisch teilweise recht anspruchsvoller Modelle soll hier ein einfacher Ansatz vorgestellt werden, der zudem keine mathematische Funktion für die glatte Komponente voraussetzt. Um die glatte Komponente lokal zu schätzen, transformiert man die ursprüngliche Zeitreihe $y_t, t = 1, \ldots, T$ so, dass für jeweils $2\lambda + 1$, $\lambda \in \mathbb{N}$ aufeinander folgende Zeitreihenwerte, beginnend mit y_1, das **lokale arithme-**

tische Mittel berechnet und der mittleren Beobachungsperiode zugeordnet wird. Da für jede natürliche Zahl λ der Term $2\lambda + 1$ ungerade ist, liegt ein ungerades, lokales arithmetisches Mittel vor. Dieses ist definiert als:

$$\bar{y}_t = \frac{1}{2\lambda + 1} \sum_{\tau=t-\lambda}^{t+\lambda} y_\tau \qquad (6.10)$$

$$= \frac{1}{2\lambda + 1}(y_{t-\lambda} + \ldots + y_t + \ldots + y_{t+\lambda}), \quad \lambda \in \mathbb{N}.$$

Die ausgeschriebene Summe verdeutlicht die Bedeutung des Parameters λ: Es liegen genau λ Zeitreihenwerte vor und nach der mittleren Periode t. Für eine Zeitreihe mit T Werten sind insgesamt $T - 2\lambda$ arithmetische Mittel $\bar{y}_t$ zu berechnen, die den Beobachtungsperioden $t = \lambda + 1, \ldots, T - \lambda$ zugeordnet werden und wegen ihres Zustandekommens **einfache gleitende Durchschnitte von ungerader Ordnung** $2\lambda + 1$ heißen.

Liegt der gleitenden Durchschnittsbildung eine gerade Anzahl an Zeitreihenwerten zugrunde, existiert kein ganzzahliges t, dem der gleitende Durchschnitt mit der Ordnung 2λ zuzuordnen wäre. Man bildet daher einen ungeraden gleitenden Durchschnitt der Ordnung $2\lambda + 1$, bezieht jedoch die beiden Randwerte jeweils nur mit dem Gewicht $0,5$ in die Durchschnittsbildung ein. Die Formel für einen **geraden gleitenden Durchschnitt** lautet daher:

$$\bar{y}_t = \frac{1}{2\lambda} \left(\frac{1}{2}y_{t-\lambda} + \sum_{\tau=t-(\lambda-1)}^{t+\lambda-1} y_\tau + \frac{1}{2}y_{t+\lambda} \right), \quad \lambda \in \mathbb{N}. \qquad (6.11)$$

Gleitende Durchschnitte gehören zu der Klasse **linearer Filter**. Die Überführung der Originalreihe in gleitende Durchschnitte bezeichnet man als **Filtration**. Während bei Gleichung (6.10) jeder Zeitreihenwert mit demselben Gewicht in den Durchschnitt eingeht, ist dies bei Gleichung (6.11) nicht der Fall. Es liegt hier ein **gewogener gleitender Durchschnitt** vor. Für die in Tabelle 6.1 angegebene fiktive Zeitreihe y_t (2. Zeile) werden gleitende Durchschnitte dritter, vierter und fünfter Ordnung berechnet und mit $\bar{y}_t(3), \bar{y}_t(4)$ und $\bar{y}_t(5)$ bezeichnet. Den ersten Wert für $\bar{y}(3)$, der Periode $t = 2$

zugeordnet, erhält man als $\bar{y}_2(3) = \frac{1}{3}(5 + 12 + 16) = 11$. Bei dem gleitenden Durchschnitt vierter Ordnung gehen fünf Zeitreihenwerte in die Durchschnittsbildung ein. Den ersten Wert erhält man für die Periode $t = 3$ als $\bar{y}_3(4) = \frac{1}{4}(\frac{1}{2} \cdot 5 + 12 + 16 + 19 + \frac{1}{2} \cdot 23) = 15,25$. Analog verfährt man bei der Berechnung der übrigen Werte.

Tabelle 6.1: Fiktive Zeitreihe und gleitende Durchschnitte

t	1	2	3	4	5	6	7	8	9	10
y_t	5	12	16,00	19,00	23,00	30	37,00	41,00	44,00	48
$\hat{g}_t = \bar{y}_t(3)$		11	15,67	19,33	24,00	30	36,00	40,67	44,33	
$\bar{y}_t(4)$			15,25	19,75	24,625	30	35,375	40,25		
$\hat{m}_t = \bar{y}_t(5)$			15,00	20,00	25,00	30	35,00	40,00		
$\hat{k}_t$			0,67	-0,67	-1,00	0	1,00	0,67		

Tabelle 6.1 verdeutlicht, dass mit zunehmender Ordnung des gleitenden Durchschnitts zwei Effekte einhergehen. Als erstes lässt sich ein Aktualitätsverlust erkennen: Während die Originalreihe bis $t = 10$ läuft, endet $\bar{y}_t(3)$ mit der 9., $\bar{y}_t(4)$ und $\bar{y}_t(5)$ bereits mit der achten Periode. Zweitens steigt zunächst die Glättung der Reihe mit der Ordnung: Obwohl die Originalreihe deutlich Zyklen aufweist, verschwinden diese bei dem gleitenden Durchschnitt 5. Ordnung. In Abbildung 6.3 gibt das Polygon die Zeitreihe y_t der Tabelle 6.1, die Gerade den gleitenden Durchschnitt 5-ter Ordnung wieder. Der Glättungseffekt gleitender Durchschnitte lässt sich an einer Reihe, die nur aus übereinstimmenden Zyklen besteht, gut nachvollziehen. Die Zyklen der Zeitreihe y_t : 5, 7, 6, 4, 3, 5, 7, 6, 4, 3 usw. sind alle gleich, ihre Länge beträgt 5 Perioden. Ein gleitender Durchschnitt der Ordnung 5 ist daher eine zyklenfreie Zeitreihe: Jeder wegfallende Zeitreihenwert wird bei der Durchschnittsbildung durch einen wertgleichen neuen ersetzt, so dass Summe und gleitender Durchschnitt konstant bleiben. Ist die Ordnung des gleitenden Durchschnitts größer als die Zyklenlänge, weist die Zeitreihe der gleitenden Durchschnitte jetzt wieder Zyklen auf.

Abb. 6.3: Zyklische Zeitreihe und gleitender Durchschnitt

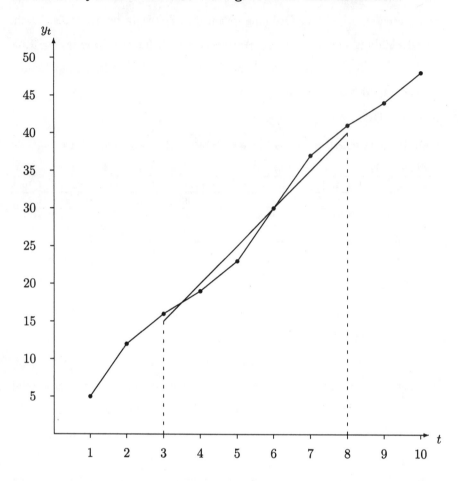

Wegen des Glättungseffektes stellt sich die Frage, welche Ordnung für einen gleitenden Durchschnitt im konkreten Fall festzulegen ist. Obwohl es hierfür keine festen Regeln gibt, lassen sich doch einige Orientierungshilfen angeben. Besteht eine zyklisch verlaufende Zeitreihe aus Jahresdaten, muss die Ordnung des gleitenden Durchschnitts kleiner als die Zyklenlänge sein, wenn man die Zyklen nicht eliminieren will. Bei Jahresdaten, die oft bei makroökonomischen Reihen vorliegen, sind daher geringe Ordnungszahlen angemessen. Bei Quartals- oder Monatsdaten ist die Ordnung so zu bestimmen, dass Saisonschwankungen von der glatten Komponente ausgeschlossen bleiben. Um dies zu erreichen, muss in der Regel die Ordnung mit der Länge des **Saisonzyklus** übereinstimmen, d.h. bei Quartalsdaten ist die Ordnung 4, bei Monatswerten die Ordnung 12 zu wählen. Bei regelloser Restkomponente r_t ist ihre Summe fast null; die mit einem gleitenden Durchschnitt geschätzte glatte Komponente $\hat{g}_t$ setzt sich dann nur aus Trend- und konjunktureller Komponente zusammen. Damit wird aber ihre Zerlegung in Trend und Zyklus möglich. Aus der Zeitreihe schätzt man entweder mit einem globalen Komponentenmodell oder mit einem gleitenden Durchschnitt, dessen Ordnung der Zyklenlänge entspricht, die Trendkomponente. Substrahiert man die so geschätzte Trendkomponente $\hat{m}_t$ von der geschätzten glatten Komponente $\hat{g}_t = \bar{y}_t(\lambda)$, erhält man eine Schätzung der zyklischen Komponente $\hat{k}_t = \hat{g}_t - \hat{m}_t$. In Tabelle 6.1 stellen die Werte der dritten Zeile die Schätzungen der zyklischen, glatten Komponente $\hat{g}_t = \bar{y}_t(3)$ dar; zusammen mit den Schätzungen der zyklenfreien Trendkomponente $\hat{m}_t = \bar{y}_t(5)$ (vorletzte Zeile in Tabelle 6.1) erhält man als Differenz die geschätzte konjunkturelle Komponente $\hat{k}_t$ (letzte Zeile in Tabelle 6.1).

Übungsaufgaben zu 6.2

6.2.1 Eine fiktive Volkswirtschaft weist im Zeitablauf folgende Budgetdefizite (Y in Mrd. EUR) auf:

Jahr	1985	1986	1987	1988	1989	1990	1991	1992	1993	1994
Y	160	185	150	190	155	195	175	170	180	190

a) Übertragen Sie die Daten in ein geeignetes Koordinatensystem!

b) Berechnen Sie mit einem gleitenden Durchschnitt dritter Ordnung die glatte Komponente!

c) Bestimmen Sie mit Hilfe der OLS Methode die Trendgerade!

d) Wie groß ist das Defizit im Jahre 1995? Welcher Anteil der Defizitentwicklung wird durch den Trend erklärt?

e) Ermitteln Sie die konjunkturelle Komponente!

6.3   Ermittlung der saisonalen Komponente

Die statistische Analyse saisonaler Schwankungen bei unterjährigen Daten liefert Informationen über die Stärke des Einflusses der Saison auf die Zeitreihenwerte. Die zahlreichen Ansätze zu diesem wichtigen Gebiet lassen sich grob in zwei Klassen unterteilen. Die erste Klasse enthält Verfahren, die auf der Annahme basieren, dass die Saisoneinflüsse jahresunabhängig sind. Man spricht dann von einer **konstanten Saisonfigur** bzw. von einer **konstanten Saisonnormalen**. Die jahreszeitlich bedingten Einflüsse ändern sich weder in ihrer zeitlichen Abfolge noch in ihrer Intensität. Zudem wird angenommen, dass sich Saisoneinflüsse über ein Jahr ausgleichen, ihre Auswirkungen sich somit zu null addieren (**Normierungsregel**). Die Ansätze der zweiten Klasse postulieren eine über die Jahre **variable Saisonfigur**: Jahreszeitlich bedingte Einflüsse variieren über die Jahre.

Um den Saisoneinfluss quantifizieren zu können, muss bei jeder Zeitreihe zunächst die glatte Komponente eliminiert werden. Die so bereinigten Zeitreihenwerte erhalten das Symbol y_t^* und sind beim additiven Komponentenmodell definiert als: $y_t^* = y_t - \hat{g}_t \approx s_t + r_t$. Das Zeichen $\approx$ bedeutet „in etwa gleich" und bringt zum Ausdruck, dass $\hat{g}_t$ eine Schätzung für g_t ist. Wegen der unterjährigen Datenerhebung kennzeichnet der Index t hier nicht mehr Jahre, sondern Saisonabschnitte wie z.B. Quartale, Monate oder Tage. Zur Identifikation der Saisoneinflüsse ist jedoch eine Doppelindizierung vorteilhaft, um zwischen Jahr und Saisonabschnitt unterscheiden zu können. Anstelle der Notation y_t^* wird jetzt y_{ij}^* geschrieben, wobei der Index $i = 1, \ldots, m$ die Jahre und der Index $j = 1 \ldots, n$ die Saisonabschnitte kennzeichnet. Die Saisonabschnittswerte ergeben sich dann als: $s_{ij} \approx y_{ij}^* - r_{ij}$. Sie lassen sich übersichtlich in einer Matrix (vgl. Tabelle 6.2) zusammenstellen. Jede Zeile enthält die n Saisonabschnittswerte pro Jahr i; sie stellen zusammen die Saisonfigur dar. Die Spalten geben die Werte eines bestimmten Saisonabschnitts über alle m Jahre wieder. Bei konstanter Saisonfigur muss gelten: $s_{ij} = s_j$,

Tabelle 6.2: Datenmatrix der Saisonkomponente

$\,^j_i$	1	2	3	$\cdots$	n
1	s_{11}	s_{12}	s_{13}	$\cdots$	s_{1n}
2	s_{21}	s_{22}	s_{23}	$\cdots$	s_{2n}
$\vdots$	$\vdots$	$\vdots$	$\vdots$	$\cdots$	$\vdots$
m	s_{m1}	s_{m2}	s_{m3}	$\cdots$	s_{mn}
$\bar{s}_j$	$\bar{s}_1$	$\bar{s}_2$	$\bar{s}_3$	$\cdots$	$\bar{s}_n$

d.h. die Saisonwerte sind vom Jahr i unabhängig. Man bezeichnet s_j als **saisontypische Abweichung** oder als **Saisonveränderungszahl**. Um diese zu schätzen, mittelt man s_{ij} für festes j über die Anzahl der Jahre i, wobei m_j angibt, wie oft der j-te Saisonabschnitt in der Zeitreihe vorkommt. Dieser Durchschnitt heißt **roher Saisonkoeffizient** und wird mit $\bar{s}_j$ bezeichnet. Man erhält:

$$\bar{s}_j = \frac{1}{m_j}\sum_{i=1}^{m_j} s_{ij} \approx \frac{1}{m_j}\sum_{i=1}^{m_j} y_{ij}^* - \frac{1}{m_j}\sum_{i=1}^{m_j} r_{ij}.$$

Wegen des Fehlens einer systematischen Komponente schwankt r_{ij} regellos um den Wert null, so dass gilt: $\sum_{i=1}^{m_j} r_{ij} \approx 0$. Damit geht $\bar{s}_j$ über in:

$$\bar{s}_j \approx \frac{1}{m_j}\sum_{i=1}^{m_j} y_{ij}^*, \text{ für } j = 1,\ldots,n.$$

Erfüllen die rohen Saisonkoeffizienten $\bar{s}_j$ die Normierungsregel, gilt: $\sum_{j=1}^{n}\bar{s}_j = 0$; $\bar{s}_j$ ist dann ein Schätzwert für die Saisonveränderungszahl. Weicht die Summe von null ab, muss $\bar{s}_j$ korrigiert werden, indem $\frac{1}{n}\sum_{j=1}^{n}\bar{s}_j$ von jedem rohen Saisonkoeffizienten substrahiert wird. Die Differenz bezeichnet man einfach als **Saisonkoeffizienten** $\hat{s}_j$: $\hat{s}_j = \bar{s}_j - \frac{1}{n}\sum_{j=1}^{n}\bar{s}_j$. Mit dem Saisonkoeffizienten hat man den Schätzwert für die Saisonveränderungszahl gefunden, der die Normierungsregel einhält. Diese Vorgehensweise zur Schätzung der Saisonkomponente heißt anschaulich **Phasendurchschnittsverfahren**.

Addieren sich die rohen Saisonkoeffizienten nicht zu null, deutet dies darauf hin, dass die Saisonkomponente noch Teile der glatten Komponente enthält. Man kann daher anstelle der rohen Saisonkoeffizienten $\bar{s}_j$ die geschätzte glatte Komponente $\hat{g}_{ij}$ anteilig korrigieren. Da bei ganzen Jahren insgesamt (mn) glatte Komponenten geschätzt wurden, ergibt sich: $\hat{g}_{ij} + \frac{1}{nm} \sum_{j=1}^{n} \sum_{i=1}^{m} s_{ij} = \hat{g}_{ij} + \frac{1}{n} \sum_{j=1}^{n} \bar{s}_j$. Ist der Korrekturfaktor klein, kann er vernachlässigt werden.

Um den Saisoneinfluss aus einer Zeitreihe zu eliminieren, bildet man die Differenz $y_{ij} - \hat{s}_j$; um die Restkomponente zu schätzen, berechnet man $\hat{r}_{ij} = y_{ij}^* - \hat{s}_j$. Damit kann eine Zeitreihe in ihre geschätzten Komponenten zerlegt werden: $y_{ij} = \hat{g}_{ij} + \hat{s}_j + \hat{r}_{ij}$. Die Restkomponente $\hat{r}_{ij}$ lässt sich mit den Methoden der deskriptiven Statistik nicht weiter analysieren.

Nehmen Saisonauswirkungen mit der glatten Komponente an Intensität zu, muss die Annahme einer konstanten zugunsten einer variablen Saisonfigur ersetzt werden. Eine einfache Möglichkeit zur Modellierung variabler Saisonfiguren besteht darin, den Saisoneinfluss als Vielfaches der glatten Komponente darzustellen: $s_{ij} = \lambda_{ij} g_{ij}$. Nach Substitution erhält man aus dem additiven Komponentenmodell: $y_{ij} = (1 + \lambda_{ij})g_{ij} + r_{ij}$. Der Ausdruck $(1 + \lambda_{ij})$ heißt **Saisonfaktor** oder **Saisonmultiplikator** und wird ebenfalls mit s_{ij} bezeichnet. Ist s_{ij} größer als eins, wirkt der Saisoneinfluß niveausteigernd; gilt $s_{ij} < 1$, entsprechend niveausenkend. Um die Saisonfaktoren s_{ij} zu schätzen, ist zunächst die glatte Komponente aus der Zeitreihe zu eliminieren. Dies geschieht hier durch Division der Zeitreihenwerte y_{ij} durch die geschätzte glatte Komponente $\hat{g}_{ij}$:

$$y_{ij}^* = \frac{y_{ij}}{\hat{g}_{ij}} \approx s_{ij} + \frac{r_{ij}}{\hat{g}_{ij}}, \quad y_{ij}^* : \text{bereinigter Zeitreihenwert.}$$

Von den Saisonfaktoren s_{ij} wird angenommen, dass sie für gleiche Saisonabschnitte von Jahr zu Jahr konstant bleiben: $s_{ij} = s_j$. Analog zu der Vorgehensweise bei konstanter Saisonfigur erhält man den **rohen Saisonfaktor** jetzt als:

$$\bar{s}_j = \frac{1}{m_j} \sum_{i=1}^{m_j} s_{ij} = \frac{1}{m_j} \sum_{i=1}^{m_j} \frac{y_{ij}}{\hat{g}_{ij}}.$$

Unterscheidet man n Saisonabschnitte, erhält man n Saisonfaktoren $\bar{s}_j$. Würden die Saisonphasen keinen Einfluss auf die Zeitreihe ausüben, müssten alle n Saisonfaktoren den Wert eins annehmen und ihre Summe n betragen. Gilt dies auch im konkreten Fall, also $\sum_{j=1}^{n} \bar{s}_j = n$, ist der rohe Saisonfaktor $\bar{s}_j$ ein Schätzwert für den Saisonfaktor; wenn nicht, muss $\bar{s}_j$ korrigiert werden. Bezeichnet auch hier $\hat{s}_j$ den korrigierten Schätzwert, erhält man:

$$\hat{s}_j = \frac{\bar{s}_j}{\frac{1}{n} \sum \bar{s}_j}.$$

Bei der Interpretation empirischer Schätzwerte $\hat{s}_j$ ist zu beachten, dass der Saisoneinfluss als Anteil der glatten Komponente spezifiziert ist. Der Wert $\hat{s}_j = 1,125$ z.B. besagt daher, dass der Saisoneinfluss eine Erhöhung des entsprechenden Zeitreihenwertes um 12,5 % der glatten Komponente verursacht.

Abschließend wird das als Quartalsdaten vorliegende Bruttoinlandsprodukt der alten Bundesländer in die vier Zeitreihenkomponenten zerlegt (siehe Tabelle 6.3). Die Zeitreihe läuft vom dritten Quartal 1989 bis zum 2. Quartal 1993. Bei Quartalsdaten notiert man erst das Jahr, dann das Quartal; obige Zeitreihe erstreckt sich also von 1989.3 bis 1993.2 (siehe Spalte 1 der Tabelle 6.3). Die Daten des Bruttoinlandsprodukts liegen in Mrd. DM zu Preisen des Jahres 1991 vor (vgl. Spalte 3 der Tabelle 6.3) und sind entnommen aus: Statistisches Bundesamt, Fachserie 18, Reihe 1.3, Wiesbaden, 1992. Die Wachstumskomponente wird als linearer Trend $m_t = \alpha + \beta t$ spezifiziert; die übrigen drei Komponenten k_t, s_t und r_t werden zu einer Variablen u_t zusammengefasst. Nach dem additiven Komponentenmodell ergibt sich y_t jetzt als: $y_t = m_t + u_t = \alpha + \beta t + u_t$. Die OLS-Schätzung lautet: $\hat{y}_t = \hat{m}_t = 621,12 + 3,38t, t = 1,\ldots,16$. Die Trendwerte $\hat{m}_t$ sind in Spalte (4) der Tabelle 6.3 wiedergegeben. Die glatte Komponente muss zwecks Ausschaltung saisonaler Einflüsse mit einem gleitenden Durchschnitt 4. Ordnung

Tabelle 6.3: Zeitreihenkomponentenzerlegung des Bruttoinlands-produkts

(1)	(2)	(3)	(4)	(5)	(6)	(7)	(8)	(9)
	t	y_t	$\hat{m}_t$	$\hat{g}_t$	$\hat{k}_t$	y_{ij}^*	$y_{ij} - \hat{s}_j$	$\hat{r}_{ij}$
1989.3	1	602,6	624,50					
	2	629,4	627,88					
1990.1	3	610,3	631,26	621,49	-9,77	-11,19	623,11	1,62
	4	624,2	634,64	631,20	-3,44	-7,00	628,44	-2,76
	5	641,5	638,02	640,33	2,31	1,17	641,23	0,90
	6	668,2	641,40	649,43	8,03	18,77	651,44	2,01
1991.1	7	644,5	644,78	657,31	12,53	-12,81	657,31	0,00
	8	662,8	648,16	661,90	13,74	0,90	667,04	5,14
	9	666,0	651,54	665,15	13,61	0,85	665,73	0,58
	10	680,4	654,92	667,43	12,51	12,97	663,64	-3,79
1992.1	11	658,30	658,3	668,48	10,18	-10,18	671,11	2,63
	12	667,2	661,68	669,55	7,87	-2,35	671,44	1,89
	13	670,0	665,06	666,95	1,89	3,05	669,73	2,78
	14	685,0	668,44	662,19	-6,25	22,81	668,24	6,05
1993.1	15	632,9	671,82					
	16	654,5	675,20					

$$y_{ji}^* = y_{ij} - \hat{g}_{ij} \qquad \hat{r}_{ij} = y_{ij}^* - \hat{s}_j$$

geschätzt werden; die Ergebnisse stehen in Spalte (5). Wegen der Ordnung des Durchschnitts gehen an beiden Rändern jeweils zwei Werte verloren; t läuft daher von 3 bis 14. Die Differenz aus glatter Komponente und Trend ergibt die konjunkturelle Komponente, deren Schätzungen $\hat{k}_t = \hat{g}_t - \hat{m}_t$ die 6. Spalte wiedergibt. Die Bereinigung der tatsächlichen Bruttoinlandsprodukt-werte y_t mit der glatten Komponente $\hat{g}_t$ liefert nach Neuindizierung die Werte y_{ij}^*, die zur Ermittlung der Saisonkomponente benötigt werden. Diese Werte befinden sich in der 7. Spalte. Unterstellt man eine konstante Saisonfigur, wird aus ihnen der rohe Saisonkoeffizient berechnet, der eventuell korrigiert werden muss. Die Werte y_{ij}^* sind in Tabelle 6.4 zusammengestellt. Die vor-letzte Zeile der Tabelle 6.4 enthält die rohen Saisonkoeffizienten, die sich als Durchschnitt der Werte der zugehörigen Spalte ergeben. Da die Summe der rohen Saisonkoeffizienten 5,66 beträgt, müssen sie mit $5,66 : 4 \approx 1,42$ kor-

Tabelle 6.4: Arbeitstabelle zur Berechnung der Saisonkoeffizienten

i \ j	1	2	3	4	
1	-11,19	-7,00	1,17	18,77	
2	-12,81	0,90	0,85	12,97	
3	-10,18	-2,35	3,05	22,81	
$\bar{s}_j$	-11,39	-2,82	1,69	18,18	$\sum\limits_{j=1}^{4} \bar{s}_j = 5,66$
$\hat{s}_j$	-12,81	-4,24	0,27	16,76	$\frac{1}{4} \sum\limits_{j=1}^{4} \bar{s}_j = 1,42$

rigiert werden. Die letzte Zeile der Tabelle 6.4 weist die Saisonkoeffizienten $\hat{s}_j = \bar{s}_j - 1,42$ aus. In Spalte 8 der Tabelle 6.3 steht das saisonbereinigte Bruttoinlandsprodukt; die Restkomponente ist in Spalte (9) der Tabelle 6.3 eingetragen. Wegen der Bereinigung der rohen Saisonkoeffizienten hat die Summe der Restkomponente nicht den Wert null. Da jeder rohe Saisonkoeffizient um 1,42 verringert wurde, muss die Summe der Restkomponente hier $12 \cdot 1,42 = 17,04$ betragen. Der Leser kann als Übung selbst begründen, warum dies so ist.

Übungsaufgaben zu 6.3

6.3.1 In Tabelle 6.4 addieren sich die vier rohen Saisonkoeffizienten nicht zu null. Korrigieren Sie daher die glatte Komponente in Tabelle 6.3, und berechnen Sie jetzt die Werte der Spalten (6) bis (9) der Tabelle 6.3!

7 Verhältnis- und Indexzahlen

7.1 Gliederungs-, Beziehungs- und Messzahlen

Statistische Massen lassen sich zusätzlich zu den bereits dargestellten Verteilungen und Maßzahlen noch durch spezielle **Kenngrößen** bzw. **Kennzahlen** charakterisieren. Darunter versteht man Zahlenangaben, die eine interessierende Eigenschaft einer statistischen (Teil-) Masse kompakt erfassen. Da Kennzahlen mit dem Untersuchungsgegenstand variieren, können sie nur sehr allgemein beschrieben werden. Es ist deshalb zweckmäßig, sie an Beispielen zu verdeutlichen. Für die statistische Grundgesamtheit „Haushalte einer Volkswirtschaft" wird das statistische Merkmal „Bruttojahreseinkommen im Jahr t" erfasst. Zusätzlich zu den bereits dargestellten Datenaufbereitungsmöglichkeiten lassen sich für diese statistische Masse Kennzahlen angeben. Sinnvolle Kennzahlen wären hier je nach Fragestellung das Bruttojahreseinkommen aller Haushalte, aber auch das Bruttojahreseinkommen der Arbeitnehmer- oder Unternehmerhaushalte u.v.m.

Werden Kennzahlen zum sachlichen, zeitlichen oder räumlichen Vergleich herangezogen, sind sie isoliert betrachtet oft wenig aussagekräftig. Die Kennzahl „Volkseinkommen einer Volkswirtschaft" kann z.B. deshalb für ein Land größer als für ein anderes ausfallen, weil es mehr Einwohner hat. Die Information durch Kennzahlen lässt sich steigern, wenn sie zueinander in Beziehung treten. Man erhält auf diese Weise **Verhältniszahlen**, die sich als Quotient zweier Kennzahlen ergeben. Auch Verhältniszahlen charakterisieren statistische Grundgesamtheiten oder Teilmassen. Je nachdem, in welcher Beziehung die Kennzahl des Zählers zu der des Nenners steht, lassen sich drei verschiedene Arten von Verhältniszahlen unterscheiden. Liegt eine hierarchische Beziehung vor, heißt die Verhältniszahl jetzt **Gliederungszahl**; sind beide Kennzahlen inhaltsverschieden, bezeichnet man die daraus gebildete Verhältniszahl als **Beziehungszahl**. Werden schließlich die Kennzahlen für zwei Teilmengen derselben Grundgesamtheit in Beziehung gesetzt, liegen **Messzahlen** vor.

Eine **Gliederungszahl** G_j ist definiert als Verhältnis aus der Kennzahl für eine Teilmenge einer statistischen Masse zur Kennzahl für die gesamte Masse:

$$G_j = \sum_{r=1}^{j} x_r / \sum_{r=1}^{n} x_r, \quad \text{für } j = 1, \ldots, n.$$

G_j ist eine dimensionslose Zahl. Die hierarchische Beziehung zeigt sich daran, dass die Kennzahl des Zählers für eine Teilmenge der statistischen Masse, die der Kennzahl des Nenners zugrunde liegt, gebildet wird. Es gilt daher: $0 \leq G_j \leq 1$. Man bezeichnet wegen dieser Teilmengenbeziehung Gliederungszahlen oft auch als **Quoten**. Stimmt die Kennzahl des Zählers mit der Merkmalsausprägung x_j eines Merkmalsträgers j überein, gilt: $G_j = x_j / \sum_{j=1}^{n} x_j$ und $\sum_{j=1}^{n} G_j = 1$. Alle relativen Häufigkeiten und Konzentrationsraten gehören zu den Gliederungszahlen. Aber auch die volkswirtschaftlich wichtigen Quoten wie **Lohnquote**, definiert als Bruttoeinkommen aus unselbständiger Arbeit zum Volkseinkommen; oder **Erwerbsquote**, definiert als Erwerbspersonen zur Bevölkerung, zählen zu den Gliederungszahlen.

Beziehungszahlen entstehen als Quotient zweier sachlogisch verschiedener Kennzahlen, deren statistische Massen jedoch in einer sinnvollen Verbindung zueinander stehen. Beziehungszahlen sind daher nicht dimensionslos. Bezieht man die Kennzahl einer Ereignismasse auf die Kennzahl der zugehörigen Bestandsmasse, spricht man von **Verursachungszahlen**, die oft **Raten** genannt werden. Die Fruchtbarkeitsrate z.B. bezieht die Zahl der Lebendgeborenen eines Jahres (Ereignismasse) auf die (durchschnittliche) Zahl der Frauen zwischen 15 und 45 Jahren (Bestandsmasse). Sind Beziehungszahlen keine Verursachungszahlen, bezeichnet man sie auch als **Entsprechungszahlen**, die, wenn der Sachverhalt es erlaubt, auch „Dichte" genannt werden. So stellt beispielsweise die Kraftfahrzeugdichte den Pkw-Bestand eines Landes im Jahre t zu den Einwohnern dieses Landes in Beziehung; die Bevölkerungsdichte die Einwohner einer Region zur Fläche dieser Region. Mitunter erhalten Beziehungszahlen aber auch sachlogisch begründete Bezeichnungen. Das Produktionsergebnis einer Periode, bezogen auf den geleisteten Arbeitseinsatz, heißt **durchschnittliche Arbeitsproduktivität.** Beziehungszahlen sind prinzipiell umkehrbar. Nicht immer sind sie dann sinnvoll interpretierbar. Bei der Beziehungszahl Arbeitsproduktivität ist dies jedoch der Fall. Ihr Kehrwert setzt den Arbeitseinsatz zum Produktionsergebnis ins Verhältnis und gibt daher den Arbeitseinsatz pro Produktionseinheit an. Diese Beziehungszahl heißt **Arbeitskoeffizient.**

Sind Gliederungs- oder Beziehungszahlen für Teilmassen bekannt, lässt sich unter bestimmten Voraussetzungen die entsprechende Gliederungs- bzw. Beziehungszahl für die aggregierte Masse aus den Teilkennzahlen berechnen. So kann z.B. die Pkw-Dichte für jedes Bundesland, nicht aber für die Bundesrepublik Deutschland insgesamt vorliegen. Um die Gliederungs- bzw. Beziehungszahl für das Aggregat zu bestimmen, müssen die Teilmassen disjunkt sein. Die Vorgehensweise wird für Beziehungszahlen dargestellt; analog hierzu verfährt man mit Gliederungszahlen. Der Index $k = 1, \dots, K$ bezeichnet die Teilmassen; $B_k = \frac{Z_k}{N_k}$ ist die Beziehungszahl für die $k - te$ Teilmasse mit Z_k als Kennzahl des Zählers und N_k als Kennzahl des Nenners. In drei Fällen kann aus $B_k, k = 1, \dots, K$ die Beziehungszahl B des Aggregats ermittelt werden:

1. Sind neben B_k auch Z_k und N_k für alle k bekannt, lässt sich B leicht finden als:

$$B = \sum_{k=1}^{K} Z_k / \sum_{k=1}^{K} N_k.$$

2. Kennt man neben B_k noch die Gewichte $g_{N,k} = N_k / \sum_{k=1}^{K} N_k$, die den Anteil von N_k an $\sum_{k=1}^{K} N_k$ angeben, erhält man:

$$B_k g_{N,k} = \frac{Z_k}{N_k} \cdot \frac{N_k}{\sum_{k=1}^{K} N_k} = \frac{Z_k}{\sum_{k=1}^{K} N_k} \quad \text{und:}$$

$$\sum_{k=1}^{K} B_k g_{N,k} = \sum_{k=1}^{K} \frac{Z_k}{\sum_{k=1}^{K} N_k} = \frac{\sum_{k=1}^{K} Z_k}{\sum_{k=1}^{K} N_k} = \frac{Z}{N} = B.$$

3. Geben die Gewichte den Anteil von Z_k an $\sum_{k=1}^{K} Z_k$ an, gilt:

$$g_{Z,k} = Z_k / \sum_{k=1}^{K} Z_k \quad \text{und} \quad \frac{g_{Z,k}}{B_k} = \frac{Z_k}{\sum_{k=1}^{K} Z_k} \cdot \frac{N_k}{Z_k} = \frac{N_k}{\sum_{k=1}^{K} Z_k}.$$

Summation führt zu:

$$\sum_{k=1}^{K} \frac{g_{Z,k}}{B_k} = \frac{\sum_{k=1}^{K} N_k}{\sum_{k=1}^{K} Z_k} = \frac{1}{B} \quad \text{oder:} \quad B = \frac{1}{\sum_{k=1}^{K} \frac{g_{Z,k}}{B_k}}.$$

Der letzte Bruch stellt das gewogene harmonische Mittel für B_k dar.

Eine **Messzahl** m liegt vor, wenn der Quotient aus den Kennzahlen für zwei statistische (Teil-) Massen gebildet wird, die mit zwei verschiedenen Ausprägungen eines Merkmals korrespondieren. Sie sind deshalb dimensionslos. Bei Messzahlen darf die statistische Masse des Zählers nicht Teilmenge der Masse des Nenners sein, denn dann wäre die Verhältniszahl eine Gliederungszahl; ebensowenig dürfen die beiden Massen artfremd sein, sonst wäre die Verhältniszahl eine Beziehungszahl. Beispiele für Messzahlen sind: Angestellte je Arbeiter einer Unternehmung (sachlicher Vergleich); der Durchschnittspreis eines Gutes in der x-ten Kalenderwoche in Essen bezogen auf den Durchschnittspreis derselben Woche in Dortmund (örtlicher Vergleich) und der Preis eines Gutes am selben Ort, aber zu unterschiedlichen Tagen (zeitlicher Vergleich).

Die wichtigste Gruppe sind Messzahlen des zeitlichen Vergleichs, die auch **einfache Indizes** heißen. Dabei wird eine Kennzahl y_t der Berichtsperiode

t auf die entsprechende Kennzahl y_0 der Basisperiode 0 bezogen:

$$m_{0t} = \frac{y_t}{y_0}, \text{ mit } y_0 \neq 0 \text{ und } t = 0, 1, 2, \dots.$$

Häufig werden Messzahlen mit 100 multipliziert; die Messzahl der Basisperiode beträgt dann 100.

Messzahlen besitzen drei wichtige Eigenschaften. Für alle t gilt:

1. Identität: $m_{00} = m_{tt} = 1$,

2. Reversibilität $\frac{1}{m_{0t}} = \frac{y_0}{y_t} = m_{t0}$,

3. Verkettbarkeit bzw. Rundprobe:

$$m_{0t} = \frac{y_t}{y_0} = \frac{y_k}{y_0}\frac{y_t}{y_k} = m_{0k}m_{kt}.$$

Die Zeitreihenwerte $m_{00}, m_{01}, m_{02}, \dots, m_{0T}$ stellen Messzahlen für aufeinander folgende Perioden $t = 1, 2, \dots, T$ dar, wobei sich alle Kennzahlen y_t für $t \geq 1$ auf dieselbe Kennzahl y_0 der Basisperiode beziehen. Es ist deshalb eine Basisperiode ohne extreme Einflüsse zu wählen. Je weiter zurück die Basisperiode liegt, desto weniger eignet sie sich wegen eingetretener (ökonomischer) Veränderungen als Bezugsperiode. Es wird dann eine **Umbasierung** der Zeitreihe nötig, d.h. man stellt die Zeitreihe der Messwerte auf eine aktuellere Basisperiode um. Dies ist wegen der Verkettbarkeit von Messzahlen leicht möglich. Aus $m_{0t} = m_{0k}m_{kt}$ folgt: $m_{kt} = m_{0t}/m_{0k}$. Bei allen Messzahlen $m_{kt}, t = 1, \dots, T$ ist jetzt nicht mehr die Periode 0, sondern $t = k$ Basisperiode. Wie an der Umformung deutlich wird, stellt Umbasieren die zur Verkettung inverse Operation dar, die ohne Rückgriff auf die ursprünglichen Kennzahlen durchgeführt werden kann. Das folgende Beispiel verdeutlicht die konkrete Vorgehensweise. Die Werte einer Zeitreihe $m_{0t}, t = 0, 1, \dots$ mit $t = 0$ als Basis stehen in der 2. Zeile der Tabelle 7.1. Diese Werte sollen auf $t = 2$ umbasiert werden. Da gilt: $m_{2t} = \frac{m_{0t}}{m_{02}}$, sind alle Zeitreihenwerte m_{0t} durch m_{02} zu dividieren, die Ergebnisse (gerundet) stellen die Zeitreihenwerte mit der neuen Basis $t = 2$ dar (3. Zeile in Tabelle 7.1).

Tabelle 7.1: Zeitreihenwerte einer Messzahl

t	0	1	2	3	4	5
m_{0t}	1,00	1,03	1,05	1,04	1,06	1,09
m_{2t}	0,95	0,98	1,00	0,99	1,01	1,04

Überlappen sich zwei Zeitreihen mit unterschiedlichen Basisperioden, d.h. für mindestens eine Periode liegen für beide Reihen Werte vor, können sie immer verkettet werden. In Tabelle 7.2 stehen die vier Werte der Zeitreihe I mit der Basisperiode $t = 0$ als Zahlen ohne Klammern in der zweiten Zeile; die vier Werte der Reihe II mit $t = 3$ als Basisperiode sind als Zahlen ohne Klammern in der dritten Zeile wiedergegeben. In der Periode $t = 3$ überlappen sich beide Reihen. Man kann die Verkettung so vornehmen, dass die

Tabelle 7.2: Überlappende Zeitreihen

t	0	1	2	3	4	5	6
I: m_{0t}	1,00	1,01	1,03	1,05	(1,09)	(1,12)	(1,17)
II: m_{3t}	(0,95)	(0,96)	(0,98)	1,00	1,04	1,07	1,11

zweite an die erste Reihe angeschlossen wird. Die erste fehlende Messzahl m_{04} erhält man dann als: $m_{04} = m_{03}m_{34} = 1,05 \cdot 1,04 = 1,09$; die zweite als: $m_{05} = m_{03}m_{35} = 1,12$ usw; es werden also alle Messzahlen m_{3t}, $t = 4, 5, \dots$ mit $m_{03} = 1,05$ multipliziert (vgl. die in Klammern stehenden Zahlen der 2. Zeile). Die Werte der Reihe II sind proportional an die Reihe I angeschlossen. Der Anschluss der ersten an die zweite Reihe liefert die in Klammer stehenden Zahlen der 3. Zeile. Diese gewinnt man mit der Umbasierungsformel als $m_{3t} = m_{0t}/m_{03}$ für $t = 0, 1$ und 2; die entsprechenden Werte der Reihe I werden durch $m_{03} = 1,05$ dividiert. Die Verkettung zweier Reihen gelingt immer dann, wenn für mindestens eine Periode zwei der drei Terme der Verkettbarkeitsformel $m_{0t} = m_{0k}m_{kt}$ numerisch vorliegen.

Einperiodenmesszahlen $m_{t-1,t}$ stellen Wachstumsfaktoren dar. Für sie gilt:

$$m_{t-1,t} = \frac{y_t - y_{t-1} + y_{t-1}}{y_{t-1}} = w_t + 1,$$

mit w_t als **diskreter Wachstumsrate**. Wächst eine Kennzahl von einem Anfangswert y_0 auf den Endwert y_T mit unterschiedlichen Wachstumsfaktoren, erhält man den durchschnittlichen, über den Prozess konstanten Wachstumsfaktor $\bar{m}$ gemäß Gleichung (4.10) als geometrisches Mittel der einzelnen Wachstumsfaktoren:

$$\bar{m} = \sqrt[T]{\prod_{t=1}^{T} m_{t-1,t}}.$$

Wegen $\bar{m} = 1 + \bar{w}$ ist damit auch die durchschnittliche Wachstumsrate $\bar{w}$ bei diskreter Zeit gefunden. Sind nur der Basiswert y_0 und der Endwert y_T bekannt, erhält man den durchschnittlichen Wachstumsfaktor wegen $m_{0T} = \prod_{t=1}^{T} m_{t-1,t}$ als: $\bar{m} = \sqrt[T]{m_{0T}}$.

Ist y eine stetige Funktion der Zeit $t, y = y(t)$ und nach t differenzierbar, kann für $\Delta t \to 0$ die **stetige Wachstumsrate** gebildet werden:

$$w_y = \lim_{\Delta t \to 0} \frac{y(t + \Delta t) - y(t)}{\Delta t} \frac{1}{y(t)} = \frac{\dot{y}(t)}{y(t)} \quad \text{mit} \quad \dot{y}(t) := \frac{dy(t)}{dt}.$$

Transformiert man eine stetig von der Zeit abhängige Variable $y(t)$ mit den natürlichen Logarithmen, ist der Differentialquotient $d\ln|y(t)|/dt$ die stetige Wachstumsrate von $y(t)$. Der Betrag von $y(t)$ ist zu verwenden, weil der Logarithmus nur für positive Werte definiert ist. Bezeichnet man die logarithmustransformierte Variable mit z, gilt: $z = \ln|y(t)|$. Differentiation bringt:

$$\frac{dz}{dt} = \frac{d\ln|y(t)|}{dt} = \frac{1}{|y(t)|}\dot{y}(t) = w_y.$$

Wächst eine Größe mit konstanter, stetiger Wachstumsrate, wird ihr Wachstumspfad analytisch durch eine Exponentialfunktion beschrieben: $y(t) = y_0 e^{\alpha t}$. Es gilt dann: $z = \ln|y(t)| = \ln y_0 + \alpha t$ und $\frac{dz}{dt} = \alpha$. Wegen dieser Eigenschaft wurde die Exponentialfunktion als eine Möglichkeit zur Modellierung der glatten Komponente (vgl. S.203) eingeführt.

In Abbildung 7.1 sind die Unterscheidungsmöglichkeiten bei Verhältniszahlen zusammengefasst.

Abb. 7.1: Klassifikation von Verhältniszahlen

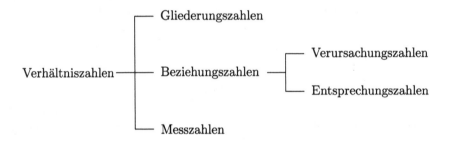

Vielfach findet man als Untergruppe der Messzahlen noch die zusammengesetzten Indexzahlen, kurz Indexzahlen genannt. Da sie als Mittelwerte von Messzahlen entstehen, sollen sie von diesen unterschieden werden. Ihre Behandlung erfolgt in Abschnitt 7.3.

In den Wirtschaftswissenschaften sind drei spezielle Messzahlen von besonderer Bedeutung. Es handelt sich dabei um die **Preismesszahl, Mengenmesszahl** und **Wertmesszahl** für ein Gut i. Bezeichnen p_i den Preis, q_i die Menge und $v_i = p_i q_i$ den Wert, Umsatz bzw. Ausgaben des Gutes i, erhält man die drei Messzahlen als: p_{it}/p_{i0}, q_{it}/q_{i0} und v_{it}/v_{i0}, wobei die Wertmesszahl v_{it}/v_{i0} gleich dem Produkt aus Preis- und Mengenmesszahl des Gutes i ist.

Übungsaufgaben zu 7.1

7.1.1 Die Staatsausgaben (in Mrd. DM) erreichten in den Jahren 1985 bis 1994 folgende Werte:

t	1985	1986	1987	1988	1989
Y	875,5	912,3	949,6	991,1	1018,9
t	1990	1991	1992	1993	1994
Y	1118,1	1394,45	1526,72	1593,35	1663,46

t=Jahr, Y=Staatsausgaben, ab 1991 Gesamtdeutschland
Quelle: IFO (1994), Spiegel der Wirtschaft 1994/95, München.

a) Berechnen Sie die Wachstumsraten und -faktoren für die Staatsausgaben in diesem Zeitraum!

b) Berechnen Sie die durchschnittliche Wachstumsrate!

c) Angenommen, die Staatsausgaben folgen der stetigen Funktion

$y(t) = 870 - 20t + 12t^2$, t: Zeit.

Geben Sie die Funktion der stetigen Wachstumsrate der Staatsausgaben an! Wie groß ist diese Wachstumsrate für $t = 5$?

d) Wann beträgt die Wachstumsrate w_y genau 11,8% ?

e) Angenommen, die stetige Wachstumsrate der Staatsausgaben sei konstant: $w_y = 0,0739$. Wie groß sind die Staatsausgaben nach $t = 10$ Jahren, wenn der Anfangswert $y(0) = 875,5$ beträgt?

7.1.2 Es seien x, y und z stetige Funktionen der Zeit mit den stetigen Wachstumsraten w_x, w_y und w_z. Zeigen Sie, dass gilt:

$$w_z = w_x + w_y, \text{ wenn } z = xy \text{ und } w_z = w_x - w_y, \text{ wenn } z = \frac{x}{y}!$$

7.2 Standardisierung von Verhältniszahlen

Kann eine statistische Masse vollständig in $k = 1, \ldots, K$ disjunkte Teilmassen zerlegt werden und sind ihre Verhältniszahlen $V_k = Z_k/N_k$ und Gewichte

g_k bekannt, lässt sich die Verhältniszahl V der gesamten Masse - wie für Beziehungszahlen bereits gezeigt - als gewogenes arithmetisches Mittel berechnen:

$$V = \sum_{k=1}^{K} V_k g_k \quad \text{mit} \quad g_k = N_k / \sum_{k=1}^{K} N_k.$$

Änderungen einer Verhältniszahl über die Zeit t können daraus resultieren, dass a) die Teilverhältniszahlen $V_{k,t}$ und/oder b) die Gewichte $g_{k,t}$ variieren. Die durch a) verursachte Änderung der Verhältniszahl bezeichnet man als echt, die durch b) ausgelöste wird als **Struktureffekt** interpretiert.

Unter **Standardisierung** versteht man bei Verhältniszahlen die Ausschaltung des Struktureffekts. Dies geschieht, indem für $t > 0$ die Verhältniszahlen unter Verwendung der Gewichte einer Basisperiode neu berechnet werden. Die so standardisierte Reihe gibt die echten Unterschiede in den Verhältniszahlen über die Zeit wieder. Bezeichnet $g_{k,0}$ für $k = 1, \ldots, K$ die Gewichte der Basisperiode und V_t^* die standardisierte Verhältniszahl, ist V_t^* definiert als: $V_t^* = \sum_{k=1}^{K} V_{k,t} g_{k,0}$.

Standardisierung ist auch dann sinnvoll, wenn inhaltliche gleiche Verhältniszahlen für (zwei) verschiedene statistische Massen I und II verglichen werden sollen, die auf dieselbe Weise in K disjunkte Teilmassen zerlegt wurden. Sind V_I und V_{II} die Verhältniszahlen für die beiden statistischen Massen und $D = V_I - V_{II}$ ihre Differenz, kann diese nach Nullergänzung in zwei Teilsummen aufgespalten werden:

$$D = V_I - V_{II} = \sum_{k=1}^{K} V_{I,k} g_{I,k} - \sum_{k=1}^{K} V_{II,k} g_{II,k} + \underbrace{\sum_{k=1}^{K} V_{I,k} g_{II,k} - \sum_{k=1}^{K} V_{I,k} g_{II,k}}_{=0}$$

$$= \underbrace{\sum_{k=1}^{K} V_{I,k} (g_{I,k} - g_{II,k})}_{\text{Struktureffekt}} + \underbrace{\sum_{k=1}^{K} (V_{I,k} - V_{II,k}) g_{II,k}}_{\text{echter Effekt}}.$$

Die erste Summe gibt den Teil des Gesamtunterschieds wieder, der durch verschiedene Gewichte entsteht; sie stellt daher den Struktureffekt dar. Die zweite Summe ist ein Maß für den echten Unterschied in den beiden statistischen Massen.

Wäre der Unterschied als $-D = V_{II} - V_I$ gemessen und die Nullergänzung mit $\sum_{k=1}^{K} V_{II,k} g_{I,k} - \sum_{k=1}^{K} V_{II,k} g_{I,k}$ vorgenommen worden, ändert sich nicht nur das Vorzeichen, sondern Struktur- und echter Effekt fallen jetzt quantitativ anders aus. Es gilt dann:

$$-D = \underbrace{\sum_{k=1}^{K} V_{II,k}(g_{II,k} - g_{I,k})}_{\text{Struktureffekt}} + \underbrace{\sum_{k=1}^{K} (V_{II,k} - V_{I,k}) g_{I,k}}_{\text{echter Effekt}}.$$

Beide Zerlegungen zeigen die Standardisierungsmöglichkeiten mit Hilfe der echten Effekte auf. Anstelle der Verhältniszahl V_I berechnet man ihren standardisierten Wert als $V_I^* = \sum_{k=1}^{K} V_{I,k} g_{IIk}$ und vergleicht ihn mit V_{II}; oder man standardisiert V_{II} zu $V_{II}^* = \sum_{k=1}^{K} V_{II,k} g_{I,k}$ und vergleicht V_{II}^* mit V_I. Liegen die Verhältniszahlen für verschiedene Perioden $t = 1, \ldots, T$ vor, kann ein Vergleich der zeitlichen Entwicklung erfolgen.

Die für die Standardisierung einer Verhältniszahl notwendige Unterteilung der statistischen Masse ist durch das Untersuchungsziel und sachlogische Zusammenhänge vorbestimmt. Für die Lohnquote einer Volkswirtschaft, definiert als Anteil des Bruttoeinkommens L aus unselbständiger Arbeit am Volkseinkommen Y, soll dies gezeigt werden. Die Verhältniszahl Lohnquote ist eine Gliederungszahl und erhält daher das Symbol G. Bezeichnet A die Anzahl der unselbständig Beschäftigten, w ihr durchschnittliches Bruttoeinkommen und E die Erwerbstätigen insgesamt, gilt für jede Periode t:

$$G_t = \frac{L_t}{Y_t} = \frac{w_t A_t}{Y_t} = \frac{w_t A_t / E_t}{Y_t / E_t} = \frac{w_t}{y_t} \frac{A_t}{E_t} \quad \text{mit} \quad y_t := \frac{Y_t}{E_t}.$$

A_t/E_t gibt den Anteil der unselbständig Beschäftigten an den Erwerbstätigen an und quantifiziert somit die Beschäftigtenstruktur; y_t ist das Volkseinkommen pro Erwerbstätigen. Bleiben w_t und y_t über t konstant, kann G_t

allein wegen Änderungen der Beschäftigtenstruktur variieren. Will man diesen Struktureffekt ausschalten, standardisiert man die Lohnquote, indem die Beschäftigtenstruktur eines Basisjahres $t = 0$ über die verschiedenen Perioden t beibehalten wird: $G_t^* = \frac{w_t}{y_t} \frac{A_0}{E_0}$. Man erhält auf diese Weise die **bereinigte Lohnquote**. Bei der Interpretation standardisierter Werte sollte man stets beachten, dass sich die variable Komponente möglicherweise anders entwickelt hätte, wenn der konstant gehaltene Teil in der Realität tatsächlich auf dem Niveau der Basisperiode geblieben wäre.

7.3 Indexzahlen

7.3.1 Konstruktion von Indexzahlen

Bei vielen, besonders makroökonomischen Fragestellungen spielt nicht die Entwicklung von Einzelgrößen, sondern von Aggregaten eine große Rolle. Es sind deshalb spezielle statistische Maßzahlen zu konzipieren, die sowohl eine zeitliche Entwicklung wiedergeben als auch dem Aggregationsaspekt Rechnung tragen. Maßzahlen, die beiden Anforderungen genügen, heißen **Indexzahlen**. Da Messzahlen die zeitliche Entwicklung von Einzelerscheinungen erfassen, liegt es nahe, durch eine geeignete Zusammenfassung von Messzahlen zur Indexzahl des Aggregats zu gelangen.

Besteht ein Aggregat aus m Einzelerscheinungen, müssen zur Berechnung einer Indexzahl für alle Einzelerscheinungen Beobachtungen aus zwei verschiedenen Perioden (Zeitpunkte) vorliegen. Fasst man diese zu zwei Beobachtungsvektoren mit unterschiedlichem Zeitbezug zusammen, stellt der Index formal eine Funktion dar, die beide Vektoren in eine reelle Zahl abbildet. Welche algebraischen Operationen mit den Beobachtungen durchzuführen sind, hängt von der inhaltlichen Spezifikation des Aggregats und der Bedeutung seiner Einzelerscheinungen ab. Will man z.B. die jährliche Teuerung der Lebenshaltung für Haushalte in der Bundesrepublik Deutschland statistisch

erfassen, sind in das Aggregat diejenigen Güterarten und deren Preise auf-
zunehmen, die sich im Dispositionsbereich eines repräsentativen Haushalts
befinden. Da die Güter aber in Abhängigkeit der Bedürfnisstruktur des typi-
schen Haushalts unterschiedliche Bedeutung haben, sind ihre Preise entsprechend zu gewichten.

Liegen für die $i = 1, \ldots, m$ Einzelerscheinungen eines Aggregats jeweils
Beobachtungen für zwei verschiedene Perioden vor, können Messzahlen m_{0t}^i
gebildet und nach geeigneter Gewichtung in einen Index überführt werden. Da
Messzahlen Kennzahlen einer Berichts- zu einer Basisperiode ins Verhältnis
setzen, bieten sich für ihre Gewichtung zwei Möglichkeiten an. Stammen die
Gewichte g_i aus der Basisperiode $t = 0$, geht der Index I als gewogenes
arithmetisches Mittel der Messzahlen hervor:

$$I_{0t}^L = \sum_{i=1}^{m} m_{0t}^i g_{i0} = \sum_{i=1}^{m} \frac{y_{it}}{y_{i0}} g_{i0}. \tag{7.1}$$

Ein auf diese Weise gebildeter Index heißt **Laspeyres-Index**. Verwendet
man Gewichte aus der Berichtsperiode, muss analog zur Vorgehensweise bei
Beziehungszahlen jetzt das harmonische Mittel der Messzahlen gebildet werden:

$$I_{0t}^P = \frac{1}{\sum\limits_{i=1}^{m} \frac{1}{m_{0t}^i} g_{it}}. \tag{7.2}$$

Ein solcher Index heißt **Paasche-Index**. Für die Gewichte beider Index-
konzeptionen gilt: $g_{it} \geq 0$ für $i = 1, \ldots, m$ und $\sum\limits_{i=1}^{m} g_{it} = 1$. Die inhaltliche
Bestimmung der Gewichte hängt von dem statistischen Merkmal ab, für das
Messzahlen erstellt wurden. Verwendet man Preis-, Mengen- oder Wertmesszahlen, sind als ökonomisch gut interpretierbare Gewichte die Ausgabenan-
teile der einzelnen Güter an den Gesamtausgaben für (Konsum-) Güter eines
repräsentativen Haushalts zu verwenden:

$$g_{it} = \frac{p_{it} q_{it}}{\sum\limits_{i=1}^{m} p_{it} q_{it}}, \quad q_i : \text{Menge des } i\text{-ten Gutes.} \tag{7.3}$$

Die Gewichte g_{it} stellen Gliederungszahlen dar. Nach Substitution der konkreten Messzahlen resultieren aus den Gleichungen (7.1) und (7.2) dann Preis-, Mengen- und Wertindizes nach Laspeyres und Paasche. Die Verwendung von Gewichten aus Basis- oder Berichtsperiode ist nicht die einzige Gewichtungsmöglichkeit; zusätzlich lassen sich hieraus Mischformen entwickeln. Einige davon werden in den folgenden Abschnitten vorgestellt.

7.3.2   Preisindexzahlen

Um für eine Gruppe von Gütern die Preisentwicklung zwischen zwei Perioden global zu erfassen, sind Preisindizes zu verwenden. Sie geben dann die Entwicklung des Preisniveaus dieser Gütergruppe an. Die Gütergruppe kann nach verschiedenen Gesichtspunkten festgelegt sein. So ist z.B. eine Zusammenfassung zu Konsum- oder Investitionsgütern u.U. sinnvoll, oder aber die Gütergruppe stellt den Warenkorb eines für eine Volkswirtschaft repräsentativen Haushalts dar. Ein **Preisindex nach Laspeyres**, abgekürzt als P_{0t}^L, erhält man aus Gleichung (7.1) nach Substitution der durch Gleichung (7.3) festgelegten Gewichte für $t = 0$:

$$P_{0t}^L = \sum_{i=1}^{m} \frac{p_{it}}{p_{i0}} g_{i0} = \sum_{i=1}^{m} \frac{p_{it}}{p_{i0}} \frac{p_{i0}q_{i0}}{\sum\limits_{i=1}^{m} p_{i0}q_{i0}} \quad \text{oder:}$$

$$P_{0t}^L = \frac{\sum\limits_{i=1}^{m} \frac{p_{it}}{p_{i0}} p_{i0}q_{i0}}{\sum\limits_{i=1}^{m} p_{i0}q_{i0}}. \tag{7.4}$$

Gleichung (7.4) gibt den Index als gewogenes Mittel der Preismesszahlen an; man bezeichnet sie als **Mittelwertform**. Kürzt man im Zähler p_{i0}, erhält man die **Aggregatform** des Preisindexes:

$$P_{0t}^L = \frac{\sum\limits_{i=1}^{m} p_{it}q_{i0}}{\sum\limits_{i=1}^{m} p_{i0}q_{i0}}. \tag{7.5}$$

Gleichung (7.5) zeigt, dass der Zähler die Ausgaben für den Warenkorb der Basisperiode, berechnet mit Preisen der Berichtsperiode, angibt. Der Nenner stellt die Ausgaben desselben Warenkorbs in der Basisperiode dar. Somit gibt der Index den Faktor an, mit dem sich die Ausgaben der Berichtsperiode von denen der Basisperiode unterscheiden. Wäre in der Periode $t = 1$ der Wert des Indexes 1,04, bedeutet dies, dass der Warenkorb der Basisperiode in der Berichtsperiode 4% teurer als in der Basisperiode ist.

Bildet man den **Preisindex nach Paasche**, mit P_{0t}^P bezeichnet, erhält man aus Gleichung (7.2) nach Substitution der Gewichte gemäß Gleichung (7.3), jetzt aber für die Berichtsperiode t:

$$P_{0t}^P = \frac{1}{\sum\limits_{i=1}^{m} \frac{p_{i0}}{p_{it}} g_{it}} = \frac{1}{\sum\limits_{i=1}^{m} \frac{p_{i0}}{p_{it}} \frac{p_{it}q_{it}}{\sum\limits_{i=1}^{m} p_{it}q_{it}}} = \frac{\sum\limits_{i=1}^{m} p_{it}q_{it}}{\sum\limits_{i=1}^{m} \frac{p_{i0}}{p_{it}} p_{it}q_{it}}. \tag{7.6}$$

Der letzte Bruch der Umformungskette stellt den Paasche-Index in der Mittelwertform dar, die nach Kürzen von p_{it} im Nenner in die Aggregatform übergeht:

$$P_{0t}^P = \frac{\sum\limits_{i=1}^{m} p_{it}q_{it}}{\sum\limits_{i=1}^{m} p_{i0}q_{it}}. \tag{7.7}$$

Analog zur Interpretation des Laspeyres-Index gibt der Paasche-Index an, um welchen Faktor sich die Ausgaben für einen Warenkorb der Berichtsperiode, gemessen mit Preisen dieser Periode, von den Ausgaben für denselben Warenkorb, jetzt aber berechnet mit Preisen der Basisperiode, unterscheiden. Hätte der Paasche-Index z.B. für $t = 1$ den Wert $0,98$, bedeutet dies, dass der Warenkorb der Periode $t = 1$ in dieser Periode um 2% billiger als in der Basisperiode $t = 0$ ist.

Liegt eine Zeitreihe von Preisindexzahlen $P_{00}, P_{01}, P_{02}, \ldots, P_{0T}$ vor, stellen die Differenzen zweier zeitlich aufeinander folgender Indizes nicht die Wachstumsrate des Preisniveaus der betreffenden Periode dar. Betragen z.B.

$P_{01} = 1,08$ und $P_{02} = 1,12$, so unterscheiden sich beide Werte durch 4 Prozentpunkte: $(1,12 - 1,08)100(\%)$; das Preisniveau ist aber mit der Rate $(1,12 - 1,08)/1,08 = 0,037$, also mit $3,7\%$ gestiegen.

Da keiner der beiden vorgestellten Preisindizes a priori dem anderen überlegen ist, lässt sich ein **Preisindex P_{0t}^F nach Fisher** als geometrisches Mittel der Preisindizes nach Laspeyres und Paasche berechnen:

$$P_{0t}^F = (P_{0t}^L P_{0t}^P)^{\frac{1}{2}}. \qquad (7.8)$$

Schließlich sei noch der **Preisindex P_{0t}^{Lo} nach Lowe** angeführt, der über einen Zeitraum durchschnittliche Gütermengen $\bar{q}_i$ als Gewichte verwendet:

$$P_{0t}^{Lo} = \frac{\sum\limits_{i=1}^{m} p_{it}\bar{q}_i}{\sum\limits_{i=1}^{m} p_{i0}\bar{q}_i}. \qquad (7.9)$$

Der Lowe-Index kann wegen seiner Gewichte nicht mehr als spezieller Durchschnitt von Preismesszahlen interpretiert werden.

Die konkrete Berechnung ist bei jedem Index formal einfach und erfolgt nach demselben Schema. Deshalb soll die Ermittlung des Laspeyres- und Paasche-Indexes an einem Beispiel demonstriert werden, das nicht unmittelbar die Anwendung dieser Ansätze nahelegt. Tabelle 7.3 enthält den Bruttostundenverdienst weiblicher und männlicher Arbeiter sowie die entsprechenden Bruttojahreslohnsummen für die Jahre 1988 und 1991 eines Essener Industriebetriebs. Der Stundenlohnsatz stellt den Preis für eine Stunde weibliche bzw. männliche Arbeit dar; der Preisindex gibt somit den Faktor an, mit dem sich der Stundenlohnsatz für Arbeit des Jahres 1991 von dem des Jahres 1988 unterscheidet. Dividiert man die Bruttolohnsumme der weiblichen und männlichen Arbeiter jeweils durch den entsprechenden Lohnsatz, erhält man die Mengengewichte. Der Laspeyres-Preisindex beträgt daher:

$$P_{88,91}^L = \frac{17\frac{45}{15} + 23\frac{80}{20}}{45 + 80} = 1,144;$$

Tabelle 7.3: **Bruttostundenlöhne und Bruttolohnsumme**
eines Essener Industriebetriebs

	Bruttostundenverdienst in EUR		Bruttojahreslohnsumme in Mio. EUR	
Arbeiter	1988	1991	1988	1991
weiblich	15	17	45	68
männlich	20	23	80	92

nach Paasche erhält man:

$$P^P_{88,91} = \frac{92 + 68}{20 \cdot \frac{92}{23} + 15\frac{68}{17}} = 1,1429.$$

Will man die jährliche Wachstumsrate $\bar{w}$ des Stundenlohnsatzes für Arbeit berechnen, muss gelten (vgl. S. 77): $1 + \bar{w} = \sqrt[3]{1,144}$, wenn der Laspeyres-Index herangezogen wird. Man erhält: $1,0459$; der Stundenlohnsatz ist jährlich um $4,59\%$ gestiegen.

Alle Preisindexzahlen sind wegen der notwendigen Gewichtung der Preismesszahlen vorsichtig zu interpretieren. Preisveränderungen lösen bei den betroffenen wirtschaftlichen Akteuren in der Regel Mengenreaktionen aus, die bei konstanten (Mengen-) Gewichten unberücksichtigt bleiben. Insbesondere beim Laspeyres-Index darf deshalb die Basisperiode nicht zu weit zurückliegen.

Bei zunehmenden Preisen nehmen die gekauften Mengen in der Regel ab. Diese Mengenreaktionen berücksichtigen nur Gewichte aus der Berichtsperiode. Der Preisindex nach Paasche fällt daher bei Inflation im Allgemeinen kleiner als der nach Laspeyres aus.

7.3.3 Mengen- und Wertindexzahlen

Mengenindexzahlen geben die mengenmäßige Entwicklung der zu einem Aggregat zusammengefassten Güter an. Da ihre Herleitung parallel zu der bei Preisindexzahlen erfolgt, wird nur das Ergebnis dargestellt. Bezeichnen $Q_{0t}^L, Q_{0t}^P, Q_{0t}^F$ und Q_{0t}^{Lo} die Mengenindizes nach Laspeyres, Paasche, Fisher und Lowe, erhält man unter Verwendung von Mengenmesszahlen und Gewichten wie bei den Preisindizes:

$$Q_{0t}^L = \frac{\sum\limits_{i=1}^{m} \frac{q_{it}}{q_{i0}} p_{i0} q_{i0}}{\underbrace{\sum\limits_{i=1}^{m} p_{i0} q_{i0}}_{\text{Mittelwertform}}} = \frac{\sum\limits_{i=1}^{m} q_{it} p_{i0}}{\underbrace{\sum\limits_{i=1}^{m} q_{i0} p_{i0}}_{\text{Aggregatform}}} , \qquad (7.10)$$

$$Q_{0t}^P = \frac{\sum\limits_{i=1}^{m} p_{it} q_{it}}{\underbrace{\sum\limits_{i=1}^{m} \frac{q_{i0}}{q_{it}} p_{it} q_{it}}_{\text{Mittelwertform}}} = \frac{\sum\limits_{i=1}^{m} q_{it} p_{it}}{\underbrace{\sum\limits_{i=1}^{m} q_{i0} p_{it}}_{\text{Aggregatform}}} , \qquad (7.11)$$

$$Q_{0t}^F = (Q_{0t}^L \cdot Q_{0t}^P)^{\frac{1}{2}} \quad (7.12) \quad \text{und} \quad Q_{0t}^{Lo} = \frac{\sum\limits_{i=1}^{m} q_{it} \bar{p}_i}{\sum\limits_{i=1}^{m} q_{i0} \bar{p}_i}. \qquad (7.13)$$

Beim Mengenindex (7.13) nach Lowe stellt $\bar{p}_i$ den über bestimmte Perioden gebildeten Durchschnittspreis des Gutes i dar.

Aus den Gleichungen (7.1) bzw. (7.2) erhält man **Wertindexzahlen**, wenn m_{0t}^i als Wertmesszahl spezifiziert wird. Für die Wertmesszahlen v_{it}/v_{i0} wird nach dem Laspeyres-Ansatz das gewogene arithmetische Mittel mit Gewichten der Basisperiode gebildet. Wegen $v_{it} = p_{it} q_{it}$ lassen sich die Gewichte schreiben als:

$$\frac{p_{i0} q_{i0}}{\sum\limits_{i=1}^{m} p_{i0} q_{i0}} = \frac{v_{i0}}{\sum\limits_{i=1}^{m} v_{i0}};$$

der Wertindex W_{0t} lautet dann:

$$W_{0t} = \sum_{i=1}^{m} \frac{v_{it}}{v_{i0}} g_{i0} = \sum_{i=1}^{m} \frac{v_{it}}{v_{i0}} \frac{v_{i0}}{\sum_{i=1}^{m} v_{i0}} = \frac{\sum_{i=1}^{m} v_{it}}{\sum_{i=1}^{m} v_{i0}}. \tag{7.14}$$

Der Paasche-Ansatz führt zum selben Index (7.14); deshalb entfällt eine Unterscheidung der Wertindexformel nach Laspeyres bzw. Paasche oder nach bestimmten Mischformen, wie z.B. Fisher- oder Lowe-Wertindex. Wie mit den Aggregatformeln überprüft werden kann, gilt für den Wertindex:

$$W_{0t} = P_{0t}^{L} Q_{0t}^{P} = P_{0t}^{P} Q_{0t}^{L}.$$

Betrachtet man den letzten Bruch der Gleichung (7.14), gibt der Zähler den Umsatz U_t der Berichtsperiode und der Nenner den Umsatz U_0 der Basisperiode an. Der Wertindex lässt sich dann schreiben als $W_{0t} = U_t/U_0$; er stellt demnach eine Messzahl (einfacher Index) für das statistische Merkmal Umsatz dar. Es verwundert daher nicht, dass er von der Art der Gewichtung unabhängig ist. Dasselbe gilt, wenn Zähler und Nenner der Gleichung (7.14) als Ausgaben interpretiert werden.

7.3.4 Umbasierung, Indexverknüpfung und Deflationierung

Die bei Messzahlen gültigen Eigenschaften der Identität, Reversibilität und Verkettbarkeit liegen bei Indexzahlen in unterschiedlicher Weise vor. Da Wertindexzahlen wegen ihrer Struktur zu den Messzahlen gehören, weisen sie auch alle drei genannten Eigenschaften auf. Unabhängig vom jeweiligen Ansatz gilt bei allen Indexzahlen I die Identitätseigenschaft: $I_{00} = 1$. Aber bereits die Reversibilitätseigenschaft erfüllen Laspeyres- und Paasche-Indizes nicht, wohl aber der Fisher- und Lowe-Index. Dies soll für den Preisindex nach Laspeyres gezeigt werden; die Nachweise für die übrigen Indexzahlen verlaufen analog. Reversibilität liegt vor, wenn gilt: $(P_{0t}^{L})^{-1} = P_{t0}^{L}$. Aus der Aggregatform (7.5) folgt aber:

$$(P_{0t}^L)^{-1} = \frac{\sum\limits_{i=1}^{m} p_{i0}q_{i0}}{\sum\limits_{i=1}^{m} p_{it}q_{i0}} \neq P_{t0}^L = \frac{\sum\limits_{i=1}^{m} p_{i0}q_{it}}{\sum\limits_{i=1}^{m} p_{it}q_{it}}.$$

Bei Verkettbarkeit, auch Rundprobe genannt, muss gelten:

$$I_{0t} = I_{01} \cdot I_{12} \cdot \ldots \cdot I_{t-1,t}. \tag{7.15}$$

Mit Ausnahme des Lowe-Index verletzen die übrigen Indizes die Rundprobe. Dies wird wieder für den Preisindex nach Laspeyres gezeigt, wobei Bedingung (7.15) vereinfacht wird zu: $P_{0t}^L = P_{0\tau}^L P_{\tau t}^L$. Es gilt:

$$P_{0t}^L = \frac{\sum\limits_{i=1}^{m} p_{it}q_{i0}}{\sum\limits_{i=1}^{m} p_{i0}q_{i0}}, \quad P_{0\tau}^L = \frac{\sum\limits_{i=1}^{m} p_{i\tau}q_{i0}}{\sum\limits_{i=1}^{m} p_{i0}q_{i0}} \quad \text{und} \quad P_{\tau t}^L = \frac{\sum\limits_{i=1}^{m} p_{it}q_{i\tau}}{\sum\limits_{i=1}^{m} p_{i\tau}q_{i\tau}}.$$

Das Produkt $P_{0\tau}^L P_{\tau t}^L$ ergibt nicht den Preisindex P_{0t}^L; die Rundprobe versagt, Verkettbarkeit liegt nicht vor.

Wegen der fehlenden Verkettbarkeit kann Umbasierung von Indexzahlen nur approximativ durchgeführt werden. Soll ein Index von der Basisperiode $t = 0$ auf die Basisperiode $t = \tau$ umgestellt werden, geht man so vor, als läge Verkettbarkeit vor. Aus $I_{0t} = I_{0\tau}I_{\tau t}$ folgt dann:

$$I_{\tau t}^* = \frac{I_{0t}}{I_{0\tau}}. \tag{7.16}$$

Soll z.B. der Preisindex P_{0t}^L auf die Basisperiode τ umgestellt werden, erhält man nach Gleichug (7.16): $P_{\tau t}^* = P_{0t}^L/P_{0\tau}^L$. Der Index $P_{\tau t}^*$ ist aber kein Preisindex nach Laspeyres:

$$P_{\tau t}^* = \frac{\sum\limits_{i=1}^{m} p_{it}q_{i0}}{\sum\limits_{i=1}^{m} p_{i0}q_{i0}} : \frac{\sum\limits_{i=1}^{m} p_{i\tau}q_{i0}}{\sum\limits_{i=1}^{m} p_{i0}q_{i0}} = \frac{\sum\limits_{i=1}^{m} p_{it}q_{i0}}{\sum\limits_{i=1}^{m} p_{i\tau}q_{i0}}.$$

Ein Laspeyres-Index wäre $P_{\tau t}^*$ nur dann, wenn die Mengen aus der neuen Basisperiode τ, und nicht, wie am letzten Bruch der Umformung erkennbar, aus der alten Basisperiode $t = 0$ stammen.

Auch beim Anschluss einer Indexreihe an eine andere unterstellt man Verkettbarkeit. Die Vorgehensweise entspricht dann derjenigen bei Messzahlen (vgl. S. 221ff.). Es wird damit die Verlängerung einer Indexreihe proportional zu einer anderen erreicht. Durch die falsche Annahme der Verkettbarkeit ignoriert man, dass sich beide Indexreihen in ihrer Gewichtung unterscheiden. Der so durchgeführte Anschluss heißt Verknüpfung, die wegen der falschen Voraussetzung nur eine Notlösung bei der Gewinnung langer Indexreihen sein kann.

Hängen die Werte einer ökonomischen Variablen von einer Mengen- und Preiskomponente ab, wie z.B. beim Inlandsprodukt oder Umsatz, liegt eine **nominale Größe** vor. Bei diesem kann es von Interesse sein, den Teil ihrer Entwicklung, der nur aus Preisveränderungen resultiert, zu eliminieren. Diesen Prozess nennt man **Deflationierung**. Die deflationierten Größen zeigen dann die Veränderung der Mengenkomponente über die Zeit an. Man bezeichnet daher deflationierte Variablen als **reale Größen**.

Die Deflationierung richtet sich nach der vorliegenden nominalen Größe. Sind die Mengen für alle Berichtsperioden $t = 0, 1, 2, \ldots$ bekannt, besteht die einfachste Vorgehensweise darin, sie mit den Preisen der Basisperiode $t = 0$ zu gewichten und dann zu addieren. Die Summe stellt die reale Größe R_t dar, die **Volumen** genannt wird:

$$R_t = \sum_{i=1}^{m} p_{i0} q_{it}, \quad \text{für } t = 0, 1, \ldots \tag{7.17}$$

Liegt eine Wertgröße $V_t = \sum_{i=1}^{m} p_{it} q_{it} = \sum_{i=1}^{m} v_{it}$ vor, dividiert man sie zwecks Deflationierung durch einen Preisindex. Als Deflator kommt nur ein Preisindex mit den aktuellen Mengen als Gewichte in Frage, d.h. es muss mit dem Preisindex nach Paasche deflationiert werden:

$$R_t = \frac{V_t}{P_{0t}^P} = \frac{\sum\limits_{i=1}^{m} p_{it} q_{it} \sum\limits_{i=1}^{m} p_{i0} q_{it}}{\sum\limits_{i=1}^{m} p_{it} q_{it}} = \sum_{i=1}^{m} p_{i0} q_{it} \quad \text{für } t = 0, 1, \ldots \tag{7.18}$$

Gleichung (7.18) kommt zur Anwendung, wenn aus dem nominalen Inlands-produkt, das als Wertgröße vorliegt, das reale Inlandsprodukt ermittelt wer-den soll. Die realen Werte geben das Inlandsprodukt in Preisen des Basis-jahres an, man bezeichnet es daher als **Inlandsprodukt zu konstanten Preisen**.

Genauso erfolgt die Deflationierung, wenn die nominale Größe als Wertin-dex W_{0t} vorliegt. Auch jetzt deflationiert man mit einem Paasche-Preisindex; als Ergebnis folgt nicht das Volumen R_t, sondern ein Mengenindex nach Las-peyres:

$$R_t^* = \frac{W_{0t}}{P_{0t}^P} = Q_{0t}^L \quad \text{für } t = 0, 1, \ldots \tag{7.19}$$

Preisindizes werden für spezielle Käufer- und Verkäufergruppen erstellt. Es gibt daher nicht „den" Preisindex; vielmehr hängt der geeignete Preisindex zwecks Deflationierung von der jeweiligen nominalen Größe ab. Über die rich-tige Indexwahl informiert die Wirtschaftsstatistik.

7.3.5 Aggregation von Subindizes

Um bei Preis- und Mengenentwicklungen regional (z.B. für die Bundesländer) oder sektoral (z.B. für Nahrungsmittel, Getränke, Kleidung) differenzieren zu können, werden häufig entsprechende **Subindizes** erstellt. Diese lassen sich zu einem Gesamtindex aggregieren. Die Vorgehensweise wird zunächst für einen (Preis- oder Mengen-) Index nach Laspeyres dargestellt. Eine stati-stische Masse (z.B. Konsumgüter einer Volkswirtschaft) sei in K disjunkte Teilmengen $T_k, k = 1, \ldots, K$ vollständig zerlegt. Für jede dieser Teilmen-gen liegen Indizes vom Typ Laspeyres mit derselben Basisperiode $t = 0$ vor, die mit I_{0t}^k symbolisiert werden. Die Wertgröße w_{0k} für die Teilmengen k beträgt in der Basisperiode $t = 0 : w_{0k} = \sum_{i \in T_k} p_{i0} q_{i0} = \sum_{i \in T_k} v_{i0}$. Die Wert-größe der statistischen Masse in der Basisperiode beträgt $\sum_{k=1}^{K} w_{0k}$; somit stellt

$w_{0k} / \sum\limits_{k=1}^{K} w_{0k}$ den Anteil der k-ten Wertgröße an der aggregierten Wertgröße in der Basisperiode dar. Den aggregierten Index erhält man jetzt als gewogenes arithmetisches Mittel der Subindizes mit den Wertanteilen als Gewichte:

$$I_{0t}^L = \sum_{k=1}^{K} I_{0t}^k \frac{w_{0k}}{\sum\limits_{k=1}^{K} w_{0k}} = \frac{\sum\limits_{k=1}^{K} I_{0t}^k w_{0k}}{\sum\limits_{k=1}^{K} w_{0k}}. \qquad (7.20)$$

Die Spezifikation von I_{0t}^k als Preis- bzw. Mengenindex nach Laspeyres ergeben die Formeln für die Aggregation von Preis- bzw. Mengensubindizes zu Gesamtindizes.

Analog zu oben geht man bei Subindizes nach Paasche vor, jedoch mit dem Unterschied, dass jetzt das harmonische Mittel gebildet wird und die Gewichte aus der Berichtsperiode stammen. Die Wertgröße der K Teilmassen lauten jetzt: $w_{tk} = \sum\limits_{i \in T_k} p_{it} q_{it} = \sum\limits_{i \in T_k} v_{it}$; die gesamte Wertgröße beträgt: $\sum\limits_{k=1}^{K} w_{tk}$. Der aggregierte Index nach Paasche lautet dann:

$$I_{0t}^P = \frac{\sum\limits_{k=1}^{K} w_{tk}}{\sum\limits_{k=1}^{K} \frac{1}{I_{0t}^k} w_{tk}} = \frac{\sum\limits_{k=1}^{K} w_{tk}}{\sum\limits_{k=1}^{K} \frac{w_{tk}}{I_{0t}^k}}. \qquad (7.21)$$

Bei Gleichung (7.21) ist zu beachten, dass alle Subindizes I_{0t}^k nach Paasche gebildet sein müssen.

Subindizes werden oft für bestimmte Gütergruppen erstellt. So lässt sich die Warengruppe Getränke z.B. in Milch, Sprudelwasser, Bier, Wein und Schnaps aufteilen. Die Getränkepreise (in EUR/Liter) und die verbrauchten Mengen (in 1000 Liter) gibt Tabelle 7.4 für die Perioden $t = 0$ und $t = 1$ wieder. Für die einzelnen Getränke können keine Indizes, wohl aber Messzahlen erstellt werden. Unterteilt man jedoch die Getränke in alkoholische und alkoholfreie, lassen sich für diese Untergruppen Preis- und Mengenindizes berechnen, aus denen durch Aggregation der Gesamtindex hervorgeht. Die

Tabelle 7.4: Getränkeverbrauch

Getränk	p_{i0}	q_{i0}	p_{i1}	q_{i1}
Milch	1,80	3000	2,00	3100
Sprudel	1,20	800	1,40	800
Bier	2,00	1500	2,20	1700
Wein	9,30	100	10,00	80
Schnaps	14,00	70	15,00	60

Preisindizes nach Laspeyres betragen:

$$P_{01}^L \text{ (alkoholfrei)} = \frac{2 \cdot 3000 + 1,4 \cdot 800}{1,8 \cdot 3000 + 1,2 \cdot 800} = 1,1195,$$

$$P_{01}^L \text{ (alkoholisch)} = \frac{2,2 \cdot 1500 + 10 \cdot 100 + 15 \cdot 70}{2 \cdot 1500 + 9,3 \cdot 100 + 14 \cdot 70} = 1,0896.$$

Um aus den Subindizes den aggregierten Preisindex zu berechnen, müssen die Wertgrößen w_{0k} und $\sum_{k=1}^{2} w_{0k}$ vorliegen. Die Wertgröße der beiden Getränkegruppen entspricht ihrem jeweiligen Umsatz in der Basisperiode. Für alkoholfreie Getränke ergibt sich: $1,8 \cdot 3000 + 1,2 \cdot 800 = 6360$, für alkoholische entsprechend $2 \cdot 1500 + 9,3 \cdot 100 + 14 \cdot 70 = 4910$. Dies führt zu einem Gesamtumsatz von $6360 + 4910 = 11270$. Der aggregierte Preisindex nach Laspeyres folgt jetzt aus Gleichung (7.20) als:

$$P_{01}^L = \frac{1,1195 \cdot 6360 + 1,0896 \cdot 4910}{11270} = 1,1065.$$

Die Mengensubindizes sollen jetzt nach Paasche berechnet werden. Man erhält:

$$Q_{01}^P \text{ (alkoholfrei)} = \frac{2 \cdot 3100 + 1,4 \cdot 800}{2 \cdot 3000 + 1,4 \cdot 800} = 1,0281 \text{ und}$$

$$Q_{01}^P \text{ (alkoholisch)} = \frac{2,2 \cdot 1700 + 10 \cdot 80 + 15 \cdot 60}{2,2 \cdot 1500 + 10 \cdot 100 + 15 \cdot 70} = 1,0168.$$

Die Umsätze in der Periode $t = 1$ betragen für alkoholfreie Getränke 7320, für alkoholische 5440, zusammen also 12760. Damit ergibt sich gemäß Gleichung (7.21) der aggregierte Mengenindex nach Paasche als:

$$Q_{01}^P = \frac{12760}{\frac{7320}{1,0281} + \frac{5440}{1,0168}} = 1,0233.$$

Empirische Indexzahlen liefern in kompakter Form Information über aggregierte ökonomische Größen. Besonders bei Subindizes ist es möglich und nützlich, ihre Interpretation mikroökonomisch zu fundieren.

Übungsaufgaben zu 7.3

7.3.1 Eine Unternehmung, die vier verschiedene Produkte (A, B, C, D) herstellt, erzielte in den Jahren 1989 und 1994 folgende Umsätze (in Tsd. EUR):

	1989	1994	(4)
A	400	500	40%
B	100	300	20%
C	200	200	60%
D	300	200	30%

In der vierten Spalte sind die Preissteigerungen von 1989 bis 1994 eingetragen.

   a) Berechnen Sie die durchschnittliche jährliche Wachstumsrate des Gesamtumsatzes!

   b) Wie groß ist für die vier Produkte die Preissteigerung insgesamt nach Laspeyres und Paasche?

   c) Berechnen Sie den Mengenindex nach Laspeyres! Um wieviel Prozent hat sich die abgesetzte Menge insgesamt verändert?

7.3.2 Die Entwicklung des nominalen Bruttoinlandsproduktes (BIP) und des Paasche-Preisindexes (P) für Westdeutschland im Zeitraum 1989 bis 1993 gibt die nachstehende Tabelle wieder:

Jahr	BIP (in Mrd. DM)	P in %
1989	2249	93,3
1990	2448	96,2
1991	2654	100,0
1992	2799	104,4
1993	2820	107,8

Quelle: Statistisches Bundesamt (1993), Volkswirtschaftliche Gesamt-rechnung, Reihe 1.2 Konten und Standardtabellen; Wiesbaden.

a) Geben Sie das Basisjahr der Preisindexreihe an! Deflationieren Sie die Zeitreihe des nominalen BIP (runden Sie auf ganze Zahlen)!

b) Basieren Sie die Preisindexreihe auf das Jahr 1989 um (runden Sie auf eine Stelle nach dem Komma)!

c) Berechnen Sie die durchschnittliche jährliche Wachstumsrate für das nominale und reale BIP (in Preisen von 1991) im Zeitraum 1989/1993!

7.3.3 Die Entwicklung zweier Laspeyres-Preisindizes A und B über die Zeit t zeigt die nachstehende Tabelle:

t	1	2	3	4	5	6	7
A	1,74	1,90	1,96	2,10			
B				1,05	1,07	1,10	1,15

a) Verknüpfen Sie beide Indexreihen durch Anschluss der Reihe B an die Reihe A und umgekehrt!

b) Zeigen Sie allgemein, dass ein auf die Periode τ, $0 < \tau < t$ umba-sierter Laspeyres-Index nicht mehr ein Laspeyres-Index bleibt!

c) Zeigen Sie, dass sich der Laspeyres-Preisindex mit der Rate α ändert, wenn sich die Preise aller in ihm enthaltenen Güter eben-falls mit der Rate α ändern!

Lösungen ausgewählter Übungsaufgaben

2.1.2

Gewicht:	quantitativ, stetig	78,9 kg
Körpergröße:	quantitativ, stetig	178 cm
Haarfarbe:	qualitativ, diskret	blond
Preis:	quantitativ, (quasi-)stetig	1,78 DM
Qualität:	ordinal, diskret	IA
Volumen:	quantitativ, stetig	1800 ccm
Tagesumsatz:	quantitativ, (quasi-)stetig	1879,31 DM
Steuerklasse:	qualitativ, diskret	I
Staatsangehörigkeit:	qualitativ, diskret	deutsch
Erwerbsstatus:	qualitativ, diskret	selbständig
Lagerbestand:	quantitativ, diskret oder stetig	113 Stck, 200 Liter

2.1.3

intensiv: 2,4, (Zensuren, Körpergröße)

extensiv: 1,3, (Einkommen, Kosten)

manifest: alle

häufbar: 1,2,6 (Einkommen, Zensuren, Studienfach)

2.2.1

Nominal: 3,8,9,10   Ordinal: 5   Kardinal: 1,2,4,6,7,11

3.1.2

$h_3 = 0,2;$ $n = 125$

3.4.1

a) $x_{0,25} = 860$ b) $x_{0,25} = 790$ c) $x_{0,25} = 783,\overline{3}$

　　$x_{0,5} = 1100$ $x_{0,5} = 1150$ $x_{0,5} = 1125$

　　$x_{0,75} = 1540$ $x_{0,75} = 1582,5$ $x_{0,75} = 1516,\overline{6}$

3.4.2

$x_{0,2} = 645,$ $x_{0,4} = 930,$ $x_{0,6} = 1340,$ $x_{0,8} = 1540$

4.2.1

a) $x_M = 930;$ $x_{\text{Med}} = 1100;$ $\bar{x} = 1185,7;$ $\bar{x}_G = 1088,72;$ $\bar{x}_H = 988,57$

b) $x_M = 600 \wedge 1050$ (bimodal), $x_{\text{Med}} = 1125,$ $\hat{\bar{x}} = 1168$

4.2.2

$\bar{x} = 6$

4.2.3

a) 2,5 Stunden;   b) $x \approx 137$ km/h

4.3.1

$s_\Delta = 522,122,$ $\hat{d}_{\hat{\bar{x}}} = 388,16,$ $\hat{s}_K^2 = 206.376$

Box-Plot: $x_0 = 300;$ $x_{0,25} = 783,\bar{3};$ $x_{0,5} = 1125;$ $x_{0,75} = 1516,\bar{6};$ $x_K = 2200$

4.3.2

$R = 1675;$ $\bar{Q} = 340;$ $d_{\bar{x}} = 399,33;$ MAD$(x) = 395,9;$ $a_{\text{Med}} = 410$

$s_{x_{\text{Med}}}^2 = 221.222,5;$ $s = 462,47;$ $v = 0,39$

4.3.4

a) nominalskaliert

b) 1980:$E_r = 0,8455$

    1994:$E_r = 0,8584$

4.4.1

$\Theta_w^N = -1,0630;$ $\Theta_w^N = -1,0338$

$\Theta_{\text{Sch}}^r = 0,129;$ $\Theta_{\text{Sch}}^r = 0,1867$

4.4.3

$x_{\text{Med}} = 5 < \bar{x} = 5,056 < x_M = 6$ $\rightarrow$ Fechner'sche Lageregel gilt nicht.

4.5.1

a) <u>Anzahl</u> der Merkmalsträger bezogen auf den

    <u>Anteil</u> an der Merkmalssumme

    <u>Anteil</u> der Merkmalsträger bezogen auf den

    <u>Anteil</u> an der Merkmalssumme

b) (ii) $C_H = 0,225;$ $C_E = 0,2134;$ $C_R = 0,25;$ $E = 1,5445$

    (iv) $D_G = 0,2$

4.5.2

a) $m_5 = 200$; $x'_5 = 300$ b) 45 d) $D_G = 0,5845$

4.5.3

$D_G = 0,8502$

4.5.6

$D_G = 0,2556$ (vor Steuern), $D_G = 0,2018$ (nach Steuern)

5.1.2

a) Etwa: $\tilde{h}_{44} = 0,36 \cdot 0,3 = 0,108 \neq h_{44} = 0,047$

$\Rightarrow$ statistische Abhängigkeit

b) $\bar{y} = 2810,9$; $s_y = 1553,91$

c) $\bar{y}|x_4 = 2331,94$ $s_{y|x_4} = 1220,52$

5.2.1   **5.2.2**   **5.2.3**   **5.2.4**   **5.2.5**

$r_s = \dfrac{1}{3}$ $r_{xy} = 0,8076$ $\chi^2 = 3457,053$ $A_{xy} = 0,5236$ $A_{xy} = 0,6722$

$\tau = 0,2\overline{4}$ $K = 0,322$ $K = 0,2612$

5.3.1

b) s_{xy} $=46,667$; $r_{xy}=0,5399$

c) $\hat{y}_r$ $=2,59+0,1235x_r$; $R^2= 0,2915$

d) (i) $\hat{y}_r$ $=2,59 + 0,1235 \cdot 80 = 12,47$

(ii) $x_r(y_r = 12) = 90$

$16 = 2,59 + 0,1235x_r \Rightarrow x_r = 108,57$

$\Delta x_r = 108,57 - 90 = 18,57$

$\dfrac{\Delta x_r}{x_r} = \dfrac{18,57}{90} = 0,2063 \rightarrow 20,63\%$

5.3.2

$a = 9,7798$; $b = 0,5122$

6.2.1

b) $\hat{g}_t$: 165; 175; 165; 180; 175; 180; 175; 180

c) $\hat{m}_t = 164 + 2t$

d) $\hat{m}_{11} = 186$; $R^2 = 0,1467$

e) $\hat{k}_t$: -3; 5; -7; 6; -1; 2; -5; -2

7.1.1

b)　$\bar{w}_y = \sqrt[9]{\dfrac{y_9}{y_0}} - 1 = 0,0739 \mathrel{\hat=} 7,39\%$

c)　$w_y = \dfrac{\dot{y}}{y} = \dfrac{-20 + 24t}{870 - 20t + 12t^2}$

　　$t = 5 \;\Rightarrow\; w_y = 0,0935 \mathrel{\hat=} 9,35\%$

d)　$w_y = \dfrac{-20 + 24t}{870 - 20t + 12t^2} = 0,118$

　　$\Rightarrow\; t_{1,2} = 9,42 \;;\; 9,195$

e)　$y(t) = y(0) \cdot e^{w_y \cdot t}$

　　$\Rightarrow\; y(10) = 875,5 \cdot e^{0,0739 \cdot 10} = 1833,16$

7.1.2

$z = xy \qquad \dot{z} = \dot{x}y + x\dot{y}$

$w_z = \dfrac{\dot{z}}{z} = \dfrac{\dot{x}y + x\dot{y}}{xy} = \dfrac{\dot{x}}{x} + \dfrac{\dot{y}}{y} = w_x + w_y$

$z = \dfrac{x}{y} \qquad \dot{z} = \dfrac{\dot{x}y - x\dot{y}}{y^2}$

$w_z = \dfrac{\dot{z}}{z} = \dfrac{\dot{x}y - x\dot{y}}{y^2} \cdot \dfrac{y}{x} = \dfrac{\dot{x}y - x\dot{y}}{xy} = w_x - w_y$

7.3.1

a)　$\bar{w} = \sqrt[5]{\dfrac{1200}{1000}} - 1 = 0,03714 \mathrel{\hat=} 3,714\%$

b)　$P_{05}^L = 1,39 \cdot 100 = 139,$ $\qquad\qquad P_{00}^L = 100 \Rightarrow\ 39\%$

　　$P_{05}^P = 1,3545 \cdot 100 = 135,45,$ $\qquad P_{00}^P = 100 \Rightarrow\ 35,45\%$

c)　$Q_{05}^L = \dfrac{W_{05}}{P_{05}^P} = \dfrac{\dfrac{1200}{1000}}{1,3545} = 0,8859$

　　Mengenänderung: 0,1141 $\mathrel{\hat=}$ 11,41%

7.3.2

a)　Basisjahr: 1991

　　deflationiertes BIP^{nom}: 2411; 2545; 2654; 2681; 2616

b)　umbasierter Index: 100,0; 103,1; 107,2; 119,9; 115,5

c)　$\bar{w}_{\text{nom}} = \sqrt[4]{\dfrac{2820}{2249}} - 1 = 0,0582 \mathrel{\hat=} 5,82\%$

　　$\bar{w}_{\text{real}} = \sqrt[4]{\dfrac{2616}{2411}} - 1 = 0,0206 \mathrel{\hat=} 2,06\%$

7.3.3

a)   B an A   A an B

$t = 5$: $1{,}07{\cdot}2$ $= 2{,}14$; $t = 3$: $1{,}96{\cdot}0{,}5$ $= 0{,}98$

$t = 6$: $1{,}10{\cdot}2$ $= 2{,}20$; $t = 2$: $1{,}90{\cdot}0{,}5$ $= 0{,}95$

$t = 7$: $1{,}15{\cdot}2$ $= 2{,}30$; $t = 1$: $1{,}74{\cdot}0{,}5$ $= 0{,}87$

b) $P_{0t} = P_{0\tau} \cdot P_{\tau t} \Leftrightarrow P_{\tau t} = \dfrac{P_{0t}}{P_{0\tau}}$

$$P_{0t} = \frac{\sum p_{it} q_{i0}}{\sum p_{i0} q_{i0}}; \qquad P_{0\tau} = \frac{\sum p_{i\tau} q_{i0}}{\sum p_{i0} q_{i0}}$$

$$P_{\tau t} = \frac{\sum p_{it} q_{i0}}{\sum p_{i0} q_{i0}} : \frac{\sum p_{i\tau} q_{i0}}{\sum p_{i0} q_{i0}} = \frac{\sum p_{it} q_{i0}}{\sum p_{i\tau} q_{i0}},$$

der korrekte Laspeyres–Index wäre: $P_{\tau t} = \dfrac{\sum p_{it} q_{i\tau}}{\sum p_{i\tau} q_{i\tau}}$

c) $P_{0t}^{L} = \dfrac{\sum p_{it} q_{i0}}{\sum p_{i0} q_{i0}};$ $\qquad\qquad P_{it}^{*} = (1 + \alpha) P_{it}$

$$P_{0t}^{*L} = \frac{\sum (1 + \alpha) p_{it} q_{i0}}{\sum p_{i0} q_{i0}} = (1 + \alpha) \frac{\sum p_{it} q_{i0}}{\sum p_{i0} q_{i0}} = (1 + \alpha) P_{0t}^{L}$$

$$\frac{P_{0t}^{*L}}{P_{0t}^{L}} = (1 + \alpha) \Leftrightarrow \alpha = \frac{P_{0t}^{*L}}{P_{0t}^{L}} - 1 \Leftrightarrow \frac{P_{0t}^{*L} - P_{0t}^{L}}{P_{0t}^{L}} = \alpha$$

Literaturauswahl

BAMBERG, G./BAUR, F. (2002), Statistik, 12. Aufl.; München, Wien.

BLEYMÜLLER, J., GEHLERT, G., GÜLICHER, H. (2002), Statistik für Wirtschaftswissenschaftler, 13. Aufl.; München.

BOHLEY, P. (2000), Statistik. Einführendes Lehrbuch für Wirtschafts- und Sozialwissenschaftler, 7. Aufl.; München, Wien.

BOMSDORF, E. (2002), Deskriptive Statistik, 11. Aufl.; Lohmar, Köln.

ECKEY, H.F.,KOSFELD, R.,DREGER, C. (2002), Statistik. Grundlagen, Methoden, Beispiele, 3. Aufl.; Wiesbaden.

FERSCHL, F. (1985), Deskriptive Statistik, 3.Aufl.; Würzburg.

HANSEN, G. (1985), Methodenlehre Statistik, 3. Aufl.; München.

HARTUNG, J. ELPELT, B., KLÖSENER,K.-H. (2002), Statistik. Lehr- und Handbuch der angewandten Statistik, 13. Aufl.; München, Wien.

HEILER, S., MICHELS, P. (1994), Deskriptive und explorative Datenanalyse; München, Wien.

HOCHSTÄDTER, D. (1989), Einführung in die statistische Methodenlehre, 8. Aufl.; Frankfurt a. M.

KREYSZIG, E. (1998), Statistische Methoden und ihre Anwendung, Nachdruck der 7. Aufl.; Göttingen.

LIPPE, P.M. V.D. (1993), Deskriptive Statistik; Stuttgart, Jena.

NEUBAUER, W. (2002), Statistische Methoden, 2. Aufl.; München.

PIESCH, W. (1975), Statistische Konzentrationsmaße. Formale Eigenschaften und verteilungstheoretische Zusammenhänge; Tübingen.

RINNE, H. (1997), Taschenbuch der Statistik, 2. Aufl.; Thun, Frankfurt a.M..

SCHAICH, E., SCHWEITZER, W. (1995), Ausgewählte Methoden der Wirtschaftstatistik; München.

SCHLITTGEN, R. (2000), Einführung in die Statistik, 9. Aufl.; München, Wien.

SCHULZE, P. (2000), Beschreibende Statistik, 4. Aufl.; München, Wien.

SCHWARZE, J. (1994), Grundlagen der Statistik I, 7. Aufl.; Herne.

TUKEY, J.W. (1977), Exploratory Data Analysis; Mass..

VOGEL, F. (2000), Beschreibende und schließende Statistik, 12. Aufl.; München, Wien.

YAMANE, T. (1976), Statistik – Ein einführendes Lehrbuch, Band I und II; Frankfurt a.M..

Aufgabensammlungen

BAMBERG, G., BAUR, F. (2000), Statistik–Arbeitsbuch, 6. Aufl.; München, Wien.

BOSCH, K. (2000), Aufgaben und Lösungen zur angewandten Statistik, 2. Aufl.; Braunschweig, Wiesbaden.

DEGEN, H., LORSCHEID, S., (2001), Statistik–Aufgabensammlung, 4. Aufl.; München, Wien.

HARTUNG, J., HEINE, B. (1999), Statistik Übungen. Deskriptive Statistik, 6. Aufl.; München, Wien.

HOCHSTÄDTER, D. (1993), Aufgaben mit Lösungen zur statistischen Methodenlehre, 2. Aufl.; Frankfurt a. M.

LIPPE, P.M. V.D., (2002), Deskriptive Statistik – Formeln, Aufgaben, Klausurtraining, 6. Aufl.; München, Wien.

MISSONG, M., (2001), Aufgabensammlung zur deskriptiven Statistik, 5. Aufl.; München, Wien.

SCHWARZE, J., (2002), Aufgabensammlung zur Statistik, 4. Aufl.; Herne.

VOGEL, F., (2001), Beschreibende und Schließende Statistik – Aufgaben und Beispiele, 9. Aufl.; München, Wien.

Sachverzeichnis

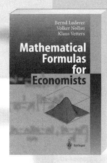

Druck- und Bindearbeiten: Legoprint, Italien